Mª Fátima Campos García

Huella Ecológica del agua industrial: Sostenibilidad versus Resiliencia

Mª Fátima Campos García

Huella Ecológica del agua industrial: Sostenibilidad versus Resiliencia

El ciclo del agua industrial en territorios insulares

PUBLICIA

Imprint

Cover image: www.ingimage.com

Publisher:
PUBLICIA
is a trademark of
International Book Market Service Ltd., member of OmniScriptum Publishing Group
17 Meldrum Street, Beau Bassin 71504, Mauritius

Printed at: see last page
ISBN: 978-620-2-43063-0

Zugl. / Aprobado por: Las Palmas de Gran Canaria, ULPGC, Tesis Doctoral 2014

La Huella Ecológica del agua industrial en territorios insulares: Sostenibilidad *versus* Resiliencia

Mª Fátima Campos García

Las Palmas de Gran Canaria, 2013

Dedicatoria.

A mis padres, Pepita y Antonio, y a Juan,

mi aliento en tiempos de flaqueza.

Gracias por el apoyo incondicional.

Fátima.

Resumen.

En la Huella Ecológica el agua no se contabiliza como un producto biológico que se consuma; de hecho, ésta se transfiere en su ciclo hidrológico a través de los ecosistemas y es aprovechada por los grupos humanos para su desarrollo socioeconómico. En zonas con elevado estrés hídrico, la desalación con energías renovables puede satisfacer la demanda del recurso, reduciendo emisiones de dióxido de carbono vinculadas a las combustibles sólidos. Por otro lado, la depuración convencional puede replantearse con un diseño fundamentado en la descentralización de humedales artificiales; con esta propuesta la resiliencia del sistema se fortalece, no sólo por la reducción de la huella energética, también el agua desalada depurada incrementa el balance hídrico final de la región, y además, el uso de vegetación (*Phargmites Australis*), en estos sistemas de depuración alternativos, compensa el déficit ecológico.

Para contextualizar la huella ecológica de la producción industrial de agua en Canarias, previamente se ha calculado la huella ecológica de la región, partiendo de la metodología propuesta por la Global Footprint Network. En este trabajo se ha tomado como referencia la Huella Ecológica de España (2005), con las adaptaciones metodológicas oportunas. Los consumos energéticos de la producción industrial de agua se segregan de la huella energética regional para ponderar el efecto de dos escenarios: uno completamente dependiente de la energía fósil, el otro enfocado en el uso de la energía eólica para la desalación y el tratamiento del agua residual con humedales artificiales.

Mientras el ciclo industrial del agua convencional supone un 30% de la energía consumida en la huella energética de la producción, el escenario alternativo –completamente renovable– compensaría un 60% de ésta. De acuerdo con los resultados obtenidos, el agua desalada producida puede recargar el balance hídrico regional a través de los humedales artificiales descentralizados. Es un hecho insoslayable que la desalación tiene costes ambientales y la depuración puede compensarlos; en cierto modo una gestión hidrológica *resiliente* supone una visión de gran angular sobre el ciclo completo del agua producida industrialmente.

Abstract.

In the Ecological Footprint, water is not included as a biosphere product that is consumed; instead, it is transferred within its hydrological cycle between ecosystems and human communities. Water desalination powered by renewable energy sources can lead to provide enough water while reduce emissions and preserve biocapacity in the archipelago. In addition, conventional water depuration can switch to a biological depuration through decentralized constructed wetlands; thus, resilience is enhanced not only because of the Carbon Footprint reduction, moreover desalted water is recycled raising the regional hydrological budget, and what is more, the use of vegetation (*Phargmites Autralis*) in those alternative depuration systems should increase Biocapacity.

To contextualize the ecological footprint of industrial water production in a region, previously we calculate its whole ecological footprint, starting from the methodology established by the Global Footprint Network. In this work, the Spanish national ecological footprint will be taken as reference-National Footprint Account (2005). The industrial production of water is segregated from the regional carbon footprint, thus it allows assessing the impact of two alternative scenarios: one completely dependent on fossil fuel, another powered by wind energy and sewage treated by constructed wetlands.

While conventional industrial water cycle produces 30% of the energy production EF, the alternative scenario would compensate approximately 60% of it. According to this framework, desalted water can be recharged in the regional hydrological budget through decentralized constructed wetlands. It is a fact that desalination has environmental costs, and sewage treatment can compensate them; to certain extent resilient water management means a broad view of the whole artificial water cycle.

Agradecimientos.

La materialización de este trabajo se ha apoyado en numerosas personas e instituciones; ayuda inestimable que ha permitido dar cuerpo al proyecto en sí mismo, y a su vez, aportar la perspectiva de otras disciplinas, enriqueciendo el resultado.

En el ámbito internacional, la Global Footprint Network, institución de referencia para los cálculos de este trabajo, ha aportado asesoramiento técnico imprescindible, aclarando dudas metodológicas sobre la herramienta. A escala nacional, al equipo técnico del SIOSE (Sistema de Información sobre Ocupación del Suelo de España), particularmente a Julián Delgado, sin conocerme, desde la distancia, aportaron datos imposibles de conseguir en las islas.

La búsqueda de información en la región hubiera sido infructuosa sin la colaboración de las instituciones de la Comunidad Autónoma Canaria, deseo reconocer las aportaciones de Vicente Benítez Cabrera, Mercedes Campos Delgado, Juli Caujapé Castells y Francisco Rodríguez Batllori de la Nuez, su experiencia profesional ha dado valor añadido a los datos aportados. Los trabajos de Ignacio Gafo Fernández para la región también han sido capitales para calcular las emisiones de la economía canaria. El Instituto Tecnológico de Canarias-ITC se ha comprometido activamente con la obtención de datos específicos de la producción del agua desalada y de las especificidades de la desalación con energía eólica; quiero resaltar a Gemma Raluy Rivera, Gilberto Martel Rodríguez, Vicente Subiela Ortín y Baltasar Peñate; no sólo han aportado su bagaje profesional sino su entusiasmo proactivo hacia este proyecto. También quiero agradecer a la institución universitaria, ULPGC: por un lado a mis directores, Roque Calero Pérez y Matías González Hernández, que han guiado mi trabajo sin cortapisas y por otro a Agustín Naranjo Cigala, cuya colaboración se hizo imprescindible para contabilizar los territorios de las islas.

Finalmente hago mención especial a Manuel Del Pino Montesdeoca, su apoyo desinteresado y comprometido me ha facilitado la tarea investigadora en los aspectos técnicos de la industria del agua; y a Alejandro García Arbelo que con su infinita paciencia ha actualizado mi competencia informática. También he sido afortunada por contar con José Luis Peraza Cano, un experto en humedales artificiales en Canarias, que me ha permitido conocer sus diseños *ad hoc* con rendimientos altamente eficientes.

➢ Índice de contenidos:

Introducción. **1**

1. La evolución de la Sostenibilidad en la sociedad contemporánea. **17**

- **1.1. Introducción.** **17**
- **1.2. El Desarrollo Sostenible y sus indicadores.** **24**
  - 1.2.1. La operatividad del desarrollo sostenible: modelos de sostenibilidad. **25**
  - 1.2.2. Los indicadores para diseñar y evaluar estrategias sostenibles. **33**
- **1.3. La Huella Ecológica.** **37**
  - 1.3.1. Qué mide la Huella Ecológica: áreas bioproductivas. **39**
  - 1.3.2. Metodologías de cálculo. **49**
  - 1.3.3. Análisis crítico del indicador. **57**
  - 1.3.4. Dimensión educativa: comunicación y transformación social. **61**
- **1.4. La Resiliencia en sistemas socio-ecológicos.** **65**
- **1.5. Conclusiones parciales.** **69**

2. El agua como protagonista de la gestión sostenible. **73**

- **2.1. Introducción.** **73**
- **2.2. El agua en los sistemas naturales y sociales.** **77**
  - 2.2.1. El discurso de la “escasez”. **80**
- **2.3. Los enfoques de la gestión del ciclo del agua.** **83**
  - 2.3.1. El Análisis de Ciclo de Vida como herramienta de planificación hidrológica. **85**
  - 2.3.2. La gestión integrada de los recursos hídricos: La Directiva Marco del Agua **88**

2.3.3. La Huella del Agua. 93
2.3.3.1. Análisis de las estimaciones de la Huella del Agua *versus* la Huella Ecológica. 97
2.3.4. La Huella Ecológica del Agua. 100
2.4. Los procesos industriales para la obtención de agua dulce. 101
2.4.1. La desalación por ósmosis inversa. 102
2.4.1.1. Factores fisicoquímicos relevantes de la tecnología. 107
2.4.1.2. Impacto ambiental de las desaladoras de OI. 113
2.4.2. Los sistemas de depuración natural. 118
2.5. Conclusiones parciales. 135

3. Las Islas Canarias: Especificidades del ámbito de estudio. 140
3.1. Introducción. 140
3.2. La Caracterización energética del territorio insular. 143
3.2.1. Mix-eléctrico regional e insular. 144
3.2.2. Transporte y energía. 158
3.3. El Balance Hídrico Insular natural e industrial. 160
3.3.1. Binomio agua-energía. 170
3.3.2. Desalación y desalobración. 175
3.3.3. Depuración en sistemas convencionales y no convencionales. 192
3.4. Adaptaciones metodológicas y fuentes de información. 198
3.4.1. Huella del territorio agrícola. 200
3.4.2. Huella del pastoreo. 205
3.4.3. Huella del comercio agropecuario. 209
3.4.4. Huella forestal. 210
3.4.5. Huella pesquera. 214
3.4.6. Huella de carbono. 217
3.4.7. Huella del territorio construido. 222

3.4.8. Biocapacidad. 225
3.4.9. Factores de rendimiento. 231
3.4.10. Factores de equivalencia. 233
3.5. Conclusiones parciales. 235

4. La Huella Ecológica de las Islas Canarias. 238
4.1. Introducción. 238
4.2. Los consumos de recursos naturales en el territorio. 242
4.2.1. Huella ecológica aplicada al turismo. 243
4.2.2. Huella Ecológica de los recursos consumidos en Canarias. 249
4.2.2.1. Consumo de recursos agrícolas. 257
4.2.2.2. Consumo de pastos y comercio pecuario. 263
4.2.2.3. Consumo de recursos forestales. 267
4.2.2.4. Consumo de recursos pesqueros. 274
4.2.2.5. Consumo de recursos energéticos. 279
4.2.2.6. Territorio construido. 284
4.3. La Biocapacidad del archipiélago. 289
4.4. El Déficit Ecológico y sus potenciales compensaciones. 303
4.5. Conclusiones parciales. 312

5. La Huella Ecológica del agua desalada en Canarias. 316
5.1. Introducción. 316
5.2. El mix-eléctrico asociado a la desalación. Energía fósil versus energía eólica. 318
5.3. La huella ecológica del agua desalada. 336
5.4. Los efectos de la desalación sobre la Biocapacidad del territorio. 346
5.5. Conclusiones parciales. 353

6. Una propuesta de gestión resiliente del agua desalada y depurada. **355**

6.1. Introducción. **355**

6.2. La Huella Ecológica del agua depurada. **356**

6.3. La depuración convencional *versus* humedales artificiales. **359**

6.4. La enmienda del Déficit Ecológico como factor de resiliencia. **365**

6.5. Conclusiones parciales. **373**

Conclusiones finales y futuras líneas de investigación. **377**

Bibliografía consultada. **388**

➢ Índice de Gráficas:

Gráfica 1.1: La Curva de Kuznets Ambiental. **28**
Gráfica 2.1: Membranas asimétricas: integral y compuesta. **108**
Gráfica 2.2: Impacto ambiental de la desalación por OI. **114**
Gráfica 2.3: Tecnología convencional versus depuración natural. **120**
Gráfica 2.4: Esquema de Tanque Imhoff (a) y Fosa Séptica de dos compartimentos (b). **125**
Gráfica 2.5: Esquema del diseño de un humedal construido de flujo superficial libre. **128**
Gráfica 2.6: Esquema del diseño de un humedal de flujo subsuperficial: horizontal (a) y vertical (b). **129**
Gráfica 2.7: Esquema de humedal híbrido (FSV-FSH). **133**
Gráfica 3.1: Situación geográfica de las Islas Canarias. **141**
Gráfica 3.2: Evolución del mix eléctrico español en kWh y en %. **144**
Gráfica 3.3: Configuración general del parque de generación eléctrica en Canarias según % de participación (2005). **148**
Gráfica 3.4: Estructura tecnológica del parque de generación en Canarias (2005). **153**
Gráfica 3.5: Comparación de la ratio potencia/población con el resto del mundo (2005). **156**
Gráfica 3.6: Comparación de la ratio potencia/población con otras comunidades autónomas. Años 2004 y 2005. **157**
Gráfica 3.7: Distribución de los volúmenes de agua suministrados por sectores. **166**
Gráfica 3.8: Captación Agua Canarias 2005. **172**
Gráfica 3.9: Plantas de desalación de agua de mar construidas desde 1960 a 1985 (se consideran plantas con capacidad de desalación al menos de 700 m^3/d). **177**
Gráfica 3.10: Plantas de desalación de agua de mar construidas a partir de 1985 hasta la actualidad (se consideran plantas con capacidad de desalación al menos de 700 m^3/d). **178**
Gráfica.3.11: Volumen de agua desalada en Canarias (2005). **185**

Gráfica 3.12: La OI en Canarias (2005). **186**
Gráfica 3.13: Emisiones vinculadas a la producción eléctrica en Canarias (2005). **189**
Gráfica 3.14: La desalación en Canarias (2005). **190**
Gráfica 3.15: Evolución de la reutilización de agua depurada en Canarias. **195**
Gráfica 3.16: Distancias marítimas a la costa según zonas. **229**
Gráfica 3.17: Superficie oceánica vinculada a las islas. **230**
Gráfica 4.1: Huella Ecológica por componentes de Canarias (2005). **254**
Gráfica 4.2: Huella Ecológica por componentes de España (2005). **254**
Gráfica 4.3: Evolución de la Huella Ecológica Agrícola de España (1995-2005). **261**
Gráfica 4.4: Evolución de la huella ecológica ganadera española (1995-2005). **266**
Gráfica 4.5: Evolución de la huella ecológica forestal española (1995-2005). **270**
Gráfica 4.6: Evolución de la huella ecológica pesquera española (1995-2005). **277**
Gráfica 4.7: Evolución de la huella energética española por consumo energético. **282**
Gráfica 4.8: HE del consumo energético en España por componentes. **283**
Gráfica 4.9: La Huella Ecológica del suelo artificializado (gha/hab.). **287**
Gráfica 4.10: Evolución de la huella por suelo artificializado de España. **288**
Gráfica 4.11: Biocapacidad Canarias (2005). **293**
Gráfica 4.12: % Biocapacidad en Canarias (2005). **299**
Gráfica 4.13: % Biocapacidad en España (2005). **300**
Gráfica 4.14: Evolución del déficit ecológico en Canarias (gha/hab). **307**
Gráfica 4.15: Evolución del déficit ecológico en España (gha/hab.). **308**
Gráfica 4.16. Factores vinculados a la pérdida de diversidad vegetal en islas oceánicas. **310**
Gráfica 5.1: Consumos energéticos de las diferentes etapas de la OI. **321**
Gráfica 5.2: Costes de producción agua desalada en Canarias. **322**
Gráfica 5.3: Huella ecológica producción (gha) Canarias (2005). **338**

Gráfica 5.4: Huella ecológica producción (gha) con desalación a 5kWh/m^3. **340**
Gráfica 5.5: Huella ecológica producción (gha) con desalación a 3 kWh/m^3. **341**
Gráfica 5.6: Huella producción energética (gha) con desalación a 5 kWh/m^3. **342**
Gráfica 5.7: Huella producción energética (gha) con desalación a 3 kWh/m^3. **342**
Gráfica 5.8: HE Producción (gha) con desalación eólica a 3 kWh/m^3. **345**
Gráfica 5.9: HE Producción (gha) con desalación eólica a 5 kWh/m^3. **345**
Gráfica 6.1. Esquema simplificado de la depuración biológica aerobia de aguas residuales **358**

➢ Índice de Tablas:

Tabla 1.1: Los factores de equivalencia para 2005. **42**
Tabla 1.2: Factores de rendimiento nacionales y globales (2005). **43**
Tabla 2.1: Ejemplos de caracterización de agua de alimentación. **105**
Tabla 2.2: Caracterización del agua de alimentación según contenido en sal. **106**
Tabla 2.3: Composición de agua de alimentación y salmuera en Bocabarranco en GC. **118**
Tabla 2.4: Humedales artificiales en el mundo y tipos de efluentes vertidos. **123**
Tabla 3.1: Configuración del parque de generación de cada isla (2005). **145**
Tabla 3.2: Configuración del parque de generación del archipiélago (2005). **147**
Tabla 3.3: Estructura tecnológica del parque de generación que utiliza productos petrolíferos, Canarias (2005). **149**
Tabla 3.4: Estructura tecnológica del parque de generación que utiliza productos petrolíferos, por islas (2005). **150**
Tabla 3.5: Factores de conversión a unidades energéticas. **151**
Tabla 3.6: Factores de conversión a Tm de CO_2 evitadas. **152**
Tabla 3.7: Distribución de los volúmenes de agua suministrados por sectores. **165**
Tabla 3.8: Captación de agua en Canarias (2005). **171**
Tabla 3.9: La producción de agua desalada (2002). **174**
Tabla 3.10: Fuentes de energía para la desalación en Canarias (2000). **174**
Tabla 3.11: Mejoras en la eficiencia energética de las desaladoras de OI en Canarias. **181**
Tabla 3.12: Estimación del consumo eléctrico de la desalación por OI con ERD. **183**
Tabla 3.13: Volumen de agua desalada en Canarias (2005). **184**
Tabla 3.14: Mix-eléctrico insular y regional en Canarias (2005). **187**
Tabla 3.15: Emisiones en la producción eléctrica insular y regional **188**

(2005).
Tabla 3.16: Desalación marina y salobre en Canarias. **190**
Tabla 3.17: La desalación por OI en las aguas salobres de Canarias. **191**
Tabla 3.18: Emisiones por desalobración con energía fósil por islas y región. **192**
Tabla 3.19: Evolución de la reutilización de agua depurada en Canarias. **194**
Tabla 3.20: Comparativa de volúmenes de aguas residuales gestionadas. **196**
Tabla 3.21: Datación de los mapas de cultivos de Canarias. **202**
Tabla 3.22: Especies pesqueras canarias no computadas en la huella. **217**
Tabla 3.23: Superficie de la plataforma continental insular. **227**
Tabla 4.1: Huella Ecológica y Biocapacidad comparativa por habitante. **250**
Tabla 4.2: Huella Ecológica de España (2005). **251**
Tabla 4.3: Huella Ecológica de Canarias (2005). **252**
Tabla 4.4: Huella Ecológica *per cápita* de España (2005). **252**
Tabla 4.5: Huella Ecológica *per cápita* de Canarias (2005). **253**
Tabla 4.6: Comparativa de indicadores de reserva ecológica y comercio neto. **256**
Tabla 4.7: Comparativa de demanda de recursos y planetas equivalentes. **257**
Tabla 4.8: Huella agrícola de España (2005). **259**
Tabla 4.9: Huella agrícola de Canarias (2005). **259**
Tabla 4.10: Huella agrícola *per cápita.* **260**
Tabla 4.11: Huella ganadera de España (2005). **263**
Tabla 4.12: Huella ganadera de Canarias (2005). **264**
Tabla 4.13: Huella ganadera *per cápita.* **265**
Tabla 4.14: Evolución huella ganadera española (1995-2005). **267**
Tabla 4.15: Huella forestal España (2005). **268**
Tabla 4.16: Huella forestal Canarias (2005). **268**
Tabla 4.17: Huella forestal *per cápita.* **269**
Tabla 4.18: Huella ecológica forestal española (1995-2005). **271**
Tabla 4.19: Importaciones-Exportaciones de productos madereros. **273**

Tabla 4.20: Huella pesquera de España (2005). **274**
Tabla 4.21: Huella pesquera de Canarias (2005). **275**
Tabla 4.22: Huella pesquera *per cápita.* **276**
Tabla 4.23: Evolución huella pesquera española. **278**
Tabla 4.24: Producción acuicultura para mercado exterior (toneladas) 2005. **279**
Tabla 4.25: Huella energética de España (2005). **280**
Tabla 4.26: Huella energética de Canarias (2005). **280**
Tabla 4.27: Huella energética *per cápita.* **281**
Tabla 4.28: La Huella de la infraestructura en España (2005). **284**
Tabla 4.29: La Huella de la infraestructura en Canarias (2005). **285**
Tabla 4.30: Huella de la infraestructura *per cápita.* **285**
Tabla 4.31: Biocapacidad canaria (2005). **294-295**
Tabla 4.32: % de tipo de territorio según la superficie estimada a través de SIOSE. **296**
Tabla 4.33: Análisis de la biocapacidad (ha) de Canarias (2005). **297**
Tabla 4.34: Cálculo de la biocapacidad canaria (2005). **298**
Tabla 4.35: Comparativa de la biocapacidad *per cápita.* **298**
Tabla 4.36: Biocapacidad canaria (gha/hab.). **301**
Tabla 4.37: Biocapacidad española (gha/hab.). **301**
Tabla 4.38: Comparativa de indicadores ambientales. **306**
Tabla 5.1: Consumos energéticos de la desalación con OI por islas y región. **325**
Tabla 5.2: Emisiones por la desalación con energía fósil en islas y región. **327**
Tabla 5.3: Emisiones por desalobración con energía fósil por islas y región. **328**
Tabla 5.4: Escenario PECAN. **329**
Tabla 5.5: Consumos energéticos en desalación según el PECAN. **330**
Tabla 5.6: Emisiones de CO_2 evitadas por el cumplimiento del PECAN. **331**
Tabla 5.7: Huella ecológica producción Canarias (2005). **337**
Tabla 5.8: Huella ecológica producción (con desalación a 5kWh/m^3). **339**
Tabla 5.9: Huella ecológica producción (con desalación a 3 kWh/m^3). **340**

Tabla 5.10: HE Producción (gha) con desalación eólica a 3 kWh/m^3. **344**
Tabla 5.11: HE Producción (gha) con desalación eólica a 5 kWh/m^3. **344**
Tabla 5.12: Comunidades bentónicas en la planta de Dhekelia. **349**
Tabla 6.1: Estimación del balance de dióxido de carbono y oxígeno según tipo de depuración en Canarias (2005). **364**
Tabla 6.2: Capacidad de extracción y acumulación de nutrientes para la especie *Phragmites australis*. **369**

Listado de Acrónimos

Acrónimo	IN	ES
ACV		Análisis de Ciclo de Vida.
ACWA	Association of California Water Agencies.	
AEF		Anuario de Estadística Forestal.
BC		Biocapacidad.
BWRO	Brackish Water Reverse Osmosis.	
CA	Cellulose Acetate.	
CNAE		Catálogo Nacional de Actividades Económicas.
CUCI		Clasificación Uniforme para el Comercio Internacional.
DBO		Demanda Biológica de Oxígeno.
DMA		Directiva Marco del Agua.
EEA		Agencia Europea de Medioambiente.
EQF	Equivalence Factor.	
ERD	Energy Recovery Device.	
FL		Sistemas de Flujo Libre.
FS		Sistemas de Flujo Sub-superficial.
FSH		Flujo Sub-superficial Horizontal.

FSV		Flujo Sub-superficial Vertical.
FWS	Free Water Surface.	
GAEZ	Global Agro-Ecological Zones.	
GAEZ	Global Agro-Ecological Zones.	
GEI		Gases de Efecto Invernadero.
GFN	Global Footprint Network.	
GRAFCAN		Cartográfica de Canarias, S.A
HA		Huella del Agua.
HE		Huella Ecológica.
IIASA	International Institute for Applied Systems Analysis.	
IPCC	Intergovernmental Panel on Climate Change.	
ISEW	Index of Economic Welfare.	
ISO	International Organization of Standardization.	
ITC		Instituto Tecnológico de Canarias.
MMA		Ministerio Medio Ambiente.
NFA	National Footprint Account.	
OCDE		Organización para la Cooperación y el Desarrollo Económicos.
OI		Ósmosis Inversa.
OMS		Organización Mundial de la Salud.

PECAN		Plan Energético Canarias.
PIB		Producto Interior Bruto.
PNP		Producción Primaria Neta.
SDI	Silt Density Index.	
SIGPAC		Sistema de Información Geográfica de parcelas agrícolas.
SIOSE		Sistema de Información sobre Ocupación del Suelo de España.
SITC	Standard International Trade Classification.	
SSF	Subsurface Flow.	
SST		Sólidos en Suspensión Totales.
SWRO	Seawater Reverse Osmosis.	
TARIC	Integrated Tariff of the European Communities.	
TDS	Total Disolved Content.	
TDS	Total Disolved Content.	
TEP		Toneladas Equivalentes de Petróleo.
UNEP	United Nations Environment Programme.	
UNESCO		Organización de las Naciones Unidas para la Educación, la Ciencia y la Cultura.
UNESCO-IHE	Institute for Water Education.	

VSB	Vegetated Submerged Bed.	
WF	Water Footprint.	
WSSD	World Summit on Sustainable Development.	
WWF	World Wildlife Fund.	
ZEE		Zona Económica Exclusiva.
ZMES		Zona Marítima Especial Sensible.

Introducción.

En la actualidad la humanidad consume los recursos naturales de la Tierra a un ritmo sin precedentes y casi sin control, lo que parece estar conduciendo a desastres ecológico en el conjunto del planeta: calentamiento global, pérdidas o invasiones de hábitats, destrucción de biodiversidad, contaminación del aire, de la tierra y del agua, que alteran gravemente la composición orgánica del medio ambiente. Las causas parecen estar relacionadas con el aumento de la población, el tipo de agricultura, la extracción de combustibles fósiles, la combustión de estos para la obtención de energía que demanda la industria, el transporte o el consumo humano. Se impone pues una mejora en el seguimiento y en la gestión de los recursos naturales y de los procesos y ritmos a los que estos se obtienen, tanto como al control de los residuos que se reemiten al medio ambiente.

Entender y resolver este tipo de problemas es esencial para la sostenibilidad y supervivencia en el tiempo de todas las formas de vida que conforman la biosfera. Pero, aunque el problema estuviera bien definido, la gestión de sistemas de tipo socio-ecológicos puede resultar una tarea casi imposible, debido a la complejidad de estos. Tal complejidad se debe no sólo al tamaño de estos sistemas, sino a las interacciones fuertemente no lineales entre sus elementos, lo que introduce grandes incertidumbres en sus respuestas ante cualquier perturbación, con fuerte dependencia de las condiciones iniciales y, por tanto, creando grandes discrepancias entre los problemas que se plantean y las soluciones posibles, que no son, de manera alguna, únicas. Pero una de las claves de la robustez y supervivencia de estos sistemas es su capacidad de adaptarse a un entorno cambiante. Por tanto, proteger y mejorar esta capacidad debe acompañar siempre a cualquier intervención cuyo interés sea la resolución de estos problemas.

Nos enfrentamos pues a dos cuestiones: la transformación del sistema, lo que implica la creación de un sistema nuevo; con nuevos componentes y con relaciones distintas entre ellos, o fortalecer su resiliencia.

La resiliencia (concepto introducido por primera en este marco por Crawford Holling en 1973) es la capacidad de un sistema para responder a perturbaciones externas y permanecer, a través del tiempo, con la misma estructura y funciones, para co-evolucionar con el medio que le rodea o utilizar tales impactos en beneficio propio. Es decir, la resiliencia es un indicador del grado al cual el sistema es capaz de autoorganizarse, aprender y adaptarse. De otra manera, los sistemas naturales, si pierden parte de su capacidad adaptativa o de su resistencia a impactos externos, entran en crisis y tienen dificultades para cumplir con sus funciones específicas. El mantenimiento y la mejora de su resiliencia es crucial (Holling, 1973, 1987, 1996).

En el caso particular de los sistemas ecológicos que pueblan la biosfera, la resiliencia es una propiedad clave. Ésta es asegurada principalmente por la biodiversidad y garantiza la sustentabilidad de estos sistemas, gracias a dotarles de una extraordinaria habilidad para *co-evolucionar* con el medio que los rodea. (Holling, 1973, 2001).

Hay algunas definiciones relacionadas con estos conceptos que debemos tener en cuenta: *i)* los sistemas son estables cuando después de un periodo de perturbación regresan a su estado inicial o próximo a él; *ii)* la homeostasis tiene que ver con la estabilidad interna que tiene un sistema, con su capacidad de autorregularse, con el conjunto de mecanismos mediante el cual los sistemas se mantienen en un equilibrio dinámico estable (estacionario) en el tiempo; *iii)* la resiliencia, sin embargo, es la capacidad del sistema para resistir impactos desestabilizadores y seguir permaneciendo como tal sistema, proporciona una evaluación de la capacidad del ecosistema para hacer frente a las perturbaciones.

En ecología, el concepto de estabilidad es difícil de definir, ya que los ecosistemas son sistemas dinámicos sujetos a un cambio continuo, mientras en Termodinámica, el término se refiere a la capacidad del sistema de permanecer próximo al punto de equilibrio o de retornar a él tras el cese de la perturbación (Holling, 1973; May, 1974; Margalef, 1975). Sin embargo, cuanto más complejo es un sistema, más fluctúa en respuesta a la variabilidad natural de los factores ambientales, pero posee, al mismo tiempo, mayor capacidad para absorber fluctuaciones extremas. Existen más *dominios de atracción* y por tanto mayor persistencia general, otra manera de expresar la resiliencia.

Por otra parte, la robustez, entendida como el mantenimiento de las funciones específicas del sistema frente a perturbaciones, se complementa con la capacidad de evolución, es decir, la capacidad del sistema para innovar; encontrar nuevas formas de explotación de recursos o persistir bajo cambios ambientales no conocidos anteriormente.

En la actualidad, el cambio climático es una amenaza para todos los habitantes de la biosfera, especialmente para los seres humanos; su desarrollo; su economía; la seguridad alimentaria o sus medios de vida. Los impactos del cambio climático incluyen, entre otros fenómenos: aumento de temperaturas y cambios en el ritmo o en la cantidad de la precipitación anual promedio; probables aumentos en la frecuencia e intensidad de eventos climáticos extremos: inundaciones, sequías o ciclones. De alguna manera, este fenómeno emergente y no previsto pone a prueba la capacidad de los sistemas socio-económicos de adaptarse a los impactos adversos y, por tanto, su resiliencia.

La diferencia principal entre los seres humanos y otras especies es que, además de nuestro metabolismo biológico, los humanos han desarrollado "un metabolismo industrial". (Fisher-Kowalski y Haberl, 2007). En términos ecológicos, todos nuestros productos industriales y bienes de consumo requieren flujos continuos de energía y materiales hacia y desde el medio ambiente. De ello se desprende que los análisis ecológicos y biofísicos pueden ser de gran ayuda a las evaluaciones económicas, al menos desde un punto de vista funcional. La relación de la humanidad con el resto de la ecosfera es similar a las de millones de otras especies con las que comparten el planeta.

Dependemos de los recursos energéticos y materiales extraídos de la naturaleza y los devolvemos en forma degradada como residuos. A pesar de nuestros logros tecnológicos, económicos y culturales, la sostenibilidad de la vida y de la sociedad sobre la Tierra requiere que entendamos a los seres humanos como entidades ecológicas. Por otra parte, la humanidad depende de un desarrollo económico, social, cultural y tecnológico, continuo en el tiempo, que ha de tener en cuenta la preservación de los recursos naturales del planeta. En este contexto es donde emerge el concepto de desarrollo o crecimiento sostenible, que trata de conjugar la satisfacción de las necesidades humanas a través del progreso socioeconómico y tecnológico con la conservación de los sistemas terrestres naturales.

Sin embargo, el modelo de desarrollo, producción y consumo, adoptado tanto por los países industrializados como por las naciones en vías de desarrollo, no hacen un uso racional de los recursos naturales y no parecen tener en cuenta la capacidad de los ecosistemas para regenerar tales recursos y reciclar los residuos producidos. Por ello el documento publicado en 1987, elaborado por la Comisión Mundial sobre Medio Ambiente y Desarrollo para las Naciones Unidas, y presidida por Gro Harlem Brundtland, considera como sostenible a aquel modelo de desarrollo que "atiende a las necesidades del presente sin comprometer la posibilidad de que las futuras generaciones atiendan a sus propias necesidades". Definición que incluye, aunque de manera muy general, las interrelaciones entre el hombre, el ambiente, los recursos naturales y las relaciones internas de la sociedad.

Pero la población y el consumo de recursos crecen y, por tanto, paralelamente se da un crecimiento económico que, a largo plazo, resultará no sostenible (Boulding, 1966). Esto se pone de manifiesto por el continuo agotamiento del capital natural; la reducción de la biodiversidad; la contaminación de la tierra, el aire o el agua; la deforestación; los cambios atmosféricos; etc. El concepto de desarrollo sostenible, por tanto, resulta ambiguo ya que el crecimiento continuo de la economía sólo se puede mantener a costa de incrementar el desorden o la entropía en la ecosfera, lo que nos enfrenta directamente al Segundo Principio de la Termodinámica.

El estudio de sistemas tan complejos como los socio-ecológicos, debe necesariamente abordarse desde una perspectiva multidisciplinar que abarque no solo las ciencias naturales, económicas o sociales, sino políticas y éticas. De todas las leyes de la naturaleza conocidas hasta la fecha, los principios de la Termodinámica y de la Mecánica Estadística son los más apropiados para enmarcar el problema.

La Primera Ley de la Termodinámica establece que la energía no puede ser creada ni destruida, lo cual sugiere que la energía puede ser utilizada para realizar trabajo una y otra vez. Sin embargo, la segunda ley de la termodinámica señala en cualquier proceso irreversible, como son los procesos de producción industrial, la calidad de la energía, o su capacidad para realizar trabajo útil, resulta afectada. Esta degradación de la energía, a veces entendida como pérdida de "orden", viene determinada por la entropía. "Entropía" es un concepto fundamental en las ciencias físicas que se trata como una ley fundamental de la naturaleza en la Segunda Ley de la Termodinámica (Georgescu-Roegen, 1971; Prigogine, 1967). Estrictamente, el enunciado del Segundo Principio de la Termodinámica es: *en un sistema aislado todos los procesos posibles evolucionan hasta que se alcance el estado de equilibrio y la entropía sea máxima*. En este estado, toda la energía disponible ha sido degradada; la cantidad total de energía no cambia, pero sí su calidad y, por tanto, la capacidad del sistema para realizar trabajo se anula. A medida que un sistema tiende hacia estados de mayor entropía se desordena, pierde información, es menos capaz de reorganizarse y, por lo tanto, es menos útil.

Otro concepto procedente de la ingeniería es el de exergía, que mide la porción de la energía que puede ser transformada en trabajo mecánico, mientras que, desde este punto de vista, la entropía se refiere a la porción de energía sin utilidad práctica. La exergía al contrario que la energía no se conserva, sino que se pierde al evolucionar el sistema hacia el estado de equilibrio.

En el mundo físico, la degradación de energía útil es un proceso irreversible e inevitable y, por tanto, está intrínsecamente ligada a las cuestiones del medio ambiente y de la sostenibilidad. El avance económico acelera el deterioro del mundo físico debido a su dependencia de los insumos de recursos naturales y a la contaminación que crea (Georgescu-Roegen, 1971). Por lo tanto, la dinámica entrópica está indisolublemente ligada a los procesos económicos y a las relaciones sociales en las que están inmersos.

Desde este punto de vista, la Tierra puede considerarse un sistema cerrado al flujo de materia, pero no al de energía. La tierra recibe energía del sol en forma de luz, esta es una energía de alta "calidad" o de baja entropía, y emite calor al resto del universo en forma de radiación térmica de muy baja frecuencia, una forma de energía degradada, muy entrópica.

Los diferentes enfoques de la sostenibilidad demandan indicadores para evaluar las trayectorias de desarrollo implementadas. La elaboración de instrumentos operativos de medida ha evolucionado en consonancia con la construcción conceptual que pretenden validar. La profusión de indicadores y sistemas de indicadores hizo necesaria una clasificación acorde con la respuesta que cada uno de ellos podía dar a los problemas que analizaban. En este trabajo, nos centraremos en el análisis mediante la Huella Ecológica (HE).

Desde los años 90 del pasado siglo hasta la actualidad la Huella Ecológica ha consolidado su aplicación con apoyos internacionales crecientes. Sucintamente puede definirse como una herramienta contable que estima el consumo de recursos naturales y los requerimientos de absorción de sus residuos para una población definida en términos de la correspondiente área de territorio productivo requerido. La capacidad biológica o biocapacidad supone la superficie biológicamente productiva para proporcionar el capital natural demandado por esa economía. Este indicador se asienta en la responsabilidad del consumidor, haciéndose parte activa de la evolución sostenible en su comunidad; puede comparase a una fotografía de la presión antropogénica sobre un entorno. Un análisis profundo de la Huella Ecológica revela fortalezas y debilidades, su contabilidad completa depende de una ingente variedad de información a escala mundial. Esto hace que se encuentre en permanente construcción, mejorando en lo posible las bases de datos para aportar consistencia global a la metodología. Aún así, falta información para algunas exigencias ecológicas, lo que conduce a resultados que probablemente subestimen la demanda real de capital natural.

El agua es el medio por excelencia de la vida, mientras que el ciclo natural del agua, proceso esencial para hacer ésta accesible a todos los organismos vivientes que la precisan, se encuentra propulsado por la energía solar. Esta relación entre vida, agua y energía se ha mantenido durante siglos y milenios, pero sus fundamentos han ido cambiando. En tiempos pretéritos, la disponibilidad de agua estuvo dictada por las características del ciclo hidrológico natural en cada territorio. Las poblaciones humanas prefirieron establecerse en las proximidades de ríos, lagos, etc., lugares con agua suficientes para satisfacer sus necesidades, hasta que desarrollaron tecnologías capaces de extraer y transportar las aguas requeridas a los lugares elegidos como sus asentamientos.

La progresiva emancipación de la geografía humana con respecto al ciclo hidrológico natural ha caminado pareja al desarrollo de las tecnologías necesarias para extraer, almacenar y transportar los volúmenes de agua necesarios para el sustento de sus actividades, cada vez más diversas, cada vez a mayor escala. A medida que la población ha ido creciendo y que las demandas *per cápita* de agua, a su vez, aumentaban, han surgido diversas formas de escasez a las que se ha hecho frente mediante respuestas económicas (inversiones), tecnológicas (innovaciones en la producción y transporte de agua) e institucionales (desarrollos normativos). La dialéctica escasez-respuesta mediada por: *i)* los valores sociales predominantes, *ii)* las diferencias de poder entre grupos sociales, *iii)* el volumen y la asignación de los fondos para la investigación y el desarrollo de soluciones tecnológicas y *iv)* la evolución de los condicionantes naturales (pluviometría, infiltración, etc.), ha conformado el mapa de las formas históricas de *producción*[1] y distribución social del agua en las diferentes sociedades.

En general, las respuestas tecnológicas e institucionales aportadas a los problemas de escasez de agua se han traducido habitualmente en demandas crecientes de energía. La extracción de aguas mediante pozos de varios centenares de metros de profundidad o de galerías de varios kilómetros de longitud; el transporte de las aguas -a veces centenares y hasta miles de kilómetros- desde los lugares de captación hasta los espacios de consumo; y más recientemente, la transformación industrial masiva de aguas inicialmente no aptas para la mayoría de los usos humanos, en aguas apropiadas para diferentes usos -la desalación de aguas saladas y salobres o de la depuración de las aguas ya servidas- son expresivas de la creciente dependencia energética que las sociedades experimentan para acceder a los volúmenes de agua requeridos con el fin de sustentar sus estilos de

[1] Aunque en rigor, en el contexto de este trabajo nos referiremos a la producción de agua como al conjunto de operaciones requeridas para adaptar las características y accesibilidad del agua a las diferentes necesidades humanas.

vida. Por tanto, una proporción creciente de la energía producida por los seres humanos -para su provecho- se destina al conjunto de procesos relacionados con la captación, producción, distribución y tratamiento del agua (Svardal y Krois, 2011).

Esta tendencia, sin embargo, ha sido la resultante de dos vectores que han actuado en sentido opuesto. Por una parte, el creciente consumo *per càpita* y por otra, el aumento de la participación de las fuentes no convencionales de agua -intensivas en energía- han impulsado el consumo energético asociado a la gestión hidrológica. Mientras tanto, las mejoras de eficiencia de las tecnologías que proporcionan el trabajo requerido para acceder al agua han contrarrestado -sin llegar a invertir- la tendencia anterior. No obstante, los consumos energéticos particulares dependen de factores diversos, entre los que destacan los climáticos, orográficos, edáficos, tecnológicos, económicos e institucionales.

Así, la energía necesaria para tratar y transportar agua para diferentes usos puede oscilar entre 0,05 y 5 KWh/m^3, dependiendo de que se trate de agua de mar, de acuíferos, presas o depurada, y de parámetros específicos de la región en cuestión, como el clima, la disponibilidad de agua, la distribución de los usos y la densidad de población (Meda y Cornel, 2010). En la cima de este grupo se encuentra la desalación de agua de mar, con consumos energéticos que alcanzan los 2,5-5,0 kWh/m^3. Los sistemas de tratamiento consumen una cantidad de energía que fluctúa entre 0,2 y 1,5 kWh/m^3. Existen ejemplos de obtención de agua reciclada con calidad para el uso doméstico mediante tratamiento y reposición en acuíferos con un consumo energético de 0,53 kWh/m^3 (Patel, 2010), esto supone aproximadamente la quinta parte del consumo de las soluciones de desalación energéticamente más eficientes. Por otra parte, hay aplicaciones de depuración de aguas residuales con digestión anaerobia con un consumo energético de 0,35 kWh/m^3, que además producen electricidad con el biogás generado, logrando de este modo la autosuficiencia energética (Novak *et al.*, 2011).

En general, las aguas depuradas exhiben un potencial de ahorro del consumo doméstico entre el 30% y el 50%, dependiendo de la estructura de usos. Su potencial de sustitución con bajo consumo energético de aguas captadas o desaladas, y sus otros vectores de aprovechamiento, a saber, la producción de energía y los nutrientes contenidos en ellas, han hecho que su participación en el *pool* de fuentes de aprovisionamiento de agua haya crecido en la mayoría de las sociedades tecnológicamente dotadas (Lazarova *et al.*, 2012: 8 y ss.). Con respecto al transporte de las aguas desde los emplazamientos de captación/producción hasta donde son requeridas para el uso, su consumo energético guarda una obvia proporcionalidad con la distancia salvada. Aunque en la mayoría de los casos estudiados el consumo energético no excede 1,0 kWh/m^3, en situaciones con transporte a muy larga distancia puede alcanzar hasta los 2,5 kWh/m^3.

En este contexto la gestión hidrológica ha devenido en un problema social de complejidad creciente. Junto al tradicional par de variables que dominó la escena en el pasado -la suficiencia de la oferta para una demanda creciente y la minimización de los costes operativos medios de producción y distribución- otro conjunto de variables ha sido incorporado para atender las diferentes dimensiones implicadas en la captación y uso humano del agua. La calidad adaptada a los usos, la equidad en el acceso al agua, y los diferentes impactos ambientales asociados -locales y globales- a los ecosistemas directamente alterados y a las emisiones gaseosas que comprometen el ambiente global, entre las nuevas variables consideradas, son las más importantes. Al mismo tiempo, el reconocimiento de la diversidad de los agentes sociales e institucionales concernidos en la gestión del agua ha impulsado, de igual modo, modelos de gestión que abogan por la participación social, definiendo un marco de gestión *integrada* del ciclo hidrológico.

Esta gestión integrada consiste en adoptar una visión de ciclo hidrológico cuyo fundamento es un ciclo natural, pero modificado por la acción humana. *A priori*, la intervención humana sobre el ciclo natural no tiene por qué producir efectos negativos en la productividad y la sostenibilidad de éste. Bien orientada, esta acción puede incluso contribuir a mejorar los servicios ambientales del agua, sin menoscabo del mantenimiento de su función de soporte de los sistemas naturales de los que forma parte. El enfoque de la gestión integrada sugiere que las soluciones tecnológicas se alineen y trabajen con los procesos naturales, en lugar de contra ellos.

En este marco, categorías de análisis y gestión como costes operativos, externos y totales; eficiencia y eficacia de los servicios proporcionados; energía incorporada o impactos ambientales de la gestión hídrica, son considerados de forma global, holística, y no sólo referidos a cada una de de las fases del ciclo (Wilson, 2009; Meda y Cornel, 2010). Por otro lado, la gestión integrada tiene en cuenta el despliegue territorial de la gestión hídrica. La opción por las soluciones descentralizadas y autónomas se viene imponiendo frente a las preferencias anteriores por los modelos centralizados, en virtud de criterios de eficiencia que desbordan el reduccionismo de lo crematístico para considerar también otros valores sociales y ambientales. La descentralización además implica en la toma de decisiones a los diferentes agentes sociales concernidos en la asignación del agua para sus usos alternativos, incluyendo los ambientales (Bieker *et al.,* 2010; Ferreyra y Beard, 2007).

En los últimos años ha habido diversas iniciativas a escala mundial encaminadas a preservar la calidad y distribución del agua. Las Naciones Unidas instituyeron el Decenio Internacional del Agua (2006-2015) para llamar la atención sobre este recurso natural irremplazable. En las regiones áridas o semiáridas, el agua como factor económico es más importante que el territorio. En el archipiélago canario confluyen tres limitantes determinantes: la falta de territorio, la escasez de agua dulce y la prominente dependencia del combustible fósil importado en su economía.

No pueden soslayarse las implicaciones energéticas de la planificación hidrológica; las diferentes alternativas llevan asociadas un consumo energético y el precio final del agua debería reflejarlo en forma de recuperación de costes (habitualmente no están bien reflejados en el precio del agua producto debido a los subsidios del sector). En general, el ciudadano es más consciente de las necesidades energéticas, pero no está familiarizado con las demandas de agua para producir sus bienes y servicios; la huella del agua permite estimar esta información, aunque sólo se hace referencia a ella de forma general en este trabajo.

En el caso de Canarias y otros archipiélagos más poblados y con economías relativamente más diversificadas, la participación del turismo en el producto interior ronda un tercio (Exceltur, 2012). Situación resultante de las últimas décadas, el crecimiento medio anual de las llegadas de turistas a destinos insulares ha sido significativamente superior a la media internacional (Nowak y Sahli, 2007). Todo ello representa que las islas deben añadir a la presión sobre los recursos hídricos ejercida por los residentes, la añadida por la población turística, lo que plantea desafíos adicionales a su gestión hidrológica. Una investigación reciente en Canarias, sobre turismo y cambio climático, reveló que la imagen e información de los destinos turísticos con respecto a las acciones que llevan a cabo para mitigar y adaptarse al cambio climático, influyen significativamente en la decisión de visitarlos (González *et al.*, 2011-b).

El objetivo de este trabajo es validar la huella ecológica como herramienta en la gestión sostenible del agua desalada en territorios insulares con estrés hídrico. Como ya hemos expuesto el agua es un capital natural crítico, insustituible, y afecta tanto a la economía como al medio ambiente. Las Islas Canarias suponen un marco de referencia óptimo para confirmar esta hipótesis. La disponibilidad de agua en la región está condicionada por factores como el clima, la orografía, la situación geográfica e incluso el componente antrópico en función de las infraestructuras empleadas para gestionar su oferta.

El presente trabajo de tesis doctoral se estructura en dos partes diferenciadas. Los tres primeros capítulos establecen las bases epistemológicas del concepto de sostenibilidad, del indicador elegido -huella ecológica- y la resiliencia en sistemas socio-ecológicos; el agua como eje vertebrador en los sistemas socio-económicos y naturales, y las herramientas disponibles para su planificación; y las especificidades del ámbito de estudio, tanto con respecto al binomio agua-energía como las adaptaciones metodológicas y fuentes de información complementarias para contextualizar la investigación en el archipiélago. Los siguientes tres capítulos construyen empíricamente la argumentación necesaria: el cálculo de la Huella Ecológica para Canarias en el año 2005; la valoración con ésta de distintos escenarios de desalación en el archipiélago (en función de la fuente energética primaria empleada); y finalmente, la propuesta de un modelo de depuración alternativa de esa agua desalada que compense las cargas ambientales de su producción industrial, redefiniendo la sostenibilidad con un enfoque encaminado hacia la resiliencia.

El primer capítulo analiza la evolución del concepto de desarrollo sostenible; manejado con bastante arbitrariedad desde distintas instancias, incluso científicas. La necesidad de diseñar y evaluar las estrategias implementadas con indicadores adecuados es determinante para la operatividad de éstas; en este trabajo enfocamos la atención en la Huella Ecológica, un indicador reconocido internacionalmente con una robusta dimensión educativa: facilita la comunicación y la transformación social. Por otro lado, el fortalecimiento de la resiliencia del sistema socio-ecológico con políticas más allá de lo sostenible, no sólo enfocadas en el consumo ético de recursos naturales sino preservando la homeostasis de este equilibrio dinámico.

El capítulo segundo se centra en la gestión sostenible del agua. Particularmente en el mundo del agua la sostenibilidad alcanza su plenitud, tanto referida al recurso en sí como a las obras de infraestructura realizadas para su aprovechamiento. En no pocos casos el discurso de la escasez justifica un aumento de la producción de agua sin enfocar la atención en la gestión de la demanda o en el potencial de las aguas residuales como recurso valorizable con un determinado potencial económico y ecológico. Aunque la Directiva Marco del Agua sea una referencia en la Comunidad Europea, su puesta en marcha demanda de indicadores operativos en ámbitos tan interrelacionados como la economía, la sociedad y el medio ambiente. El Análisis de Ciclo de Vida (ACV), la Huella del Agua o la propia Huella Ecológica son herramientas útiles en la planificación hidrológica.

La situación del archipiélago con respecto al binomio agua-energía se describe en el tercer capítulo; no sólo con respecto a la caracterización del mix-eléctrico del territorio en el año de referencia, sino también se bosqueja el perfil hidrográfico regional que condiciona la alta dependencia de la desalación en algunas islas. La depuración de las aguas residuales, se hace un elemento imprescindible para materializar el concepto de resiliencia aplicado a las aguas industrialmente producidas; el ciclo antrópico del agua demanda una alta ecoeficiencia para compensar la mochila ecológica que imprime el agua desalada incorporada en él. Existen experiencias piloto en las islas de humedales artificiales como sistemas de depuración biológica: suponen una alternativa que compensaría la huella ecológica generada por el agua desalada producida en la región.

En el capítulo cuarto se obtiene la huella ecológica de Canarias (2005); partiendo de la huella ecológica española a partir de los datos aportados por la Global Footprint Network. La metodología de cálculo se fundamenta en el marco nacional para contextualizar los datos regionales. Se integraron fuentes de información propias de la

Comunidad Autónoma y se ajustaron ciertos protocolos para suplir la falta de información detallada en algunos casos. A pesar de las incertidumbres añadidas por la ausencia de datos en el territorio, el balance comercial no deja lugar a dudas: existe un desequilibrio pronunciado hacia las importaciones, con baja prevalencia de las exportaciones y la producción local (exceptuando productos concretos). La región presenta inseguridad alimentaria y energética que queda reflejada en la contabilidad ambiental realizada.

La actividad turística es recogida en la huella ecológica regional dada su importancia capital en la economía canaria. El debate metodológico sobre su modo de inclusión está abierto, y en nuestro caso sólo nos hemos limitado a estimar una población equivalente en función del número de visitantes y su tiempo de permanencia. El turismo verde o ecoturismo puede aprovechar el conocimiento de su huella ecológica en el territorio para encontrar fórmulas de compensación para sus consumos de recursos naturales en las islas.

El capítulo quinto estudia con la huella ecológica, la producción industrial de agua en el contexto insular. Las Islas Canarias han sido tradicionalmente la zona europea de mayor concentración de plantas desaladoras, con presencia de todas las tecnologías comerciales y otras en fase de ensayo o investigación. La Ósmosis Inversa se toma como referencia para estimar su contribución a la huella ecológica regional. En cualquier caso, convertir petróleo en agua, cuando el calentamiento global del planeta demanda reducir emisiones, es bastante cuestionable. Hay que mantener presente que la gestión de la demanda de agua ha de ser previa al desarrollo de nuevos suministros: el ahorro es una fuente sostenible de agua.

Los impactos asociados a la descarga de la salmuera y las emisiones de gases efecto invernadero no se registran con parámetros monetarios habitualmente, por ello requieren ser contabilizados para evaluar completamente la tecnología y sus consecuencias en el entorno natural: costero para la desalación marina y edáfico para la desalobración de aguas subterráneas. La degradación del paisaje tiene dudosa reversibilidad en una compleja interrelación de la biodiversidad oculta en los fondos costeros; la pérdida de praderas marinas puede acarrear elevados costes ecológicos y económicos. El menoscabo de algún eslabón en las redes tróficas desestabiliza la resiliencia biológica natural del territorio.

Finalmente, en el capítulo sexto se profundiza en el enfoque resiliente de la sostenibilidad. No basta con reducir, reutilizar y reciclar; se hace necesario rediseñar (la cuarta erre) para que el proceso industrial, en conjunto, sea más eficiente y genere menos externalidades negativas. La gestión del agua no escapa de esta realidad y la depuración natural puede compensar los resultados globales de la desalación. El déficit ecológico existente en el archipiélago queda mitigado, en parte, con un cierre del ciclo del agua industrial en el territorio, aportando más vida útil al recurso y compensando su mochila ecológica. El balance hídrico de la región queda enmendado con la recarga que supone no verter nuevamente al mar agua que fue previamente desalada.

Como recapitulación final, en este trabajo se desarrollan y adaptan aspectos específicos de la metodología de cálculo de la huella de ecológica para estimar la reducción de las emisiones de dióxido de carbono que puede lograrse en Canarias mediante la sustitución de las fuentes secundarias de energía derivadas de los combustibles fósiles para la producción de agua desalada -actualmente en vigor en las Islas- por la energía producida por aerogeneradores que transforman la energía primaria del viento en energía eléctrica. Además, se presentan los fundamentos para la evaluación del potencial de reducción de emisiones de dióxido de carbono en otras fases de la gestión del ciclo hidrológico en el archipiélago, concretamente mediante la sustitución de los sistemas centralizados convencionales de depuración de aguas residuales por sistemas descentralizados basados en la tecnología de los humedales artificiales.

1. La evolución de la Sostenibilidad en la sociedad contemporánea.

"Los fenómenos económicos ciertamente no son independientes de las leyes fisicoquímicas que gobiernan nuestro medio ambiente". Nicholas Georgescu-Roegen (1906-1994).

1.1. Introducción.

El concepto de sostenibilidad, en el sentido de desarrollo sostenible, propuesto por la Comisión Brundtland en 1987, ha sido la base de gran parte de la discusión posterior sobre este tema. Al concepto de producción sostenible, definida de manera muy general como la obtención de una rentabilidad suficiente a un costo mínimo de recursos, energía y materias primas, se une la idea de aquel desarrollo que satisface las necesidades del presente sin comprometer la capacidad de las futuras generaciones para satisfacer sus propias necesidades.

Parece claro que el desarrollo sostenible requiere de una estrategia a largo plazo, pero delinearla puede ser complicado ya que la ciencia y la tecnología se enfrentan a los límites de la capacidad humana para manipular la naturaleza. La naturaleza misma es, de alguna manera, un sistema cerrado, al menos para los medios materiales, lo que implica que cualquier idea acerca de desarrollo sostenible ha de tener en cuenta las limitaciones impuestas por la naturaleza y, por tanto, las leyes de la termodinámica que, en gran parte, definen los límites dentro de los cuales los procesos en el mundo que nos rodea pueden tener lugar.

Las grandes diferencias de intereses en todos los ámbitos de la sociedad humana y las diferentes ideas o paradigmas que justifican cada una de éstas, se ponen de manifiesto en el número de definiciones alternativas que ha pasado de 61 en 1989 a 120 en la actualidad (Juárez, 2008). Este hecho, hace cada vez más difícil identificar el significado preciso de este concepto que, además, a veces es tratado con bastante arbitrariedad y confusión desde distintas plataformas políticas, empresariales e incluso científicas.

La ambigüedad que acompaña a su definición se debe, en gran parte, al uso de concepto paralelos como desarrollo sostenible, crecimiento sostenible y utilización sostenible como si sus significados fueran idénticos; y no lo son. Un objetivo del desarrollo sostenible es mejorar la calidad de vida humana sin rebasar la capacidad de carga de los ecosistemas que la sustentan. Mientras que crecimiento sostenible es un término contradictorio: nada físico puede crecer indefinidamente. Por su parte uso sostenible es sólo aplicable a los recursos renovables, y tiene que ver con la utilización de estos un ritmo que no supere su capacidad de renovación.

También la definición de sostenibilidad se confunde, en ocasiones, con las condiciones de sostenibilidad. Existen diversos criterios que sirven de guía en torno al objetivo de sostenibilidad (Vergara *et al.*, 2004):

- Criterio de irreversibilidad cero. Se trata de reducir a cero los daños acumulativos y los irreversibles; de aquí la especial atención a los impactos sobre la biodiversidad o la desertización.
- Criterio de explotación sostenible. Las tasas de utilización y consumo de los recursos renovables deben ser compensadas con las tasas de regeneración. Es un criterio de especial relevancia para la explotación de bancos de pesca, bosques, y otros recursos biológicos.

- Criterio de extracción sostenible. La explotación de recursos no renovables es sostenible cuando su tasa de extracción iguala a la tasa de creación de sustitutos renovables. De aquí la importancia de conseguir la sustitución progresiva de recursos no renovables por sus equivalentes renovables. El caso más significativo se refiere a los consumos energéticos alternativos a los fósiles.
- Criterio de emisión sostenible. Las tasas de emisión de residuos deben ser iguales a las capacidades naturales de asimilación de estos por los ecosistemas a los que se emiten dichos residuos (emisión cero de residuos no biodegradables).
- Criterio de precaución. Se trata de adoptar una actitud de "anticipación vigilante" ante situaciones de riesgo extremo o a fenómenos de tipo cambio climático, sobre los que existe cierta incertidumbre.

Esto último nos pone tras la pista de una de las cuestiones de mayor relevancia en la forma de enfrentar el desafío de la sostenibilidad. ¿Cómo debemos actuar ante la complejidad que caracteriza el funcionamiento de los ecosistemas naturales y la probabilidad de que se produzcan efectos graves irreversibles debido a la acción humana? Los organismos y agencias internacionales más importantes se han inclinado por adoptar ante ello el denominado principio de precaución. Éste induciría a la prudencia ante la incertidumbre, adoptando políticas que nos alejen de los extremos en los que los impactos ambientales pueden ser graves e irreversibles, o a acciones tendentes a aumentar la resiliencia de estos sistemas.

La influencia del dogma mecanicista en Economía durante el siglo XX ha sido tal que, todavía en 1971, cuando la propia Física ya había reformulado su paradigma a tenor de las aportaciones de Einstein y Planck, se mantenía la ficción del *homo economicus* despojado de toda propensión cultural: en su vida económica el hombre actúa mecánicamente, como critica Georgescu-Roegen (1971). La excesiva rigidez de los planteamientos mecanicistas en Economía ha llevado a algunos, desde hace tiempo, a explorar nuevas metáforas, siendo la Biología un campo especialmente fértil para éstas. El metabolismo económico también se sustentaba en el balance de materia y energía establecido por el Primer Principio de la Termodinámica, igualando la energía y los materiales que entraban al inicio del proceso con el resultado final del mismo en términos físicos (tanto materia como energía ni se crean ni se destruyen, sólo se transforman).

Las consecuencias del Principio de la Conservación de la Materia y la Energía son solamente una parte del problema; ya que La Ley de la Entropía (Segundo Principio de la Termodinámica) permite reflexionar sobre el *sentido* en que se realiza la transformación de energía: siempre de energía disponible (útil para el aprovechamiento humano) a energía no disponible o disipada y nunca a la inversa. Por lo tanto, el enfoque económico neoclásico tributario de la analogía mecánica, establecía el proceso económico como un sistema aislado o flujo circular donde todo lo producido es consumido y viceversa, un movimiento mecánico totalmente reversible en el espacio y en el tiempo. En contraposición, Georgescu-Roegen integró en el análisis del proceso económico las enseñanzas de Carnot[2] y Schröndinger[3], cimentando lo que sería la moderna economía ecológica; donde los inputs valorizables introducidos en un proceso productivo (baja entropía) suponen la generación de un output final de desechos no valorizable (de alta entropía) (Carpintero, 2005).

---

[2]Nicolas Léonard Sadi Carnot en 1824 publicó su obra maestra: *"Reflexiones sobre la potencia motriz del fuego y sobre las máquinas adecuadas para desarrollar esta potencia"*, donde expuso las ideas que darían forma al segundo principio de la termodinámica.

[3] Erwin Schrödinger (1887 –1961) realizó importantes contribuciones en los campos de la mecánica cuántica y la termodinámica; en 1944 publicó un pequeño volumen titulado *¿Qué es la vida?* (*What is life?*), donde abordó el estudio de los sistemas vivos desde la perspectiva del no equilibrio, reconciliaría así la auto organización biológica con la termodinámica.

Las contribuciones de Georgescu-Roegen a partir de los años 30, constituyen un buen punto de referencia de los inicios de la cimentación del edificio teórico de la economía ecológica. Georgescu-Roegen (1966) criticó el *mito* de la economía basada en la física clásica, de sistemas aislados y reversibles. Frente a ello propuso un nuevo enfoque de la economía en consonancia con lo que las Leyes de la Termodinámica nos habían enseñado de forma consistente (Georgescu-Roegen, 1971). Particular énfasis puso este autor en desarrollar las implicaciones de la ley de entropía para los procesos económicos, desplazando la Economía desde el mito del crecimiento perpetuo al mundo más razonable de las limitaciones impuestas por su dependencia de un Planeta necesariamente finito y en constante disipación de energía.

Por los mismos años, el trabajo conjunto de científicos naturales y economistas dio sus frutos en la sistematización de un modelo que concretaba la sujeción de los procesos económicos a los imperativos del mundo físico en los que aquellos se desenvuelven. Ayres y Kneese (1969) desarrollaron por primera vez un análisis sistemático de la actividad económica como el proceso de metabolización de materiales y energía procedentes del medio natural, para la generación tanto de bienes y servicios, como de los residuos que se producen durante los procesos de extracción de minerales, producción de inputs intermedios y bienes finales, así como el *consumo* de estos. La ocasional dependencia del medio, que aparece en la economía convencional sólo cuando el impacto físico de la actividad de un agente perjudica (o beneficia) en la forma de *externalidad* a un tercero, es en realidad una interacción permanente regida por las leyes que gobiernan el mundo físico, las cuales imponen límites al desenvolvimiento de lo económico.

De acuerdo con el enfoque del balance de materiales y energía, el objeto de consumo son las características incorporadas a los bienes físicos, pero de ninguna manera estos mismos como supone la economía convencional. Los recursos no desaparecen en el proceso de consumo; una vez prestados los servicios para los que fueron empleados continúan su curso como residuos, bien destinados a regresar al proceso productivo a través del reciclaje o bien a ser depositados en algún lugar del medio ambiente (vertederos, atmósfera, ríos, mares).

El éxito de la noción de desarrollo sostenible no parece ser correspondido con esfuerzos suficientes en lo que es aún más importante: cómo hacerlo operativo. Ante este reto, los indicadores tienen un papel esencial que desempeñar. Los indicadores de desarrollo sostenible y aquéllos directamente emparentados con estos, los indicadores ambientales, se han venido implementando en ámbitos sectoriales y territoriales muy diversos desde hace un par de décadas.

En la Estrategia de Desarrollo Sostenible Europea, adoptada por el Consejo Europeo de Gotemburgo en 2001 y revisada en 2006, se establecieron dos objetivos prioritarios; por un lado, invertir la tendencia de pérdida de recursos naturales a nivel nacional y global hacia 2015 y por otro, desarrollar objetivos sectoriales e intermedios para sectores claves como el agua, el territorio, la energía y la biodiversidad. Ante un escenario mundial donde la población y el consumo se incrementan, mientras el total de la superficie productiva y el stock de capital natural están fijos o en declive; se requiere encontrar una medida que relacione ambas tendencias; convirtiendo el volumen de toneladas de recursos y residuos en su equivalente en hectáreas o km^2 de superficie. A este espacio lo denominamos huella ecológica de una economía, aunque podría matizarse como huella de deterioro ecológico de ésta. Entre los antecedentes del término destaca el *territorio fantasma*[4], enunciado por Georg Borgstrom, donde se estimaba el área externa de un país para mantener a la población dentro de los límites de su territorio (Carpintero, 2005: 166).

---

[4] Borgstrom, G. (1967): "The Hungry Planet", Macmillan, New York, pp.70-86.

Particularmente la huella ecológica es una de las herramientas propuestas para valorar: *i)* la sobreexplotación de recursos y el déficit ecológico subsiguiente, *ii)* los impactos provocados por los cambios de recursos energéticos en la apropiación del territorio y emisiones de CO_2, *iii)* los efectos de la agricultura convencional frente a la orgánica y *iv)* la información a los consumidores acerca de los impactos de sus patrones de consumo. La propia UE, para facilitar la divulgación de este instrumento, aporta fuentes de datos asociadas a la metodología de cálculo (ECOTEC-UK, 2001).

El objetivo de la HE es proporcionar una herramienta transparente, robusta y con suficiente resolución para identificar las tendencias y el valor relativo de diversas actividades humanas. La habilidad para responder a esta pregunta también arroja luz sobre cuánta capacidad regenerativa existe dentro de un área determinada en comparación con la capacidad regeneradora exigida por la población de esa zona, y cómo ha cambiado en el tiempo. Además, permite identificar qué parte de la demanda es suministrada por el abastecimiento interno frente a la porción obtenida mediante las importaciones. También proporciona un marco para comparar los recursos dedicados a los flujos comerciales, comparar la demanda de recursos, rastrear en qué medida las regiones son deudores netos o acreedores de capacidad ecológica (Maj Petterson, 2005: 15-16).

Tampoco podemos ignorar la necesidad de utilizar enfoques multidisciplinares para abordar los retos de la sostenibilidad. En este sentido es claro que debemos considerarnos como un todo con la naturaleza, más que como seres independientes de ella, tal y como las nuevas ciencias de los Sistemas Complejos parecen indicar. Aunque este punto de vista no tiene resueltos lo desafíos a que tal complejidad conducen.

Paradójicamente, la variabilidad es una de las características casi inevitables cuando se integran los sistemas naturales y sociales. En el pasado, las políticas han tendido a intentar estabilizar estos sistemas, mediante el control de la naturaleza cambiante de estos. Pero la mejora de la resiliencia de un sistema, asociada a su capacidad de adaptación, es decir, de cambio, debe promocionar políticas que tengan por objeto fomentar la capacidad de un sistema para gestionarse, adaptarse, o incluso dirigir el cambio y, de este modo, contribuir más eficazmente a la sostenibilidad a largo plazo. Un mejor conocimiento de las funciones de la resiliencia y la capacidad de adaptación en los sistemas dinámicos complejos permiten, por tanto, entender la forma óptima de orientar estas transformaciones (Adger, 2003: 4).

El cambio puede ser deseable cuando es visto desde una perspectiva adaptativa. Los cambios pequeños, que no alejen el sistema demasiado del equilibrio, permiten estudiar algunas de sus propiedades; sus fortalezas y debilidades; sus limitaciones y puntos de tensión; contribuyendo a la formación de una base de conocimientos que puede convertirse en un recurso para su gestión. Las crisis de baja intensidad o de sondeo intencionado, a través de experimentos estructurados, puede proporcionar información valiosa acerca de cómo el sistema se autoorganiza y su capacidad para hacer frente a las perturbaciones. (*Ibíd.*).

1.2. El desarrollo sostenible y sus indicadores.

El desenvolvimiento de los hechos y las ideas económicas hasta la década de los 60 del siglo XX es la historia de la construcción, consolidación y evolución de un paradigma científico articulado alrededor de la creencia en el crecimiento económico ilimitado y el optimismo tecnológico. Sobre la base de la evidencia empírica aportada por la crisis y la escasez de recursos experimentada en aquel contexto socioeconómico, se inicia también un largo y complejo proceso de impugnación teórica del paradigma que durante decenios dominó el territorio de las ideas económicas.

La analogía mecanicista heredada por la economía convencional desde finales del siglo XVIII hacía descansar las formulaciones teóricas de los economistas sobre hipótesis que apelaban a sociedades atomísticas, donde los individuos se movían impulsados por fuerzas como la maximización de la utilidad o del beneficio; amparados a su vez por un mercado en el que se fusionaban armónica y óptimamente todos los intereses (Carpintero, 2005). Obviamente, la corriente principal del análisis económico también evolucionó para ajustar sus axiomas y proposiciones a la idea de un mundo finito. La noción de desarrollo sostenible es la heredera privilegiada de ese debate; privilegiada porque otros conceptos que se acuñaron antes tuvieron menos éxito[5]. La extensión y complejidad de este debate es inmensa y no es el propósito de este trabajo abordarlas en toda su amplitud.

1.2.1. La operatividad del desarrollo sostenible: modelos de sostenibilidad.

El rearme intelectual del paradigma convencional para terciar en el debate que arrecia en los 70, con la publicación de trabajos que evidencian la crisis ambiental provocada por el crecimiento económico experimentado en el Planeta con la industrialización (especialmente después de la Segunda Guerra Mundial[6]) tiene

[5] El término de *ecodesarrollo* fue acuñado por J. Sachs en los tiempos en los que se desarrollaba la Conferencia de Estocolmo en 1972. Sin embargo, su *radicalidad* impidió que tuviera la acogida que 15 años más tarde tuvo el más maleable y polisémico de *desarrollo sostenible*.

[6] Ayres y Kneese (1969) demostraron que el consumo de materiales y energía en Estados Unidos sólo en el año 1950 era igual a la suma de todos los consumidos por el conjunto de la Humanidad desde los comienzos de ésta hasta 1918.

algunos antecedentes ilustres en los trabajos pioneros desarrollados décadas antes por economistas como Pigou (1920) y Hotelling (1931). El primero, precursor de la *economía del bienestar*, desarrolló la noción de *externalidad* y propugnó el empleo de impuestos para *internalizarlas* y propiciar una asignación de recursos socialmente eficiente. El segundo, en respuesta al movimiento conservacionista que se desarrolló en los EEUU a finales del XIX y primera parte del XX, formalizó el *curso óptimo de agotamiento de los recursos no renovables*, enfatizando con ello que el destino de los recursos naturales para nada es el de durar eternamente.

Cuando con la publicación de *Los límites al crecimiento* (1972) se incrementan los temores ante un hipotético agotamiento de los recursos materiales en los que se sustenta el crecimiento económico, la respuesta de la ciencia estándar se dividió entre la calificación de los datos aportados como *exageración*, y el desarrollo de proposiciones basadas en la teoría económica que *demostraban* la capacidad de las economías de mercado para afrontar problemas de tal naturaleza. Así, de modo general, la escasez se traduciría en incrementos de precios que reducirían la demanda de los recursos escasos y potenciarían la búsqueda de sustitutivos que el progreso técnico no tardaría en proveer. En realidad, los recursos nunca llegarían a agotarse pues, su escasez y la consiguiente elevación de precios, induciría al uso de otros que los sustituirían antes de desaparecer del todo.

John Hatwick (1992, 1978, 1977) desarrolló y extendió el modelo propuesto por Hotelling de agotamiento óptimo de los recursos no renovables al conjunto de los recursos, incluyendo la capacidad de asimilación de los ecosistemas; sentando las bases de lo que sería el paradigma de la *sostenibilidad débil*, desarrollado desde los supuestos de la economía convencional. El mantenimiento a largo plazo del bienestar de las sociedades, que era a lo que se reducía la noción de desarrollo sostenible, requería simplemente que el conjunto de los recursos de capital natural, humano y producido, por habitante, no declinara con el paso del tiempo. Por tanto, la destrucción de capital natural no debería preocupar si iba acompañada de la generación de otras formas de capital que la compensaran.

Gary Becker, Nobel de Economía en 1992, estableció en un trabajo de 1976 que categorías económicas tales como maximización, egoísmo, competencia o escasez eran suficientes para explicar la evolución y organización social no sólo de los seres humanos, sino también del conjunto de las especies que habitan el Planeta, encontrando significados análogos en los dos componentes de los pares especie-industria, mutación-innovación, evolución-progreso, o mutualismo-intercambio. Con ello, la Economía se postula no sólo como la ciencia social por excelencia, sino también como la *ciencia de la biosfera*: todos los organismos *optimizan* o *maximizan* sus comportamientos como lo hacen los consumidores y productores arquetípicos de la teoría económica.

Algunos años más tarde, los economistas Shakif y Bandyopadhay (1992) aportaron alguna evidencia empírica que volvería a dar alas al optimismo tecnológico de la economía estándar. Según sus datos, el consumo de algunos importantes recursos, así como la generación de ciertos destacados residuos, disminuía con la renta a partir de un cierto nivel de ésta. Más ampliamente, si bien en los estadios iniciales de desarrollo las economías crecían consumiendo cantidades crecientes de recursos y generando volúmenes cada vez mayores de residuos, a partir de un cierto nivel de renta esta relación se invertía. La conclusión parecía obvia: el crecimiento económico no sólo no es enemigo de la conservación ambiental, sino que a largo plazo es su más convincente aliado. A esta relación (ver Gráfica 1.1), primero directa y luego inversa, entre crecimiento y deterioro ambiental se le denominó Curva de Kuznets Ambiental (en adelante, CKA).

A este proceso se le denominó *desmaterialización* de las economías y acompaña al crecimiento a partir de cierto estadio. De esta forma, la viabilidad ecológica del sistema económico global requería precisamente atizar el crecimiento de las regiones más atrasadas hasta situar a la mayoría en la fase descendente de la CKA. La economía estándar, sobre la base de una simple extensión de su red analítica al ámbito de las interacciones entre la economía y su medio físico, construiría su propia noción de *sostenibilidad*[7]: la sostenibilidad en sentido débil (o simplemente *sostenibilidad débil).* Según ésta, todas las formas de capital, incluyendo el capital natural, son completamente sustituibles entre sí, y la sostenibilidad queda garantizada mediante el mantenimiento de la cantidad de capital *per cápita.* El sistema de precios, expresión de la escasez y las preferencias sociales, y la innovación tecnológica espoleada por la competencia en mercados libres, conducirían a las economías por la senda de la óptima asignación de los recursos naturales.

Gráfica 1.1: La Curva de Kuznets Ambiental.

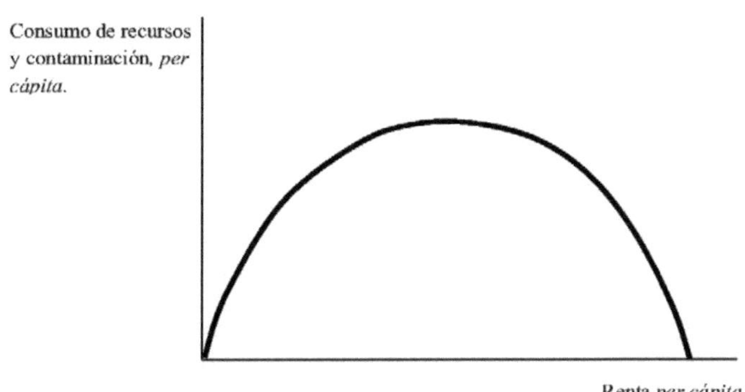

Grossman y Krueger, 1991.

[7] Para una visión bien fundamentada de la concepción estándar del desarrollo sostenible y la sosteniblidad, véanse los trabajos del Premio Nobel Robert Solow de 1974 ("The economics of resources or the resources of economics"), donde ajusta cuentas con el supuesto tremendismo de los *Limites al crecimiento* desarrollando el modelo propuesto en 1986 ("On the intergenerational allocation of natural resources"), donde sienta los fundamentos de la sostenibilidad *débil.*

Con todo, cuando el debate de los *límites del crecimiento* alcanza su cénit en los 80 y 90 del siglo pasado, la *economía ecológica* se nutre de una lectura de los *datos* que arrojan las investigaciones sobre la disponibilidad de los recursos del Planeta bien diferente a la realizada por la corriente estándar del pensamiento económico. El rebrote de *optimismo tecnológico* al que dieron lugar los supuestos de la denominada *curva de Kuznets ambiental* (CKA), fue rechazado por los economistas ecológicos y otros adscritos al modelo dominante. La supuesta reducción del uso de recursos y la generación de residuos a partir de cierta renta, ni era generalizada, ni era en muchos casos tal. En un artículo de amplia repercusión, Arrow *et al.* (1995) deshicieron el optimismo injustificado de la CKA. Argumentaron que tal relación inversa sólo se daba en el caso de algunos materiales y contaminantes, y que desde luego no reflejaba lo que ocurría con los residuos que tenían efectos acumulativos, ni los contaminantes dispersos como el CO_2.

Sobre estas bases teórico-empíricas, el nuevo sistema de pensamiento se viene construyendo para dar respuesta analítica y política a las dos grandes cuestiones sobre las que ha pivotado el debate sobre las relaciones Economía-Naturaleza. La primera, la cuestión de las restricciones biofísicas a la expansión del crecimiento económico. La segunda, la representación del sistema económico y los procesos en que se sustenta, bien por analogía con la mecánica de interacciones permanentes y reversibles, bien con la dinámica evolutiva de los cuerpos vivos, en permanente cambio e interacción con sus entornos. La economía ecológica naciente se fundó sobre la necesidad de aceptar y comprender los límites, y sobre la consideración del sistema económico como un subsistema del sistema general constituido por la biosfera (Daly, 1979). Por lo tanto, *"los procesos de producción y consumo no pueden estar al margen de las leyes que gobiernan el funcionamiento de la propia biosfera"* (Carpintero, 2005).

La consecuencia de todo lo anterior es la *economía ecológica* (pese a su confusa denominación) concibiéndose a sí misma como una nueva ciencia transdisciplinar, más allá de la mera convocatoria de disciplinas diversas, empeñada en la construcción de conocimiento mediante el empleo de nuevas categorías de análisis que superen el enfoque parcelario de las disciplinas tradicionales, en respuesta al carácter sistémico y a la complejidad que caracteriza las relaciones relevantes entre las sociedades humanas y la naturaleza. En cualquier caso, este nuevo paradigma se encuentra aún en una fase de desarrollo embrionaria. Un interesante compendio de trabajos que nos aproximan a sus piedras angulares puede encontrarse en Costanza *et al.* (1991).

Buena parte de los defensores de la noción de sostenibilidad en sentido *fuerte* se inscriben en esta corriente de pensamiento. Los fundamentos de este enfoque de la sostenibilidad se resumen como sigue:

- El capital natural y otras formas de capital mantienen entre sí relaciones de complementariedad y no de sustitución, como sostiene el paradigma convencional (Daly, 1991).
- El mantenimiento de las opciones de desarrollo para las sociedades futuras requiere la preservación del conjunto del capital natural (Daly, 1996).
- La sostenibilidad ecológica no es factible sin limitar el crecimiento económico. La economía debe tender a un estadio estacionario compatible con la preservación de las funciones ambientales de los ecosistemas que soportan la vida en el Planeta (Daly 1996).

- **El enfoque pragmático de la Escuela de Londres: la preocupación por hacer operativo el desarrollo sostenible.**

La denominada Escuela de Londres[8], con David Pearce al frente, ha venido apadrinando desde hace unas dos décadas una noción de sostenibilidad que se sitúa entre las formulaciones propuestas por las dos escuelas de pensamiento anteriormente expuestas. Como expresamos más arriba, se proponen fusionar la visión más holística de las relaciones entre la economía y el medio natural del que depende, característica de la *economía ecológica*, con el reconocimiento de la fortaleza del enfoque convencional para explicar las fuerzas motrices del comportamiento humano en relación con la naturaleza, y de la utilidad de los instrumentos de política económica que dimanan de esta visión para reconducir las economías hacia una senda más sostenible.

De acuerdo con este planteamiento, el análisis económico convencional se desarrolló al margen de la dependencia que la economía tiene de los recursos que la naturaleza provee. De hecho, la visión convencional operaba como si los recursos naturales fuesen infinitos y como si la capacidad de los ecosistemas naturales para asimilar los residuos generados por la economía fuese igualmente ilimitada. Esta visión es denominada por la Escuela de Londres como el enfoque de la *economía lineal*. En su lugar, los miembros de esta Escuela proponen el enfoque de la *economía circular*.

Esta perspectiva permite explicar las tres funciones fundamentales que la Naturaleza desempeña en su relación con la Economía. La primera de ellas es la provisión de inputs (materias primas minerales y vegetales) al sistema productivo. Sabemos, sin embargo, que la Naturaleza es la receptora última de los residuos que se ocasionan en todo el proceso, que se inicia con la obtención de los recursos de ésta, continúa con la generación de residuos en el proceso de producción, y culmina con los residuos originados en el proceso de consumo de los bienes y servicios producidos. Por lo tanto, la segunda gran

[8] En realidad, se trata en su mayoría de economistas y científicos naturales miembros del CSERGE (Center for Social and Economic Research on the Global Environment), vinculado a la Universidad de East Anglia.

función económica del medio ambiente será la capacidad que tiene de asimilar al menos parte de los residuos que los humanos emitimos.

De acuerdo con este esquema de economía circular, el bienestar de la sociedad ya no depende solamente de los bienes que consuma, sino también de los recursos disponibles para el futuro y de las funciones o amenidades que el medio ambiente presta a las personas, como son paisajes naturales, aire limpio, descanso mental y equilibrio emocional. Ésta es, desde la perspectiva de la Escuela de Londres, la tercera gran función económica del medio ambiente: proveer amenidades a los seres humanos en la forma de disfrute estético y bienestar espiritual.

Esta visión de las relaciones existentes, entre la actividad humana y el medio ambiente donde se desenvuelve, va acompañada de ciertos criterios generales para una gestión práctica de esa interacción, cuya aplicación no está exenta de importantes dificultades. Veamos algunas de estas reglas:

- Los recursos renovables deberían usarse de tal forma que el ritmo al que son extraídos no exceda a largo plazo el ritmo al que se regeneran.
- Los recursos no renovables deben extraerse de modo que la reducción de sus existencias sea compensada por el aumento de recursos renovables con funciones ambientales similares.
- Los residuos liberados al medio ambiente no deberían superar la capacidad de asimilación de los ecosistemas receptores. Esto significa que los ecosistemas no deberían ser generalmente impactados más allá de su capacidad de resiliencia.

En la práctica las cosas son un poco más complicadas. ¿De verdad deben ser preservados los recursos globales del planeta para que el desarrollo humano sea sostenible?, ¿Cómo sabemos cuándo estamos sobrepasando la capacidad de asimilación de un ecosistema, o extrayendo recursos renovables por encima de su tasa de regeneración? Generalmente el discernimiento sobre esos temas va acompañado de no poca controversia científica, en ocasiones contaminada por los intereses industriales en liza. La incertidumbre e ignorancia intrínseca al carácter complejo y no siempre predecible de los fenómenos naturales, añade nuevos problemas a la aplicación empírica de estas reglas de sostenibilidad.

1.2.2. Los indicadores para diseñar y evaluar estrategias sostenibles.

En una primera aproximación, buena parte de los esfuerzos se orientaron a definir indicadores útiles para evaluar, o al menos poder medir, la realidad de las economías con respecto a los objetivos del desarrollo sostenible y los efectos de las políticas llevadas a cabo para aproximar el modelo socioeconómico al logro de tales retos. Como no podía ser de otro modo, la elaboración de estas herramientas ha debido soportar las mismas vicisitudes que el propio concepto de desarrollo sostenible (aspecto que hemos desarrollado en el apartado anterior). Los enfoques de sostenibilidad *débil* y *fuerte*, y aquellos que se encuentran en algún punto del *continuum* definido por ambos extremos, han generado –no sólo diversas definiciones de sostenibilidad– sino también distintos indicadores para medirla.

Inicialmente tiene interés que distingamos entre un indicador y un simple descriptor; mientras este último se basa en una medida directa de un hecho o vínculo, el indicador tiende a reflejar una relación relativamente compleja. Baker *et al.* (2004) estableció que un indicador es *"una variable observable empleada para dar cuenta de una realidad no observable"*. De este modo, la variable seleccionada como indicador lo es en función de su particular relevancia y representatividad con respecto al hecho o la relación que se pretende evaluar. Las tres funciones más reconocidas de un indicador son:

- Sensibilizar a los destinatarios de la información que contiene.
- Contribuir a la toma de decisiones de las instituciones competentes en la materia evaluada.
- Evaluar el resultado de las decisiones y acciones emprendidas en el ámbito del que el indicador se ocupa.

Un indicador, o un sistema de indicadores, pretende satisfacer un conjunto de requerimientos para que pueda cumplir adecuadamente su misión. Estos requisitos son los siguientes:

- Distinguir claramente entre los objetivos y los medios para alcanzarlos.
- Estar científicamente fundamentados y ser transparentes.
- Disponer de información estadística accesible para su confección.
- Ser sencillos y fáciles de interpretar.
- Ser capaces de clarificar y facilitar el proceso de toma de decisiones.
- Permitir la comparación a lo largo del espacio y del tiempo.

Especialmente a lo largo de la década de los 90, proliferaron una extraordinaria cantidad y diversidad de indicadores y sistemas de indicadores, dificultando su comprensión y uso a los principales destinatarios de estos, los responsables públicos. La necesidad de imponer cierta claridad y operatividad llevó a la Agencia Ambiental Europea (AAE, 1999) a establecer una tipología de indicadores ambientales y de desarrollo sostenible acordes con la respuesta que cada uno de ellos pudiera dar a los problemas de los que se ocupaban. Así la AAE estableció los siguientes tipos de indicadores:

- TIPO A: Indicadores que contestan a la pregunta: *qué le está sucediendo al medio ambiente y a los seres humanos*. Se trata de indicadores *descriptivos,* o sea, explican la situación actual analizando las relaciones entre el origen y las consecuencias de los principales problemas ambientales. La situación se expone sin referencia alguna a *cómo debería ser*. Los sistemas de indicadores de este tipo más representativos son los basados en el modelo *Presión-Estado-Respuesta (PER)* de la OCDE (1994), y el conocido como modelo *Proceso-Presión-Estado-Impacto-Respuesta* desarrollado más tarde por la Agencia Ambiental Europea; ejemplos de este tipo de indicadores son el número de vehículos que circulan en un determinado territorio (*proceso*), las emisiones per cápita de CO_2 (*presión*), la concentración de metales pesados en lagos o lagunas (*estado*), la proporción de población afectada por ruidos superiores a cierto nivel (*impacto*) o la proporción de aguas residuales domésticas que son recuperadas y depuradas antes de verterse al medio (*respuesta*). Aunque son los indicadores más difundidos; sin embargo, se ha criticado su concepción lineal de las relaciones de causalidad, argumentando que no considera factores como la retroalimentación (feedback) o la causalidad conjunta, los cuales son de gran importancia en la explicación de estos procesos complejos.

- TIPO B: Indicadores que refieren la importancia relativa del hecho medido. Generalmente son tipificados como *indicadores de comportamiento o de funcionamiento.* En este caso comparan la situación actual con la de algún otro momento en el tiempo que se tome como base o con los valores de referencia específicos estimados como deseables o límites; por lo tanto, miden un incremento. Indicadores de este tipo sería, por ejemplo, la concentración actual de emisiones de CO_2 en relación con la concentración óptima de este gas en la atmósfera.

- TIPO C: Indicadores que dan respuesta a la cuestión de si estamos mejorando o no con respecto a ciertos aspectos relevantes de la interacción entre la actividad humana y el entorno. Son conocidos como *indicadores de efectividad.* Un indicador representativo de este tipo sería *las emisiones de* CO_2 *por unidad de PIB*, o *los* m^3 *de agua consumida por unidad de valor añadido turístico.* Un caso particular lo constituyen los denominados indicadores de *desacoplamiento o desvinculación* (*decoupling*, en su expresión inglesa), confrontan las variaciones de las presiones ambientales con los cambios en los procesos que las generan; a diferencia de los indicadores de efectividad, se refieren a las variaciones relativas de las variables y no a sus valores absolutos (OCDE, 2002).

- TIPO D: Indicadores que responden a la cuestión de si el país o la región de estudio está mejor que la media de los países o regiones que conforman el sistema de referencia (internacional, europeo, nacional o regional). Estos son los denominados *indicadores de bienestar agregado.* Mayoritariamente son indicadores sintéticos que agregan, a través de algún criterio de ponderación, una serie de variables económicas, sociales y ambientales. A grandes rasgos, dan cuenta de la evolución del bienestar agregado de una determinada colectividad; ejemplos de este tipo de indicadores serían el ISEW (Index of Economic Welfare), el Indicador de Desarrollo Humano de Naciones Unidas y la Huella Ecológica.

Por otro lado, los indicadores sintéticos persiguen agrupar y dar una evaluación de conjunto de la serie de variables que reflejan la situación o los cambios que se producen en un ámbito sensible del desarrollo sostenible. En consecuencia, favorecen la adopción de decisiones coordinadas de todos los actores implicados, y contribuyen a la comprensión de las interacciones complejas entre economía, sociedad y medio ambiente. Además, permiten la creación de un lenguaje común, favoreciendo la armonización de discursos y prácticas. Finalmente, también facilitan la comunicación con los ciudadanos, permitiendo transmitirles ideas de conjunto acerca de los problemas ambientales y de desarrollo sostenible que les preocupan.

1.3. La Huella Ecológica.

La medida de hasta qué punto la actividad humana está socavando el capital natural vital básico, está relacionada con el concepto de capacidad de carga[9] humana, definida convencionalmente como el tamaño máximo de la población de una determinada especie que una zona puede soportar sin reducir su capacidad para sustentar a la misma especie en el futuro. Existen varias razones para distinguir la capacidad de carga humana de la de muchas otras especies.

El consumo humano no está vinculado exclusivamente a su biología, la mayor parte de los consumos materiales de las personas consiste en productos no alimentarios como la energía o los productos forestales (Wackernagel, 1996: 69). A partir de aquí se reconocen drásticas diferencias en los niveles de consumo humano, dada la gran diversidad de entornos socioeconómicos. Esta realidad conlleva efectos ecológicos asociados que pueden moderarse a través de múltiples factores, incluyendo la tecnología y los modelos de gestión (Crummey y Victor, 2008: 58; Monfreda *et al.,* 2004: 243-244).

[9]La capacidad carga de un ecosistema puede establecerse como la carga máxima soportable por éste de forma persistente sin modificar sus características, y puede ser considerada como la población máxima de una especie que puede mantenerse indefinidamente en un hábitat definido sin menoscabar la productividad de éste (Wackernagel & Rees, 1996: 224).

Debido a estas interrelaciones, el concepto de huella ecológica ha sido desarrollado como una herramienta que permite la determinación de la superficie de tierra (y agua), desglosada en diversas categorías, que se requiere de forma continuada para aportar toda la energía y recursos materiales consumidos y a la vez, absorber todos los residuos generados por un individuo en particular, una población específica, una economía o todo el planeta (Lenzen, 2003: 113; Chambers *et al.*, 2000: 47).

Un enfoque similar, que antecede a la huella ecológica, es la idea de "acres *fantasmas"*, desarrollada por el académico sueco Georg Borgstrom en 1965[10]. El objetivo de su investigación fue analizar cómo alcanzar una nutrición adecuada para una población creciente (Mc Manus y Haughton, 2006: 116). Más recientemente, William Catton profundizó en la idea de "tierra *fantasma"*[11]. Este concepto se refiere a cómo utilizamos actualmente la productividad ecológica de los ecosistemas que ya no existen. La Naturaleza no puede, por ejemplo, suplir los combustibles fósiles como el carbón y el petróleo al ritmo al que estamos disminuyendo este stock de recursos no renovables (*Ibíd.*).

Un concepto algo similar es el de *mochila ecológica*, que difiere fundamentalmente en que usa como medición el peso de los materiales en lugar de superficie de territorio. Este parámetro fue desarrollado en el Instituto Wuppertal en 1993[12]. En esta metodología se establece un límite global máximo fijado para el uso de los recursos naturales y la consiguiente emisión de residuos

---

[10] Borgstrom, Georg (1965): "The Hungry Planet: The Modern World at the Edge of the Famine" (2nd revised edition) Macmillan, New York, p. 75.

[11] Catton, William Jr. (1980): "Overshoot: The Ecological Basis of Revolutionary Chang", University of Illinois Press, Urbana.

[12]Takeda Fundation (2002): "The Takeda Award 2001". Acceso el 22 de marzo de 2004 a http: www.takedafundation.jp/en/award/takeda/2001/fact/03_1.html.

(contaminación); supone un intento de calcular la capacidad de carga de un ecosistema, poniendo atención en los principios de equidad para estimar las condiciones de reparto de los derechos de apropiación del espacio ambiental entre las naciones.

1.3.1. Qué mide la Huella Ecológica: áreas bioproductivas.

La HE debe trabajar como "una herramienta contable que nos permite estimar el consumo de recursos y los requerimientos de absorción de residuos de una población definida, o de una economía, en términos de la correspondiente área de tierra productiva" (Wackernagel y Rees, 1996: 9-12). Así pues, será una variable proporcional a la población y al consumo de recursos, es decir, a la escala de la economía o sociedad objeto de estudio. La matización diferencial con respecto a la capacidad de carga se ilustra con la pregunta: ¿qué superficie de suelo productivo es necesaria para mantener una población concreta indefinidamente -sea donde sea que se encuentre este suelo- de esta forma queda remarcado el carácter territorial frente al poblacional.

La HE computa los rendimientos por unidad de superficie de los flujos de productos primarios[13] para calcular la superficie necesaria para desarrollar una actividad determinada. En este cálculo el suministro creado por la biosfera se llama la capacidad biológica o biocapacidad; supone la medida de la cantidad de tierra biológicamente productiva y de la zona marítima disponibles para proporcionar los servicios de los ecosistemas que la Humanidad consume (Ewing *et al.*, 2008: 2).

[13] El sector primario está formado por las actividades económicas relacionadas con la transformación de los recursos naturales en productos primarios no elaborados. Usualmente, los productos primarios son utilizados como materia prima en las producciones industriales.

Ambos términos, Huella y biocapacidad, se estiman para diversos tipos de uso del territorio, de esta manera permite contabilizar la variación en la productividad media territorial estimada para distintos fines; por lo tanto, están expresadas en términos de hectáreas globales promedio, de territorio o de zona marítima biológicamente productivos, denominándose a esta unidad de medida *hectárea global (gha)* (*Ibíd.*).

- **La hectárea global: unidad patrón.**

Cada hectárea global representa una cantidad igual de la productividad biológica media mundial (Giljum *et al.*, 2007: 8-15; Kitzes *et al.*, 2007: 6; Monfreda *et al.*, 2004: 233-234). Por lo tanto, la conversión de unidades de masa en unidades de área sólo es factible para productos bióticos, y no para el caso de apropiación superficial abiótica (Hubacek y Giljum, 2003: 138-139).

Una hectárea global tendrá una productividad igual a la productividad media de los 11,2 millones de hectáreas bioproductivas existentes sobre el planeta. La productividad no hace referencia al ritmo de producción de biomasa, tal como la producción primaria neta[14] (PNP). En este caso, la productividad es el potencial para lograr la máxima producción agrícola con un determinado nivel de insumos. Así una hectárea de tierra altamente productiva es igual a más hectáreas globales que una hectárea de tierra menos productiva. Las hectáreas globales están normalizadas para que el número de hectáreas de tierra y mar

---

[14] La **producción primaria bruta** de un ecosistema es la energía total fijada por fotosíntesis por las plantas. La **producción primaria neta** es la energía fijada por fotosíntesis menos la energía empleada en la respiración, es decir la producción primaria bruta menos la respiración.

sobre este planeta sea igual al número de hectáreas globales definidas (Giljum *et al.,* 2007: 8-15).

Las hectáreas globales permiten la comparación entre la HE y la biocapacidad de diferentes países con diferentes calidades de tierras de cultivo, tierras de pastoreo y bosques. Los factores de conversión aplicados para conseguir este fin son: los factores de equivalencia (constantes para todos los países y para un determinado año) y los factores de rendimiento (específicos para cada país y año); permiten traducir cada una de las hectáreas de las zonas biológicamente productivas en hectáreas globales.

- **Los factores de equivalencia.**

Los factores de equivalencia representan el potencial de productividad promedio global de una determinada área bioproductiva relativa a la productividad media mundial del total de zonas bioproductivas. Las tierras de cultivo, por ejemplo, son más productivas que los pastizales y, así, tienen un mayor factor de equivalencia que estos últimos (Ewing *et al.,* 2008: 5-7; MINUARTIA, 2007: 21; Wackernagel *et al.,* 2005: 11; Monfreda *et al.,* 2004: 233-234).

Los factores de equivalencia de las tierras de cultivo, los bosques, los pastizales y las áreas ocupadas por infraestructuras, son derivadas de los índices mundiales establecidos por la GAEZ (Global Agro-Ecological Zones) 2000, un modelo espacial del potencial de los rendimientos agrícolas (FAO e IIASA, 2000). La Tabla 1.1 muestra los factores de equivalencia empleados en los cálculos de este trabajo.

Tabla 1.1: Los factores de equivalencia para 2005.

Tipo de terreno	EQF
[-]	[gha wha^{-1}]
Cultivos	2,6441
Forestal	1,3326
Pastos	0,4965
Superficie Marina	0,3972
Infrastructura	2,6441
Agua dulce	0,3972
Hidroeléctrica	1,0000
Energética	1,3326

GFN, 2008.

El factor de equivalencia describe el rendimiento alcanzable por los cultivos en una zona con un supuesto nivel de insumos -como el agua y los fertilizantes-, independientemente de las prácticas de gestión o tipos de producción de biomasa (*Ibíd.*).

- **Los factores de rendimiento.**

Los factores de rendimiento en un determinado país intentan cuantificar la relación entre una zona biológicamente productiva y el promedio mundial de la misma zona bioproductiva. En otras palabras, supone la relación entre la producción de bienes en una determinada categoría de territorio en un país –con sus rendimientos nacionales- y la cantidad de territorio que habría que establecer para producir las mismas mercancías con los rendimientos mundiales medios; por lo tanto, cada país tiene su propio conjunto de factores de rendimiento, que se ha de calcular cada año nuevamente (Wackernagel *et al.,* 2005: 12). La Tabla 1.2 presenta los factores de rendimiento españoles y mundiales para el año 2005, usados en este trabajo (GFN, 2008).

Tabla 1.2: Factores de rendimiento nacionales y globales (2005).

Tipo de territorio	**Rendimiento Nacional.**	**Rendimiento Mundial.**	**Factor de rendimiento.**
[-]	[t nha^{-1}]	[t wha^{-1}]	[wha nha^{-1}]
Cultivo	-	-	13408741,00
Pastoreo	7,51	6,19	1,21
Superficie marina	539,00	504,00	1,07
Aguas continentales	-	-	1,00
Bosques	1,51	2,36	0,64
Infrastructuras	-	-	13408741,00

GFN, 2008.

Además de la productividad de los recursos renovables nacionales, el factor de rendimiento refleja la tecnología y las prácticas de gestión imperantes en el territorio. Si la producción agrícola por hectárea en un país depende de la fertilidad del suelo, así como de los métodos de cultivo, el factor de rendimiento reflejará el promedio nacional con la subsiguiente ponderación de las zonas climáticas que existan. Hay que tener en cuenta esta variabilidad inherente a las regiones con gran número de las zonas climáticas y, así, reflejar con mayor resolución la exactitud de su productividad real en los análisis regionales o locales; recalculando, si es posible, los factores de rendimiento para conseguir reflejar las circunstancias particulares (Ewing *et al.*, 2008: 5-7; Kitzes *et al.*, 2007: 15-18).

Estas cuentas son viables para cualquier escala de población humana. En este apartado nos centramos en la contabilidad de la Huella Ecológica en un ámbito nacional para proporcionar una documentación detallada de la economía de un país y su demanda agregada de recursos naturales, permitiendo evaluar: *i)* la dependencia de la región en función de sus servicios ecológicos, *ii)* la competencia entre los diversos usos de la naturaleza y *iii)* la distribución de los recursos y la capacidad global en todo el planeta.

La contabilidad se compone de dos partes: el suministro ecológico (o zonas bioproductivas) y la demanda de la naturaleza (o HE).

Desde el punto de vista operativo, el procedimiento de cálculo en sentido estricto se basa en tres etapas (Bagliani *et al.*, 2005: 40-43; Allan, 2003: 9-13; Barrett y Simmons, 2003: 19-24; Chambers *et al.*, 2000: 59):

- En primer lugar, es necesario estimar el consumo medio anual por persona de los bienes específicos que vayamos a considerar -Rees y Wackernagel clasificaron los bienes de consumo en cinco grandes categorías: alimentación, vivienda, transporte, bienes de consumo y servicios- a través de la agregación de los datos regionales o nacionales y dividiendo el consumo entre el número total de la población. Siempre que los datos estén disponibles es conveniente obtener una cifra del consumo corregida por el efecto del comercio interregional o internacional, donde el verdadero consumo (C) sea igual a la producción (P) más las importaciones (I) menos las exportaciones (E):

$$C = P + I - E.$$

- En segundo lugar, se estima el área adecuada *per cápita* (aa) para la producción de cada tipo de bien i, i= 1, 2, 3...n. Esto se realiza dividiendo el consumo medio anual de cada bien (c_i en kg/*per cápita*) entre la productividad media anual por hectárea (p_i en kg/ha):

$$aa_i = c_i / p_i$$

  A continuación, se obtiene la huella ecológica total *per cápita* sumando todas las áreas biológicamente productivas para los *n* bienes y servicios:

$$HE = \sum_{i=1}^{n} aa_i$$

- Finalmente, la huella ecológica total de una población concreta será el producto de la expresión anterior por el número total de habitantes N

$$HE_T = N \times HE$$

La HE del consumo (H_C) será igual a la HE de la producción (H_P) más la HE de las importaciones (H_I) menos la HE de las exportaciones (H_E):

$$H_C = H_P + H_I - H_E$$

- **Áreas bioproductivas[15].**

Mientras que un 46% de la superficie excluida del cálculo de biocapacidad, como los desiertos, tiene todavía valor, como reducto de biodiversidad o de tipo estético, ésta mantiene un grado significativo de fotosíntesis improductiva; regiones como La Antártida o Groenlandia; la tundra o vastos desiertos como el Sahara. Desde la perspectiva del capital natural, estas regiones tienen poca capacidad para producir el sustento básico demandado por la sociedad: alimentos, fibras, maderas, además de la limitada capacidad de secuestrar carbono de aquellas. Por el contrario, se encuentran en torno a 11,2 millones de hectáreas de zonas bioproductivas globales: tierras de cultivo, bosques, pastizales, la pesca y tierras para infraestructuras. Estos territorios ofrecen gran cantidad de recursos renovables económicamente útiles para las poblaciones (Lewan y Simmons, 2001: 2).

- **Cálculo de la Biocapacidad.**

La biocapacidad, también denominada *ecuación de la oferta*, es la contrapartida de la huella o *ecuación de la demanda*. La biocapacidad total de una nación es la suma de sus zonas bioproductivas, también expresadas en hectáreas globales (gha); se transforma cada zona bioproductiva en hectáreas globales multiplicando su área por el factor de equivalencia y el factor de rendimiento específico de ese país (Giljum *et al.,* 2007: 8-15; MINUARTIA, 2007: 23):

---

[15] Para una descripción de las areas bioproductivas y sus fuentes de datos consultar: Monfreda *et al.*, 2004: 240-242; Wackernagel *et al.*, 2005: 20.

*Biocapacidad (gha) = Superficie (ha) * Factor de equivalencia (gha/ha) * Factor de rendimiento (-).*

La biocapacidad de una nación representa la tasa teórica máxima de suministro de recursos que pueden sostenerse con las tecnologías y sistemas de gestión prevalentes. Este concepto incluye todas las zonas bioproductivas de las que ese país tiene la exclusiva soberanía, incluso las regiones que no se utilicen debido a la geografía, la economía, la conservación u otros motivos.

- **El déficit ecológico y la sobreexplotación ecológica.**

Una comparación entre la HE y la biocapacidad es un indicador de hasta que punto el actual capital natural es suficiente para sostener los patrones de consumo y producción establecidos. Un país cuya HE supere su biocapacidad se dirige a lo que denominamos un *déficit ecológico*. Hay dos maneras de convivir con una situación de déficit ecológico: importando biocapacidad de otras naciones (déficit ecológico comercial) y/o mediante la liquidación del capital natural propio (sobreexplotación ecológica). Desde la perspectiva del consumo, la cantidad de déficit ecológico se define también en hectáreas globales según la relación (MINUARTIA, 2007: 23; Giljum *et al.,* 2007: 8-15; Kitzes *et al.,* 2007: 7):

Déficit ecologico (gha) = Huella (gha) - Biocapacidad (gha).

Si un país mantiene remanente ecológico (déficit ecológico negativo), es decir tiene más biocapacidad que huella, asumimos un superávit ecológico. Por el contrario, los países con baja biocapacidad *per cápita*, tanto por poseer una alta densidad de población -como Bangladesh o los Países Bajos- o por causas climáticas -como en Etiopía o Arabia Saudita- tienen dificultades para satisfacer sus demandas de recursos, e importan generalmente alimentos, madera, etc. de países con excedentes agrícolas, pesqueros, o forestales, como en el caso de Canadá o Brasil.

Los déficits ecológicos no equilibrados mediante el comercio se compensan mediante la excesiva explotación de sus recursos naturales, pastoreo excesivo, sobrepesca, degradación de bosques, y altas tasas de emisiones de dióxido de carbono a la atmósfera. Este fenómeno, denominado *sobreexplotación ecológica*, supone que el ritmo al que se consumen recursos biológicos es mayor que la capacidad natural de la biosfera para reponerlos o asimilar los desechos que se producen en los procesos, contraviniendo así el principio en que se sustenta el concepto de sostenibilidad. La sobreexplotación ecológica de un país equivale a la huella debida a los procesos de producción de bienes, menos la biocapacidad medidas ambas en hectáreas globales.

Sobreexplotación Ecológica (gha) = Huella de producción (gha) - Biocapacidad (gha).

Como no hay otro planeta desde donde se puedan importar nuevos recursos, un déficit ecológico global siempre significa sobreexplotación ecológica. Sin embargo, la ausencia de déficit ecológico -a nivel mundial, nacional o local- no indica necesariamente verdadera sostenibilidad en la gestión de los recursos; por ejemplo, en un ámbito local, un abuso en el consumo de recursos también puede conducir a sobreexplotación, mediante el consumo excesivo o sistemático del capital natural.

1.3.2. Metodologías de cálculo.

Las huellas ecológicas nacionales se publican anualmente representando, de alguna manera, las relaciones entre la demanda y la oferta ecológica del año de estudio; mostrando los cambios anuales en extracción de recursos según las tecnologías, la eficiencia en la producción y la gestión de los ecosistemas (Chambers *et al.,* 2000: 35).

Con el fin de ofrecer una respuesta cuantitativa a la pregunta de cuánta capacidad regenerativa es necesaria para mantener un flujo de recursos, la metodología de la contabilidad de la HE se basa en seis supuestos (Ewing *et al.,* 2008: 3; Giljum *et al., 2007*: 8-15; Wackernagel *et al.,* 2005: 6; Monfreda *et al.,* 2004: 233-234).

1. Las cantidades anuales de recursos consumidos y de desechos generados por los países son registrados por organizaciones tanto nacionales como internacionales. Estos valores anuales pueden medirse en unidades como toneladas, julios o metros cúbicos. Casi todos los países mantienen registros estadísticos anuales documentando el consumo propio de recursos, especialmente en las áreas de energía, productos forestales y productos agrícolas. La Organización de Naciones Unidas, particularmente la FAO, compila muchas de estas estadísticas nacionales en un formato uniforme. Los datos de las agregaciones de consumo y producción anuales se hacen compatibles con la mayoría las estadísticas nacionales actualizadas anualmente y registran posibles variaciones estacionales entre países.

2. La cantidad de recursos biológicos consignados para el uso humano está directamente relacionado con la cantidad de superficie bioproductiva necesaria para la regeneración y la asimilación de residuos. Los procesos bioproductivos están asociados con las superficies que capturan la luz en la fotosíntesis.

3. Ponderando cada área en función de su potencial anual de producción de biomasa utilizable, podemos obtener un promedio productivo normalizado por hectárea. Estas hectáreas normalizadas, denominadas hectáreas globales, reflejan el potencial para producir biomasa útil en relación con el potencial medio mundial de ese año, limitándose a la porción de la biomasa que puede ser cosechada de forma renovable.

4. La demanda completa, en hectáreas globales, puede ser obtenida sumando tipos de demandas excluyentes entre sí, tanto como los desechos y las zonas necesarias para asimilarlos. Esto significa que ninguno de los servicios o flujos de recursos incluidos en la contabilidad de la HE estén contabilizados más de una vez en el mismo territorio o espacio marino, asegurando que todos los ámbitos son agregados sólo una vez a la HE. En caso contrario, el doble cómputo inflaría la estimación de la demanda global. Contrariamente a algunas interpretaciones erróneas de la HE, esto no implica que las áreas sean incapaces de ofrecer una serie de servicios simultáneamente, o que las cuentas estén construidas sobre esa suposición. Las actividades y usos de los recursos reflejados en las cuentas son llamadas funciones primarias[16].

---

[16] Si un área ofrece madera y además también, como una función secundaria, recoge agua para riego agrícola, la HE sólo incluye el uso madera como la función primordial. En los casos de doble cosecha, el aumento de la productividad de la zona cultivada se refleja en un mayor factor rendimiento.

5. La demanda humana agregada (HE) y los suministros de la naturaleza (Biocapacidad) pueden ser comparados directamente entre sí. Ambos utilizan hectáreas estandarizadas para medir la demanda de capital natural versus la capacidad del capital natural para satisfacer esa demanda. Por tanto, la oferta y la demanda son conmensurables.

6. La zona de demanda puede exceder el área de suministro. Una HE mayor que la Biocapacidad total de la zona indica que las demandas superan la capacidad de regeneración de capital natural existente. Por ejemplo, los productos obtenidos de la explotación de un bosque duplican su tasa de regeneración, por lo tanto, tienen una huella dos veces el tamaño del bosque.

Fundamentándose en estas suposiciones, el diseño inicial basado en componentes, que partía de lo concreto para llegar a lo general (modelo *bottom-up*), ha sido sustituido en gran medida por el diseño imperante actualmente, en el que la perspectiva es inversa (modelo *top-down*), desde los grandes números nacionales hacia unidades territoriales menores. (Best *et al.,* 2008b: 40; Ryan, 2004: 224; Lewan y Simmons, 2001: 21; Simmons *et al.,* 2000: 377).

La metodología original sumaba la HE de todos los componentes de los consumos de recursos y la producción de desechos de una población. Esta manera de proceder permite, en primer lugar, identificar todos los bienes y servicios que una determinada población consume y sus cantidades; y en segundo, evaluar la HE del ciclo de vida de cada componente de los recursos necesarios para un determinado producto, desde la extracción de recursos a la eliminación de residuos, o lo que es lo mismo, "desde la cuna a la tumba". La precisión del resultado final depende de la integridad de la lista de componentes, así como de la fiabilidad de la evaluación del análisis de ciclo de vida (ACV) de cada elemento identificado.

Este método produce resultados irregulares, dadas las dificultades de limitar las fronteras del ACV. La falta de información precisa y completa acerca de los ciclos de vida de los productos es un problema -agravado en el caso de complejas cadenas de producción con muchos productos primarios y subproductos-, y la demanda de gran cantidad de conocimientos detallados necesarios para analizar cada proceso (Lewan y Simmons, 2001: 12; Simmons *et al.*, 2000: 375-378). El método de cálculo de la HE basado en componentes utilizando datos de ACV mantiene solidez científica y fiabilidad, sin embargo, puede ser menos exacta debido a las limitaciones apuntadas.

La implementación de un método de componentes, calibrado con una evaluación de la HE compuesta, puede superar las deficiencias del propio método. La HE compuesta, en la que nos basamos en este estudio, se calcula utilizando datos nacionales agregados (ECOTEC-UK, 2001: 17; Chambers *et al.*, 2000: 67). En este modelo los valores captan la demanda de recursos, sin tener que saber todo lo necesario sobre el uso final y, por lo tanto, es más completo que los datos utilizados en el enfoque de componentes.

Habitualmente, estas categorizaciones de uso final están mal documentadas en las colecciones de datos estadísticos utilizados para apoyar el enfoque de componentes. Por otro lado, en evaluaciones nacionales de la HE existen numerosos estudios, por parte de organizaciones profesionales, municipales, etc., que se fundamentan en componentes como un método previo, para luego completar la información con la procedente de la evaluación compuesta nacional referenciada en la GFN (Barrett *et al.*, 2002; Best Foot Forward, 2000).

- **Reflexiones a nivel de territorios particulares o ciudades:**

Las siguientes recomendaciones representan las opiniones de diversos autores basadas en los resultados de estudios comparativos de distintas metodologías de cálculo y en experiencias alcanzadas al aplicar y desarrollar los análisis de la HE y de la biocapacidad en un territorio particular; reflejan un punto de partida para la evaluación de la sostenibilidad de una región o ciudad a través de su HE (Crummey y Victor, 2008: 10-11; Ewing *et al.*, 2008: 5; Kitzes *et al.*, 2007: 3-4; Arto, 2005: 8; Lenzen y Murray, 2003: 5; Barrett, 2002: 18; Wackernagel y Rees, 1996: 61).

Recomendación 1.

El método debe tener las características siguientes:

- Estar basado en el principio de la responsabilidad. Esto significa ser coherente con los indicadores de CO_2 en la región a estudiar.
- Las tasas de sostenibilidad se centran en comparaciones con la biocapacidad global, aunque algunos valores también puedan ser calculados por comparaciones con la biocapacidad de la huella regional o local, la biocapacidad nacional o incluso con la biocapacidad del continente.
- El método se fundamenta en la HE nacional y los cálculos de su biocapacidad. Es decir, la HE del promedio *per cápita* se utiliza para determinar la HE de la región o localidad. Para que sea significativa y evitar variaciones, se debe intentar la coordinación con los autores que trabajan con la HE nacional.

Recomendación 2.

Hay dos razones para realizar algunos pequeños cambios en el método básico de cálculo de la HE nacional. En primer lugar, incorporar ideas de otros estudios de la huella y, en segundo lugar, facilitar el cálculo de las huellas regionales y locales. Los cambios se pueden concretar en:

- La porción de energía consumida establecida en los cálculos de la HE nacional puede ser subdividida -quizás basándose en EUROSTAT o en datos nacionales de EEA- en las diversas áreas de las actividades implicadas en el gasto energético.
- Los cálculos de la energía incorporada por las materias primas son incluidos en las estadísticas comerciales a nivel nacional. Las energías asociadas a alimentos y madera están actualmente incompletas y podrían tener un efecto significativo en ciertas HE nacionales.
- Los cálculos de la energía incorporada en los productos de exportación se vinculan con la fuente de energía aplicada en el país productor; actualmente se asume que toda la energía proviene del combustible fósil.
- El factor de equivalencia usado por defecto para el territorio construido; infraestructuras, viviendas, etc. podría ser vinculado a la bioproductividad media mundial; esto daría un resultado más modesto de la huella, pero sería más extensamente aceptable.
- Algunos modelos reconocen la importancia de la agricultura de baja intensidad, este dato necesitaría de una investigación adicional para realzar su veracidad, para ello es útil complementar la HE con información sobre biodiversidad y calidad de agua en la región.
- Los autores del modelo de cálculo recomiendan tratar la energía nuclear de manera que ésta sea considerada igual que el combustible fósil. Por supuesto, se reconoce que es necesaria una investigación adicional que considere: la pérdida de bioproductividad relacionada con los últimos incidentes nucleares, la equivalencia con la energía fósil del combustible

real incorporado en el ciclo de vida de una instalación nuclear, y la aplicación del factor riesgo en relación con los cálculos de la HE nuclear.

Recomendación 3.

Ningún método estándar está preparado para calcular huellas de regiones o localidades basándose en cálculos nacionales; sin embargo, han surgido alternativas –hay proyectos principalmente en el Reino Unido-, que se basan en el ajuste de datos de las HE nacionales, trabajando en la búsqueda de un acercamiento estandarizado. La aproximación recomendada sería variar los datos de los consumos medios nacionales, aplicando las diferencias relativas entre la estadística nacional y las de los consumos regionales o locales (factores de corrección de los consumos regionales o locales).

Recomendación 4.

Como se demuestra en la experiencia de muchos países, la HE es una herramienta de gran alcance para captar al público en general. Esta cualidad es clave para ampliar la ventaja ante otros indicadores, facilita involucrar a la población en la valoración de sus hábitos de consumo, clarifica qué modificaciones puede implementar el ciudadano que decida reducir su HE. El valor formativo e informativo de la HE incluye el seguimiento de los compromisos de los gestores a través de la evaluación de la HE en el tiempo.

Recomendación 5.

Utilizándose cuidadosamente, la HE puede suponer una ayuda en el diseño de políticas regionales o locales. Por otro lado, permite una proyección en el tiempo de diferentes modelos de gestión política, incluyendo la implicación ciudadana.

Recomendación 6.

Algunos analistas aprovechan los modelos input-output para aportar más precisión en el enfoque y asignar mejor el seguimiento de las HE hasta el consumo final (Best *et al.*, 2008b: 191; MINUARTIA, 2007: 28; Turner *et al.*, 2007: 39; Wiedmann, 2006: 31; Bagliani *et al.*, 2005: 44, 47-48; Collins y Flynn, 2005: 28; Wackernagel *et al.*, 2005: 6; Hubacek y Giljum, 2003: 138; Lenzen, 2003: 117, 119-120; Lenzen y Murray, 2001: 233-234).

Todas estas recomendaciones tratan de activar la colaboración dentro de la GFN a escala internacional. Si bien es verdad que aplicada a nivel mundial la contabilidad de la HE nacional revela un aumento sostenido de la sobreexplotación ecológica; aplicada a nivel nacional se pueden describir los puntos de mejora y dirimir la responsabilidad del déficit ecológico nacional; incluso podemos seguir reduciendo la escala de aplicación de ésta a ámbitos más locales, unidades familiares o el individuo.

Existen múltiples aplicaciones de la HE en otro ámbitos (Wackernagel *et al.*, 2006: 107; ECOTEC-UK, 2001: 21; Wackernagel y Rees, 1996: 79), entre los que cabe señalar: el transporte (Chi y Stone, 2005: 171-172), el turismo (Kitzes *et al.*, 2007: 4,10; Maj Petterson, 2005: 18,35; Allan, 2003: 22,99) o la gestión municipal (Wackernagel *et al.*, 2006: 109-111; Aall y Thorsen, 2005: 160, 167-169; Collins y Flynn, 2005: 281; Barrett y Simmons, 2003: 28), siendo todos ellos ejemplos destacables para el desarrollo de esta Tesis y se comentarán sus aportaciones a lo largo del trabajo.

Una de las ventajas de la HE es su flexibilidad, ya que según los casos de estudio permite aportar escenarios futuros modificando las variables en juego (Kitzes *et al.*, 2007: 8). También es interesante reseñar el uso de esta herramienta contable en el cálculo de los impactos producidos por los servicios y las organizaciones, facilitando el cambio de comportamiento de productores y consumidores (Chambers *et al.*, 2000: 145, 153, 163).

1.3.3. Análisis crítico del indicador.

Como para cualquier otro instrumento científico de medición, los resultados obtenidos a través de la HE deben ser examinados en su fiabilidad y validez. Esta cuestión es estadísticamente difícil de afrontar. La razón se encuentra en el hecho de que las cuentas agregan una extensa variedad de datos. Y peor aún, la ausencia de registros, la presencia de errores o cualquier descripción estadística impropia restará fiabilidad (Best *et al.*, 2008b: 208; Kitzes *et al.*, 2007: 5; Carpintero, 2005: 176). Para reducir al mínimo la inexactitud de los datos o los errores de cálculo que pudieran distorsionar la contabilidad de la HE se aplican indicadores de calidad del muestreo (Ewing *et al.*, 2008: 12).

Las cuentas de la HE pueden estar distorsionadas por seis tipos de errores (Best *et al.*, 2008b: 226; Crummey y Victor, 2008: 77):

1. Errores conceptual y metodológico:

   a) Errores sistemáticos para evaluar la demanda global de recursos naturales. Algunas demandas como el consumo de agua dulce, la erosión del suelo o las emisiones tóxicas o bien son excluidas o bien los cálculos son incompletos para ponderarlos. Esto conlleva una subestimación del déficit ecológico (Ewing *et al.*, 2008: 11-12; Kitzes *et al.*, 2007: 3).

b) Errores distributivos. Si los datos del comercio y del turismo son incompletos o inexactos pueden distorsionar la distribución de la HE mundial entre productores y consumidores; por ejemplo, el consumo de un turista sueco en México puede ser asignado a México o a Suecia, aunque por convención se computan los recursos consumidos por visitante en el país donde se realiza la actividad. De cualquier modo, a escala mundial este error no afecta a la estimación de la demanda global de recursos naturales.

2. Errores estructurales y de entrada de datos en las hojas de cálculo:

Para la detección de errores en algoritmos, la arquitectura modular automática de las hojas de cálculo permite los controles cruzados o las pruebas de datos erráticos en series de tiempo. Aunque los errores menores son más difíciles de detectar, también tienen efectos mínimos sobre la fiabilidad de las cuentas.

3. Errores en la estimación datos desconocidos:

Las estimaciones nacionales se basan en valores globales, por lo tanto, cualquier error a este nivel afecta a la HE asignada a los países; por ejemplo, la mayor distorsión esperada se daría en el caso de un país pequeño con comercio intensivo.

4. Errores en las fuentes de datos estadísticos para un año en particular:

Los errores en datos publicados a través de un medio impreso o electrónico pueden ser detectados por comparación con datos similares de otros años. Con los avances tecnológicos cada vez hay mayor capacidad para automatizar las comparaciones temporales y entre las naciones. Los errores significativos en esta categoría quedan eliminados en su mayoría, siendo detectados de inmediato al contrastar tendencias. Es verdad que pueden existir pequeños errores de este tipo en los cálculos, pero no afectan a los resultados generales.

5. Los errores sistemáticos de los datos estadísticos de la ONU:

Las distorsiones pueden surgir en las informaciones sobre diversos aspectos que registra la organización internacional: la deficiente información acerca de la madera obtenida en terrenos públicos, la insuficientemente financiación de las oficinas de estadística o el mercado negro entre otros. Dado que la mayoría de los consumos significativos ocurren en las regiones más prósperas del mundo -con estructuras administrativas consolidadas- estos fallos sistemáticos no podrán modificar sensiblemente la imagen global del planeta. Aún así, se han encontrado casos donde los datos aportados por la agencia nacional de un país no coinciden con los datos facilitados por Naciones Unidas, y no ha sido posible alcanzar un acuerdo sobre su valor; en situaciones de este tipo nos decantaremos por los datos de la ONU debido a su condición de referente internacional.

6. La omisión sistemática de datos en las estadísticas de la ONU:

Hay demandas sobre los recursos naturales que son importantes, pero no son adecuadamente documentadas en las estadísticas de la ONU.; por ejemplo, los datos sobre el impacto biológico de la escasez de agua o la contaminación, o el impacto de los residuos en la biosfera están poco referenciados. Incluyendo estos aspectos en la contabilidad global se aumentaría el valor de la HE. Algunas de las distorsiones identificadas generan márgenes de error en ambos lados del asiento contable. Sin embargo, existe una gran probabilidad de que esos errores conduzcan a un informe de la sobreexplotación ecológica mundial que eclipse otros errores.

En cada nueva edición de estas contabilidades se realizan mejoras por el uso de fuentes de datos más completas e independientes; la coherencia y la fiabilidad de los registros facilitan la trazabilidad de las cuentas, y mejora la solidez de los cálculos. Cada año desde 1990 la contabilidad de la HE se actualiza y su metodología[17] se refina La introducción electrónica de datos a las cuentas y las características del programa de cálculo han introducido controles cotejando y relacionando correspondencias entre bases de datos (Mc Manus y Haughton, 2006: 119-123).

Existen varios estudios críticos sobre la huella ecológica (Pearce y Barbier, 2000; Van Kooten y Bulte, 2000; van den Bergh y Verbruggen, 1999). Estas revisiones contienen una mezcla de comentarios positivos y negativos referente al uso de la metodología, así como sugerencias para mejorar su estructura y funcionalidad. Es importante tratar brevemente ambos aspectos para entender las limitaciones de la metodología -a la vez que sus fuerzas y debilidades- y, así, se podrán mejorar sus distintas funciones (Best *et al.,* 2008b: 82; Collins y Fairchild, 2007: 7-9; Maj Petterson, 2005: 16; Nijkamp, 2004: 753-756; ECOTEC-UK, 2001: 27).

Aunque la contabilidad de la HE mide el espacio necesario para suministrar recursos y asimilar residuos sin comprometer la capacidad de los territorios para seguir prestando servicios, las cuentas sólo aproximan la demanda de recursos con varias limitaciones inherentes a la recogida de datos (Carpintero, 2005: 176; Wiedmann, 2006: 29). Una limitación es la selectividad de la investigación, que excluye algunos aspectos que comúnmente se asocian con impactos; por ejemplo, las huellas ecológicas no describen la intensidad de uso del suelo; la pérdida de biodiversidad; las actividades que empobrecen la capacidad de una zona para

[17]Las últimas tendencias de cada país pueden rastrearse en la Global Footprint Network: www.footprintnetwork.org.

mantener su potencial de biocapacidad o las consecuencias de la contaminación del agua dulce en la productividad biológica del territorio. Además, las cuentas omiten la degradación asociada a la incertidumbre del análisis o a las limitaciones de los datos, tal como sucede con el efecto a largo plazo de la erosión del suelo en las cosechas.

De hecho, debido al sesgo sistemático de las valoraciones, en general los resultados de la HE se han subestimado. La contabilidad del capital natural mundial -después de detraer los consumos reflejados en la HE global- reflejan una sobreexplotación ecológica neta identificada por los numerosos desastres naturales que se están produciendo, y que probablemente tendrán mayor relevancia en el futuro. De este modo, la HE es también un mecanismo de alerta y una herramienta para la previsión de los inevitables límites ecológicos establecidos por la Naturaleza. El actual debate público entre científicos, gestores y sociedad civil, sobre cómo mejorar el uso de los recursos biológicos del planeta –sostenibilidad económica- garantizando el bienestar de las personas –sostenibilidad social- y del entorno natural –sostenibilidad ambiental- con equidad, se centra en el posible daño irreversible debido a los consumos *desmedidos* de capital natural (Kitzes *et al.,* 2007: 21).

1.3.4. Dimensión educativa: comunicación y transformación social.

Los usos del territorio son a menudo mutuamente excluyentes y por lo tanto entran en competencia por el espacio finito de las tierras productivas del mundo (ECOTEC, 2001: 17). La HE tiene el potencial de visualizar las exigencias humanas sobre el medio ambiente en términos del uso de la tierra disponible; haciendo el resultado de la medición atractivo e intuitivo con muchas posibilidades comunicativas. (Collins y Fairchild, 2007: 6; Kitzes *et al.*, 2007: 1; Pon *et al.*, 2007: 8; Sherrington y Moran, 2007: 2; Mc Manus y Haughton, 2006: 114; Rees, 2006: 1-5; Aall y Thorsen, 2005: 162; Collins y Flynn, 2005: 279; Wackernagel *et al.*, 2005: 4; Monfreda *et al.*, 2004: 232; Venetoulis, 2004: 7; Lenzen, 2003: 116-117; Bond, 2002: 3; Lewan y Simmons, 2001: 3; Best Foot Forward, 2000: 19; Van Vuueren, 1999: 14).

La huella ecológica permite enfocar el cambio de modelo de consumo en el individuo, incrementando su influencia positiva en el ámbito social y educativo de la comunidad. Existen numerosas experiencias de ciudades y regiones que aprovechan la huella ecológica para aportar transparencia a las políticas locales (Stechbart *et al.*, 2011). Por otro lado, a nivel curricular, aporta gran diversidad de contenidos aplicables a distintos niveles educativos (Amed *et al*, 2010): actividades lúdicas, de investigación y comunicación que se relacionan con conceptos de comercio justo, distribución de la riqueza y cooperación para el desarrollo.

El alumnado puede entender las razones que condicionan una distribución de huella ecológica según países, regiones o poblaciones; comprender las consecuencias de sus comportamientos de consumo favorece la conducta empática y ética. La participación social de los jóvenes fortalece su futura integración como ciudadanos comprometidos. De hecho, existen estudios sobre los beneficios reales en el rendimiento académico de alumnos con problemas de conducta, después de cierta actividad de voluntariado en la comunidad (Rifkin, 2011). El carácter psicológico de la empatía hace partícipe al individuo de las experiencias vitales de otros y permite compartir vivencias significativas (Rifkin, 2009: 20); por tanto su desarrollo en el ámbito educativo enriquece la dimensión emocional de los estudiantes.

Existen numerosos autores que ponen en entredicho la vinculación directa entre consumo y felicidad o la idoneidad del PIB para describir el grado de desarrollo de un país (Victor, 2008: 124-153; Jackson, 2011). Desde los centros educativos se puede dinamizar un aprendizaje significativo hacia relaciones socioafectivas saludables, con menor preponderancia de valores materiales en éstas. El consumismo no ha demostrado aportar calidad de vida a sus fieles y la agresividad publicitaria enfocada hacia estos compradores neonatos demanda medidas educativas como respuesta. El crecimiento económico tiene desventajas (Victor, 2008: 154-168) y no puede, en general, considerarse sinónimo de progreso (*Ibíd.*: 9-10); numerosos informes internacionales dan prueba de ello (Brown, 2011).

Por otro lado, las energías renovables en toda su diversidad y la gestión sostenible del agua en cada cuenca hidrográfica aportan un nuevo enfoque a la transición hacia un mundo con menor dependencia de las energías fósiles, que inevitablemente llegará (Rifkin, 2011); desde las aulas se puede empezar a vislumbrar un futuro, cada vez más cercano, sin energías fósiles.

La revolución tecnológica que ha supuesto Internet es una ventana abierta a la comunidad global que los alumnos experimentan de forma natural; la multi-culturalidad de la aldea virtual muestra distintos entornos socioculturales, permitiendo interactuar entre iguales, compartiendo aportaciones para mejorar la relación individual o colectiva con el entorno natural en cualquier dimensión, global o local.

La transversalidad curricular de la huella ecológica se hace idónea para aplicarla como recurso didáctico en diversas áreas de conocimiento: Matemáticas, Ciencias Sociales, Ciencias Naturales o Ética. El voluntariado activo, que puede tenerse en cuenta a la hora de elaborar un Proyecto de Centro, podría facilitar el desarrollo emocional de los alumnos, fortaleciendo su empatía hacia los valores humanos y ambientales. Existen diversos materiales educativos publicados que invitan a vivir con menor huella ecológica en un planeta finito como es éste (Amed *et al.*, 2010; Merkel, 2003).

Los jóvenes viven conectados; pero carecen de herramientas para madurar emocionalmente, sin diversidad de relaciones sociales saludables que puede aportar el voluntariado activo en la comunidad escolar y familiar. La valorización de recursos intangibles como la cultura y la cooperación se cultivan desde la Educación, estimulando un modelo de aprendizaje lateral. Actualmente en las aulas, las relaciones virtuales mantienen hegemonía frente a las reales, la colaboración entre iguales y la creación de proyectos en su comunidad educativa, acercan a los alumnos a una dimensión positiva de la interacción social.

El efecto multiplicador de la dimensión educativa llega fácilmente a las familias; además, si añadimos un compromiso de la Administración Pública con políticas coherentes para incentivar el ahorro de recursos naturales y su posterior incorporación al flujo biológico natural, el resultado será una sociedad más resiliente. Si la Naturaleza no genera residuos, nosotros podremos replantear nuestros sistemas de producción para relocalizar el valor añadido del producto en una dimensión más ambiental y que no se subordine a lo estrictamente pecuniario.

Existen muchas subvenciones encubiertas que incentivan el consumo de petróleo y dificultan la descentralización de la producción eléctrica con la diversidad de fuentes renovables según los recursos hábiles en el entorno. Existe la tecnología eléctrica e informática necesaria para implementar la Tercera Revolución Industrial y la huella ecológica permite cuantificar los costes de las distintas alternativas (Rifkin, 2011). La pedagogía política también necesita fundamentarse en cierta consistencia técnica o científica, todos los políticos presentan soluciones sostenibles para los problemas, parece una marca *distintiva* y ninguno cuantifica con variables objetivas y mensurables sus proyectos.

1.4. La Resiliencia en sistemas socio-ecológicos.

En muchos debates políticos el interés por el desarrollo sostenible y la conservación medioambiental se ha desplazado al centro de las reflexiones sobre el futuro. Sin embargo, desconocemos la mayoría de los aspectos que conforman la evolución hacia ese porvenir, lo cual nos plantea cuestiones del tipo: ¿Es nuestro actual camino sostenible? ¿Qué medidas podrían hacer que fuera más sostenible? ¿Qué imprevistos e incertidumbres cruciales podrían desviar a los sistemas socioambientales de sus horizontes previsibles? ¿Cuán resiliente es el sistema global social-ambiental ante tales acontecimientos? ¿Cómo interactúan los procesos ecológicos, sociales y económicos? Estas cuestiones mantienen un cariz específico en entornos insulares.

Las aspiraciones en materia de sostenibilidad pueden enmarcarse en el concepto de resiliencia: la aptitud para persistir y la capacidad de adaptación (Côté y Darling, 2010: 1; Tempkins y Adger, 2003: 5). Tanto la sostenibilidad como la resiliencia coinciden en la necesidad de acciones preventivas en la gestión de los recursos naturales, evitar la vulnerabilidad ante riesgos emergentes (por ejemplo, las consecuencias del cambio climático) y la preservación de la integridad ecológica o biodiversidad (Adger, 2003:1).

Una importante contribución de la WSSD[18] (World Summit on Sustainable Development) en Johannesburgo (2002) fue promover las sinergias entre la sostenibilidad y los programas encaminados a desarrollar la resiliencia (*Ibíd.*). La resiliencia es un objetivo que debe ser fomentado, no sólo para los ecosistemas o las instituciones sociales *per se*, sino también para las interacciones entre ambas entidades (*Ibíd.:* 2).

---

[18] Cumbre Mundial sobre el Desarrollo Sostenible. Ver en http://www.worldsummit2002.org/

Generalmente los seres humanos nos distanciamos de la Naturaleza en nuestra percepción del mundo. Esta desconexión conceptual de las relaciones con el medioambiente es perjudicial para la sostenibilidad que anhelamos. El primer principio de la resiliencia y la sostenibilidad es que el ser humano y el mundo natural no sólo son interdependientes; estos dos mundos son, de hecho, el mismo, visto a través de los ojos de la especie humana (*Ibíd.*).

Promover la resiliencia significa cambiar, en particular, los mecanismos de toma de decisiones para reconocer los beneficios de la autonomía y las nuevas formas de gobernanza[19] tendentes a promover metas sociales, la autoorganización, y la capacidad de adaptación. En una política mundial centrada en la resiliencia habría menos posibilidades de diseñar estrategias globales, caracterizadas por un elevado control central y una baja equidad resultante; de hecho, estos proyectos crean sus propias vulnerabilidades, dejando problemas y cuestiones latentes. La promoción de la resiliencia está vinculada a los conocimientos necesarios para facilitar sistemas de gobernabilidad robustos que puedan hacer frente a los cambios ambientales y sociales (Adger, 2003: 2; Janes *et al.,* 2010: 3; Tempkins y Adger, 2003: 3).

Pueden establecerse dos vías para disminuir la vulnerabilidad: promover la autonomía, fortalecer la dimensión local, la diversidad y evitar en lo posible el riesgo; o bien, promover la integración, la especialización y asumir los riesgos para fomentar el avance económico. Ambas direcciones no pueden ser más divergentes. La solución no consiste en comprometerse a tomar las partes menos indeseables de ambas estrategias y buscar una vía intermedia; más bien, necesitamos una nueva forma de valorizar la potestad, la confianza local y su contribución a la sostenibilidad y la resiliencia (Adger, 2003: 3).

---

[19] Arte o manera de gobernar que se propone como objetivo el logro de un desarrollo económico, social e institucional duradero, promoviendo un sano equilibrio entre el Estado, la sociedad civil y el mercado de la economía.

En los últimos años ha surgido un creciente número de investigaciones relativas a la resiliencia y a la capacidad de adaptación de los sistemas ecológicos y sociales, impulsando sobre todo la colaboración entre ecólogos, economistas, sociólogos o matemáticos. Estos esfuerzos han generado nuevas sinergias, que siguen contribuyendo a la síntesis y aplicación de este conocimiento a los desafíos del desarrollo sostenible. Este conjunto de conocimientos objetivos para mejorar nuestra comprensión y manejo de los sistemas adaptativos complejos constituyen un marco conceptual de referencia. En este enfoque es fundamental la conciencia de que los sistemas humanos y naturales actúan fuertemente acoplados, ambos sistemas co-evolucionan, y la respuesta de los ecosistemas frente a la intervención humana rara vez es lineal, previsible o controlable (*Ibíd.*: 4).

La existencia de umbrales en los sistemas ecológicos revela su sutileza; la acumulación de cambios repentinos puede tener efectos catastróficos sobre la estructura y función de los ecosistemas. La evidencia demuestra que los sistemas naturales interaccionan de forma no lineal, con fuertes bucles de realimentación, y a distintas escalas, lo que supone efectos imprevisibles (*Ibíd.*).

Los vínculos socio-ecológicos están influenciados por las estructuras y los procesos a múltiples escalas. Los eventos o las perturbaciones en un nivel pueden influir en los procesos que ocurren en otras dimensiones dentro del sistema. Estas interacciones inter-escalares pueden aumentar los niveles de incertidumbre en el sistema, sin embargo, también pueden proporcionar un mecanismo para reforzarlo en su conjunto. La resiliencia de los sistemas socio-ecológicos está determinada por: *i)* la magnitud de las perturbaciones que puedan absorber y aún así conservar su función global; *ii)* el grado en que el sistema sea capaz de autoorganizarse; y *iii)* la intensidad en que se pueda desarrollar la capacidad de aprendizaje y adaptación (www.resalliance.org) (*Ibíd.*).

- **Los sistemas socio-ecológicos y la capacidad de adaptación.**

La capacidad de adaptación, entendida como las diversas opciones de reorganización tras el cambio, es una parte importante de la resiliencia dentro de los sistemas socio-ecológicos. Los sistemas con alta capacidad de adaptación son más capaces de mantener flexibilidad y evitar perturbaciones significativas de funciones críticas después de una perturbación. Pueden enunciarse cuatro factores que confieren capacidad de adaptación y parecen ser indispensables cuando se trata de la dinámica de los recursos naturales durante los períodos de cambio y la reorganización (*Ibíd.*:5):

- ➢ Aprender a vivir con el cambio y la incertidumbre;
- ➢ Alimentar la resiliencia a través de la diversidad;
- ➢ Combinar diferentes tipos de conocimientos para el aprendizaje;
- ➢Crear oportunidades para la autoorganización social hacia la sostenibilidad ecológica.

¿Cómo gestionar la resiliencia y crear capacidad de adaptación en sistemas socio-ecológicos? Los elementos de incertidumbre y sorpresa son inherentes en los sistemas socio-ecológicos y, desde la perspectiva del ciclo adaptativo, los análisis empíricos sugieren que cualquier intervención puede ser un factor decisivo cuando se trata de orientar el cambio en un sentido deseable. Los sistemas en red son más receptivos a los esfuerzos enfocados a dirigir su desarrollo durante las fases del proceso de reorganización; por lo tanto, es fundamental reforzar la capacidad de resiliencia inmediatamente después de eventos críticos (*Ibíd.*).

1.4.1. Conclusiones parciales.

La aparición del término “desarrollo sostenible” como noción clave en el debate en torno a problemas del medio ambiente ha estimulado un diálogo interdisciplinario que ha reunido a científicos provenientes de los campos más dispares, y a grupos políticos y sociales en conflicto. Los conceptos de metabolismo socioeconómico -básicamente los insumos materiales, el procesamiento y los desechos de las sociedades, y la correspondiente producción energética- y de colonización de la naturaleza -actividades que alteran deliberadamente los sistemas naturales con el fin de hacerlos más útiles para la sociedad- constituyen intentos de relacionar la idea de “desarrollo sostenible” con características fundamentales de la sociedad desde una perspectiva histórica. Estos planteamientos pueden ser útiles para identificar y hacer funcionales objetivos y estrategias concretas para su consecución (Fischer-Kowalski y Haberl, 2007).

Por lo tanto, junto al debate sobre las restricciones biofísicas a la expansión del sistema económico, también se establece la discusión paralela sobre la utilización de las ciencias de la naturaleza para ayudar a representar los procesos económicos. Por un lado, las propias ciencias naturales proporcionan buenos argumentos para terciar en la polémica sobre los límites del crecimiento, y por otro, parece oportuno cambiar la representación analítica convencional del proceso económico que se desarrollaba de espaldas a las enseñanzas de saberes bien asentados como la Termodinámica y la Biología (Carpintero, 2005).

Los retos que enfrenta cualquier metodología encaminada a acumular indicadores de sostenibilidad son considerables: *i)* deben ser lo suficientemente consistente para concitar amplia credibilidad (especialmente en las audiencias técnicas y científicas); *ii)* proveer de un medio comunicación a los gestores y a la ciudadanía para entender lo que significan los impactos acumulativos de nuestros patrones de consumo (en términos de desarrollo medioambientalmente sostenible) y proponer avances objetivos en esa línea; *iii)* ser transferibles para permitir comparaciones con sectores económicos diversos (Lenzen, 2003).

Sin duda, la sociedad humana ejerce un impacto significativo sobre el medio ambiente y su biodiversidad. Esta presión es una función de la población, del consumo y de la tecnología. La densidad de la población humana y los asentamientos humanos están altamente correlacionados con la riqueza de las especies y por lo tanto con la amenazada biodiversidad. La biocapacidad de un país está claramente relacionada con la riqueza de especies que habitan en sus límites geográficos. Los seres humanos nos apropiamos de una parte significativa de la producción básica de los ecosistemas, y por ello, interferimos en las redes tróficas de estos. La colonización de la naturaleza y la usurpación de las áreas naturales han cambiado muchos patrones de distribución de la biodiversidad. La biodiversidad está vinculada a la Huella Ecológica principalmente mediante la densidad de población humana y sus tasas de consumo de recursos, pero posiblemente otros factores podrían ser tomados en cuenta para afinar su resolución (Vackar, 2007: 6).

Como corolario a lo expuesto, con la HE se tiene la posibilidad de realizar un análisis de los flujos físicos que se producen y la incidencia que sobre los recursos naturales implica su existencia. Con ello se consigue una herramienta objetiva que indica qué acciones o decisiones, en diversos campos, serán beneficiosas o perjudiciales desde el punto de vista de la sostenibilidad ambiental. El hecho de que todos estos flujos tengan su expresión en la misma unidad, territorio productivo por habitante, permite compararlos entre ellos y posibilita, al mismo tiempo, que la huella en sí sea una potente herramienta de comunicación para transmitir la importancia y la urgencia de aminorar la presión sobre los recursos naturales con el objetivo de alcanzar la sostenibilidad (Calvo y Sancho, 2002: 20).

Por otro lado, la resiliencia no trata de fomentar el crecimiento o el cambio *per se*. Se trata de promover la capacidad de amortiguar los golpes y presiones y aún mantener el funcionamiento de la sociedad y la integridad de los sistemas ecológicos. Sin embargo, la resiliencia también compromete a comunidades y sociedades a que tengan la capacidad de autoorganizarse y gestionar los recursos para tomar así decisiones de forma que promuevan la estabilidad. En definitiva, las sociedades resilientes requieren tener la capacidad de adaptación a circunstancias y riesgos imprevistos. Estos objetivos dan una orientación genérica sobre cómo fomentar la sostenibilidad a diferentes escalas (Adger, 2003: 3).

Sin duda, el mensaje de la resiliencia es más radical para los responsables políticos que el de la sostenibilidad. Su implementación implica en realidad un desafío ante algunos postulados generalizados acerca de la estabilidad y la resistencia al cambio que están implícitos en la formulación del concepto de sostenibilidad aplicado generalmente en las políticas ambientales y sociales establecidas.

La gestión resiliente supone cerrar ciclos de forma parecida a los ecosistemas naturales; todo residuo es un recurso que incluso puede incrementar su valor a lo lardo de su ciclo de vida continuo. Las tres erres: reducir, reutilizar y reciclar se incrementan con otra más, rediseñar (McDonough y Braungart, 2005). El objetivo de contaminar menos no es sostenible por sí mismo y demanda una reestructuración del proceso industrial para mitigar sus externalidades negativas, incluso el reciclaje se puede afinar más con los conceptos de *upcycling* y *downcycling* según el valor añadido final del material en el mercado (McDonough y Braungart, 2010).

La Huella Ecológica sin el compromiso social queda relegada a conformar una herramienta más del listado de indicadores empleados para medir el desarrollo sostenible. La posibilidad que tiene cada individuo para actuar desde su responsabilidad como consumidor da un valor añadido significativo a sus conductas: conocer la huella ecológica individual, a qué se debe y cómo actuar para reducirla aporta un cambio de paradigma (Merkel, 2003): una prosperidad desacoplada (*decoupling*) del agotamiento de los recursos, e incluso para algunos, prosperidad sin crecimiento (Jackson, 2011; Victor, 2008).

Las políticas ambientales tradicionales enfocadas en disminuir las emisiones vinculadas a la producción de bienes y servicios se muestran insuficientes para materializar un nuevo modelo económico (McDonough y Braungart, 2005). En un sentido termodinámico, cada individuo puede expresarse como un ser extendido viviendo de un flujo entrópico (Rifkin, 2009: 144), tomar consciencia de su huella ecológica en el mundo ya es un paso para asumir responsabilidades.

Hay muchos parámetros importantes para construir un mundo sostenible, cada uno de los cuales necesita ser iluminado por separado, ya que no hay una *fórmula mágica* que defina la óptima compensación entre ellos. Para lograr la sostenibilidad, necesitamos tanto salud ecológica como bienestar social, y lograr uno a expensas del otro es intrínsecamente insostenible (Best *et al.,* 2008a: 11-12).

Finalmente, es de interés destacar que la Huella Ecológica rastrea las necesidades básicas de la sostenibilidad fuerte e identifica las áreas prioritarias de sostenibilidad débil. Su premisa es simple: ¿Cuánto espacio necesita la economía humana para proveerse de bienes y servicios ecológicos? ¿Cuánto espacio nos proporciona el planeta para hacerlo? Si la superficie requerida supera la capacidad disponible, el uso excesivo del capital natural opera violando el principio de sostenibilidad fuerte; al mismo tiempo la sobreexplotación ecológica identifica la liquidación de capital natural, que requiere de un sustituto para preservar el criterio de sostenibilidad débil.

2. El agua como protagonista de la gestión sostenible.

"Hay que volver a reformular las legislaciones, que quede consagrado definitivamente que el agua es un bien universal". (Rigoberta Menchú; activista indígena guatemalteca, Premio Nobel de la Paz en 1992).

2.1. Introducción.

El agua es un compuesto que no se produce sobre la superficie terrestre ni en la atmósfera, al igual que la energía, no se crea ni se destruye. Por lo tanto, existe en una cantidad finita que circula en lo que se denominamos el ciclo hidrológico. Esto quiere decir que el agua empleada hoy en día, es la misma que se ha estado usando durante millones de años, conservada casi sin cambio. Desde el origen del planeta el agua se ha ido reciclando constantemente, en un circuito interminable entre la hidrosfera y la atmósfera, en equilibrio con todos los procesos de la Naturaleza en los que interviene (López de Asiain *et al.,* 2007: 2).

Sin embargo la actuación del hombre está alterando gravemente este ciclo hidrológico: *i)* la manipulación de cauces, *ii)* la detracción de grandes volúmenes para el consumo, *iii)* la regulación de aguas superficiales –a través de embalses o presas-, *iv)* la explotación de aguas subterráneas junto con la deforestación y la erosión afectan a la capacidad de retención y a los procesos de circulación naturales, y además *v)* la alta contaminación de los residuos antrópicos está colapsando el balance hidrológico hasta ahora en equilibrio (*Ibíd.*).

Esto se debe principalmente a dos causas: el crecimiento demográfico y el aumento en la demanda *per cápita* del recurso. En los últimos 100 años la población del mundo se ha triplicado pero el uso de agua para aprovisionar a ésta se ha multiplicado por seis. De hecho, casi la mitad de los recursos accesibles de agua dulce se destinan actualmente a las actividades humanas, dos veces más que hace sólo 35 años (Water Vision, 2000).

El año 2003 fue declarado Año Internacional del Agua Continental por las Naciones Unidas, reconociendo el derecho al abastecimiento adecuado y suficiente de agua salubre como un derecho humano fundamental (Afonso, 2008: 10); más recientemente esta misma organización ha instituido el Decenio Internacional del Agua 2006-2015. Estos eventos ponen de manifiesto la relevancia que a escala mundial están adquiriendo las cuestiones relacionadas con el conocimiento, uso y gestión de los recursos hídricos.

Es ahora cuando la problemática asociada al uso descontrolado del agua en el planeta ha encendido la luz de alarma y surgen conceptos como "gestión sostenible" con el objeto de poner límite a una gestión irracional de este recurso y advertir sobre la fragilidad de los sistemas hídricos (Ruiz de la Rosa, 2006: 3).

Una buena metodología para comprender la problemática de la sostenibilidad y del desarrollo sostenible es tomar como punto de partida la insostenibilidad. En este sentido una actividad o proceso es insostenible cuando su dinámica no puede mantenerse a largo plazo debido a los efectos negativos que produce bien sobre su entorno o bien sobre su propio funcionamiento (Vergara *et al.,* 2004); el agua resulta un caso paradigmático de ello.

Como ya expusimos en el primer capítulo, este nuevo modelo de desarrollo propone integrar el crecimiento económico con la protección del medio ambiente y la equidad social. No obstante, las Naciones Unidas han precisado más el concepto de sostenibilidad y han sustituido el término equidad intergeneracional por el de ética, lo que supone información pública y participación social adicional. La nueva definición ha sido adoptada y aplicada a la política del agua y particularmente a dos de sus principales áreas de actuación: la acción integral en las cuencas hidrográficas –demarcaciones- y al suministro urbano -abastecimiento y saneamiento-; esta iniciativa guarda perfecta sintonía con la Directiva Marco del Agua (DMA, 2000/60/EC) que propicia una política hidrológica sostenible fundamentada en la gestión de la demanda aplicada a los abastecimientos municipales y a sus infraestructuras hidráulicas (Juárez, 2008).

En el contexto europeo, el desarrollo sostenible se introdujo como objetivo explícito de la Comunidad Europea en el Acta Única Europea de 1987. En coherencia con esta decisión, el tratado de Maastricht de 1992 obligó a integrar las cuestiones medioambientales en todas las políticas comunitarias. Concretamente en España, tal y como se reconoce en el Preámbulo de la Ley de Aguas de 1985[20], el agua es un bien, *"indispensable para la vida y para el ejercicio de la inmensa mayoría de las actividades económicas; es irremplazable, no ampliable por la mera voluntad del hombre, irregular en su forma de presentarse en el tiempo y en el espacio, fácilmente vulnerable y susceptible de usos sucesivos"*.

Estas particularidades exigen, sin duda, el diseño de un sistema de gestión especial, apoyado en *"la cultura, el conocimiento y la sensibilidad"* (Martínez, 1997: 33); de esta manera se reconoce la necesidad de poner en marcha una Nueva Cultura del Agua que "... *es tanto como hablar sobre el reto de esa Nueva Cultura de la Sostenibilidad que los tiempos exigen; es hablar sobre la necesidad de asumir un nuevo enfoque holístico e integrador de valores en materia de gestión de aguas.*[21]". Esta demanda de gestionar de forma *sostenible* el agua cobra especial relevancia en entornos en los que, además de estar aislados de las áreas continentales, cuentan con factores geoclimáticos adversos, como es el territorio al que referimos el estudio (Ruiz de la Rosa, 2006: 4); por otro lado, en las

[20] BOE de 8 de agosto de 1985.

[21] En http://www.unizar.es/fnca/presentacion1.php.

tierras dominadas por climas áridos y semiáridos, el agua como factor económico es más importante que el suelo (Juárez, 2008: 237).

En el pasado reciente hubo un continuado empeño en resolver las situaciones de desabastecimiento a golpe de creación de infraestructuras hídricas a menudo sobredimensionadas (oferta); esto contribuyó a expandir la escasez socialmente provocada, originando una espiral de insatisfacción y deterioro que todavía se encuentra en activo. En efecto, al alimentar con cargo al presupuesto del Estado una política de oferta de agua a bajo coste mediante obras hidráulicas, se promovieron implícitamente prácticas de gestión y usos del agua muy dispendiosos, sin que las administraciones responsables de su gestión trataran de ponerles coto, ya que dando por buenos estilos de vida y actividades cada vez más exigentes en agua, se generaban nuevas carencias que justificaban a su vez más inversiones, obras y negocios en su área de competencias (Juárez, 2008: 225; Llamas, 2006: 7; Martín y Jerez, 2004: 125; Naredo, 2004: 4).

No podemos soslayar, por otro lado, las implicaciones energéticas de la planificación hidrológica asociadas a las diferentes alternativas de recursos hídricos; no sólo por la repercusión que el consumo energético de las diferentes opciones pudiera tener en el precio del agua -cuestión importante tras ser aprobada la DMA que fija como objetivo la recuperación de costes- a medida que el cambio climático ha alcanzado más relevancia en la problemática ambiental.

Los aspectos concernientes al consumo energético ligado al aporte de recursos hídricos para sus diferentes usos han añadido una preocupación adicional por su contribución a la emisión de gases de efecto invernadero (Gil, 2008: 86). ¿Cómo incluir esta variable a la hora de tomar decisiones sobre las diferentes opciones de recursos convencionales como las aguas superficiales y subterráneas o alternativos como la desalación y reutilización? La combinación del Análisis de Ciclo de Vida (ACV) y de la Huella Ecológica (HE)

Energética[22] aportan un marco de referencia sistemático donde abordar los distintos escenarios posibles para una respuesta coherente.

2.2. El agua en los sistemas naturales y sociales.

La visión ecosistémica del mundo físico contempla los fenómenos naturales como flujos cíclicos de materiales y energía, que normalmente en la Naturaleza quedan cerrados mediante procesos de reciclaje de los materiales y aportaciones de energía externa a cada sistema natural. Cuando por intervención humana estos ciclos quedan abiertos o alterados aparece el deterioro ambiental, manifestándose a través de diversas formas de contaminación, agotamiento de recursos u otras situaciones de insostenibilidad (Estevan, 2005: 24).

Este enfoque es plenamente aplicable a los ciclos del agua. Cualquier masa de agua, ya sea terrestre o marina, superficial o subterránea, está ubicada en algún lugar del ciclo natural del agua y, en esa localización, será potencialmente capaz de ofrecer una utilidad social, ambiental o económica, y sustentar determinados ecosistemas acuáticos. Las actuaciones o presiones que se realicen sobre esa masa de agua pueden influir en otras etapas del ciclo, modificando el potencial económico o ecológico de las mismas (*Ibíd.*).

El ciclo hidrológico alimentado por energías de tipo solar y gravitacional recoge, purifica y distribuye continuamente el suministro fijo de agua dulce disponible de forma natural a través de la evaporación, transpiración, condensación, precipitación, infiltración, percolación y escorrentía. Este proceso de depuración en

---

[22] La huella de carbono por sí sola es un indicador de todas las emisiones de gases de efecto invernadero transformadas en emisiones equivalentes de dióxido de carbono; mientras la huella ecológica del carbono (energética) sólo se refiere a las emisiones de dióxido de carbono.

constante funcionamiento es el mayor proceso natural de desalación y bombeo. Proporciona abundante agua dulce siempre y cuando no lo sobrecarguemos con contaminantes persistentes y desechos no biodegradables, o lo extraigamos de los suministros subterráneos más rápido de lo que se repone (Meerganz, 2008: 32). Lamentablemente, en estos momentos estamos haciendo ambas cosas.

Estimaciones actualizadas calculan que la hidrosfera contiene cerca de 1.386 millones de km^3; sin embargo, el 97,5 % de esta cantidad es agua salada y solamente el 2,5 % es agua dulce. La mayor parte del agua dulce, el 68,7 %, está en forma permanente como hielo y nieve que cubren las regiones polares y montañosas, el otro 29,9 % son aguas subterráneas y solamente el 0,26 % del total del agua dulce del planeta se encuentra en lagos, reservorios y sistemas fluviales de manera que pueda considerarse como utilizable sin limitaciones técnicas o económicas (Botero, 2000: 221).

Cada año caen en forma de precipitación aproximadamente 110.000 km^3 de agua sobre la Tierra; una vez que las plantas han usado la mayor parte, alrededor de 40.000 km^3 llegan al mar en forma de escorrentía. Esta escorrentía representa el recurso de agua dulce renovable total del planeta, del cual finalmente dependen la agricultura, la industria y los hogares. Las extracciones mundiales de agua suman aproximadamente 4.000 km^3 por año, el equivalente al 10 % de la escorrentía mundial de agua dulce. Aunque el agua dulce no se considera un recurso escaso a escala mundial, gran parte se encuentra en lugares inaccesibles o no hay disponibilidad durante todo el año (WWF, 2006: 12).

La importancia estratégica de las aguas subterráneas puede apreciarse plenamente al examinar datos específicos. Globalmente, el 25% del riego mundial depende de aguas subterráneas, aunque en zonas áridas y semiáridas este porcentaje alcanza el 60%. La gestión de la recarga de acuíferos, el uso sostenible de las aguas subterráneas y la recogida de las aguas de lluvia para infiltración pueden proporcionar más resiliencia a los sistemas de suministro de agua potable en las comunidades (López-Gunn y Llamas, 2008: 232).

La aparición de potentes motores de bombeo y de nuevos medios para entubar el agua a presión, permitió aumentar y profundizar la extracción de agua a niveles sin precedentes; convirtiendo el uso intensivo del agua subterránea en la "revolución silenciosa" (Llamas, 2006: 7). Este hecho rompió con la adaptación de los aprovechamientos agrarios a las vocaciones y recursos del territorio, facilitando la enorme expansión de la superficie regada y la introducción de cultivos propios de climas húmedos y por tanto exigentes en agua. Esta coyuntura ha tenido una doble consecuencia: 1) la sobreexplotación y deterioro de las aguas subterráneas y de los ecosistemas y paisajes vinculados a ellas, y 2) la aparición de conflictos que alimentan las llamadas *guerras del agua* (Estevan y Naredo, 2004: 89).

En las últimas décadas se han realizado grandes avances en el conocimiento de los recursos hídricos de la biosfera, cabe destacar: 1) el reconocimiento de la existencia de una relación cuantitativa y cualitativa entre las diferentes formas físicas en que se presentan esos recursos y entre éstas y otros componentes de la biosfera, como el flujo de energía y los seres vivos, y 2) la consideración del medio ambiente *per se* como un usuario legítimo de esos recursos hídricos (Mujeriego, 2005: 2; Smakhtin *et al.,* 2004: 307). Las posturas antropocéntricas son sesgadas, y por tanto, no contemplan una realidad global.

Muchos países con escasos recursos hídricos pronto tocan techo en su desarrollo económico y en la creación de un sistema que asegure su bienestar social; habitualmente este limitante se combina con un alto índice de crecimiento demográfico y con una deficiente productividad económica (López de Asiain *et al.,* 2007: 2; Sanz, 2004: 46); es por ello que la demanda humana de agua disponible en una región determinada y sus patrones de consumo son lo que con el tiempo convierten una escasez física -de origen climatológico y territorial- en una escasez social percibida por la población (Naredo, 2003[23] citado por Meerganz, 2008). Es interesante apuntar que la ONU distingue entre "estrés hídrico[24]", cuando el abastecimiento anual de agua se encuentra por debajo de 1.700 m^3/persona y la "escasez de agua", por debajo de los 1.000 m^3/persona, lo que ya supone un limitante para el progreso humano (Jiménez, 2008: 30; Meerganz, 2008: 34).

Para evitar una crisis de mayores proporciones la World Water Vision (2000) propone una serie de acciones: *i)* limitar la expansión de la agricultura de irrigación (actualmente es la actividad que mayor agua extrae, 2.500 km^3/año), *ii)* aumentar la productividad del agua a través de usos más eficientes, incrementar el almacenamiento, *iii)* reformar las instituciones que administran los recursos hídricos, apoyar la innovación y *iv)* valorar las funciones ecosistémicas. Este último compromiso requiere mayor investigación para valorar el coste real de los servicios que brindan los ecosistemas de agua dulce (Meerganz, 2006: 130; Botero, 2000: 219-220).

2.2.1. El discurso de la "escasez".

[23] Naredo, J.M. (2003):"La encrucijada de la gestión del agua en España", Archipiélago, 57, pp.: 1-17.

[24] Un indicador ampliamente utilizado del estrés de agua es la tasa entre extracción y disponibilidad. Esta tasa mide la extracción de agua total anual de la población y la compara con los recursos de agua renovable disponibles: entre más alta es la tasa, mayor el estrés que se ejerce sobre los recursos de agua dulce. De acuerdo con esta medida, extracciones entre el 5 y 20 por ciento representan un estrés leve, del 20 al 40 por ciento un **estrés moderado** y por encima del 40 por ciento un **estrés severo** (WWF, 2006: 12-13).

Al disminuir los recursos hídricos disponibles, se ha intensificado el debate sociopolítico sobre la escasez del agua. Particularmente, Swyngedouw (2004[25], citado por Meerganz, 2006) presta una atención particular a la cuestión de la escasez, no solamente en lo que se refiere a sus dimensiones materiales, económicas, políticas y culturales, sino sobre todo a las relaciones de poder sociales y discursivas que amparan este concepto. La *producción discursiva de la «escasez»* sirve para hilvanar una crisis social en el terreno político de la discusión de la gestión del agua y, en última instancia, para apoyar la especulación, que Swyngedouw equipara a un «terrorismo del agua» (*Ibíd.:* 47). Por tanto, debe considerarse cuidadosamente quién, cómo y con qué intenciones gestiona o administra -generalmente mal- el agua. «*Aunque parcialmente correcta, la ideología del subdesarrollo se usa como una herramienta poderosa para legitimar y explicar la persistente exclusión del agua que sufre parte de la población, mientras que las clases medias y altas mantienen un control exclusivo sobre el recurso*» (*Ibíd.:* 183). Paradójicamente, la escasez relativa transmitida como un fenómeno absoluto permite culpabilizar a la fatalidad «natural» (*Ibíd.:* 105).

Este razonamiento permite atribuir la escasez relativa a la insuficiente capacidad de producción y/o a la falta de recursos financieros. Ambas ayudan a encauzar el descontento potencial en una reflexión tecnocrática que privilegia las soluciones con grandes infraestructuras de ingeniería. Sin embargo, con estas respuestas se pierden los usos y los simbolismos populares del agua, y también el control local sobre ésta (Meerganz, 2006: 105); dejando sin resolver la "escasez estructural", definida por Homer-Dixon y Kelly (1995[26]

---

[25] Swyngedouw, E. (2004): "*Social Power and the Urbanization of Water: Flows of Power*". Oxford: Oxford University Press.

[26] Homer-Dixon, T. y K. Kelly (1995): "Environmental Scarcity and Violent Conflict. The case of Gaza". Documento del Proyecto sobre Medio Ambiente, Población y Seguridad, Washington, D.C., American Association for the Advencement of Science y Universidad de Toronto.

citado por *Ibíd.*) como derivada de la distribución desigual de los recursos.

Pueden distinguirse cuatro tipos de escasez de agua potable: uno de orden físico y tres de orden "antropogénico" (Meerganz, 2008: 37-38). En el primer caso hablamos de una escasez en la que el componente dominante es de carácter climático o geofísico. En el segundo caso podría establecerse una "escasez socialmente construida", según la cual una situación de escasez de agua dulce se produce fundamentalmente por el excesivo aumento de la tasa de consumo *per cápita*, desencadenado sobre todo por factores económicos y socioculturales e inducida por la demanda; mientras que los otros dos tipos de escasez antropogénica pueden entenderse condicionados por la oferta: por un lado la disminución de los recursos renovables a causa de su degradación o de su agotamiento más rápido que su capacidad de reposición, y por otro al déficit en el sistema de abastecimiento.

El aumento de territorios impermeables en las zonas urbanas, de todo el mundo, es atribuible a la expansión continuada de éstas. Este hecho ha generado graves problemas colaterales como la reducción de los recursos freáticos y una mayor cantidad de pérdidas por escorrentías. Además, si valoramos el crecimiento estimado de la población en diversas regiones, los problemas vinculados al recurso hídrico se agravarán en el futuro.

Mientras tanto, el Fondo Mundial para la Naturaleza (WWF) ha señalado en el Tercer Foro Mundial del Agua que las regiones cuyos sistemas de agua potable dependen de recursos de otras regiones –mediante el uso de presas– deben cambiar su sistema actual de provisión (WWF, 2003). En otras palabras, existe la necesidad de mejorar el balance del suministro de agua en las regiones mediante investigaciones encaminadas a la recarga de las aguas subterráneas, la utilización del agua de lluvia, y la optimización de las aguas superficiales (Taniguch *et al.*, 2007: 2).

Podemos concluir que la escasez de agua se debe a una crisis en la gestión hídrica, donde la "hidro-esquizofrenia" ha operado, desvinculando la gestión de las aguas superficiales de las subterráneas (López-Gunn y Llamas, 2008: 228, 234). Esta disfunción se está subsanando con los nuevos modelos de gestión propuestos desde diferentes instancias técnicas y administrativas.

2.3. Los enfoques de la gestión del ciclo del agua.

Ahora que la sostenibilidad ha alcanzado categoría de paradigma del desarrollo; no resulta ocioso mencionar en las políticas ambientales, la falta de coherencia entre sus objetivos y los planteamientos socioeconómicos suelen conducir al fracaso en el logro del equilibrio entre los factores que componen la sostenibilidad: protección del medio ambiente, progreso económico y desarrollo social. Por lo tanto, es obligado que en todas las políticas sectoriales se consideren las acciones necesarias para una gestión eficiente de los recursos naturales, entre ellos los hídricos y los energéticos; pero esta estrategia no elimina la *necesidad* de continuar aplicando soluciones convencionales para satisfacer de forma sostenible las demandas de ambos recursos (Gil, 2008: 88).

En cualquier caso, los problemas del agua en el mundo no son en ningún modo homogéneos, varían de unas regiones a otras -incluso en un mismo país-, tienen estacionalidad e incluso cambian de un año a otro. Las soluciones dependerán de una red compleja de aspectos intercomunicados, entre otros: procesos de gestión del recurso, competencia y capacidad de liderazgo de las instituciones implicadas, condiciones sociopolíticas del planeamiento hídrico y tecnologías disponibles. Tanto los sectores económicos como la agricultura, la energía, la industria, el transporte y la comunicación como los ámbitos de la educación, salud y medio ambiente están estrechamente vinculados con el modelo de desarrollo imperante, manteniendo una relación insoslayable con este inapreciable recurso (Asit, 2004: 1-2). «*Si únicamente aquéllos que tienen el poder controlan el agua, y aquéllos que tienen agua manipulan a los que tienen el poder, entonces aquéllos que no tienen poder no tienen agua*» (Swyngedouw, 2004: 61 citado por Meerganz, 2006: 131).

La Ley Internacional del Agua[27] estipula como uno de sus principios fundamentales "la utilización y asignación equitativa de los recursos de agua". Sin embargo, en la literatura actual sobre la gestión del agua, la noción de equidad aún carece de fundamentos teóricos sólidos (Meerganz, 2008: 109). El agua es un derecho básico, no sólo la garantía de su suministro; también el acceso al agua potable y al saneamiento son un derecho humano que debe ser garantizado por los poderes públicos (Jiménez, 2008: 24).

En la Unión Europea a partir del V Programa de Medio Ambiente, y como parte fundamental de las políticas europeas, también existe una sensibilidad explícita para aplicar en la gestión del agua los principios básicos de la integración ambiental y la sostenibilidad. El 17 de julio de 2007 se presentó una Comunicación al Parlamento Europeo y al Consejo, "Afrontar el desafío de la escasez de agua y la sequía en la Unión Europea". El documento afrontaba: *i)* avanzar en la plena aplicación de la DMA, *ii)* corregir las políticas ineficaces de tarificación del agua, *iii)* planificar los usos del suelo por su relación con la utilización del agua, *iv)* potenciar el ahorro de agua, que se considera con enormes posibilidades, y *v)* fortalecer el conocimiento y la información de alta calidad. También se hacía especial referencia a la relación existente entre la gestión del agua y el paquete de medidas sobre la energía y el clima que la Comisión adoptó el 10 de enero de 2007 para orientar a la UE hacia una política energética sostenible, competitiva y segura. El suministro de agua para diferentes consumos tiene una participación significativa en el

---

[27] Según se detalla en la ley de la ONU de 1997 sobre "los usos de los cursos de agua internacionales para fines distintos de la navegación" y las Reglas de Helsinki.

consumo energético; por lo tanto, una economía que haga un uso eficiente del agua incidirá directa o indirectamente sobre todos los sectores productivos (Gil, 2008: 87).

Asegurar la disponibilidad de los recursos hídricos -en condiciones adecuadas de cantidad y calidad- debe comenzar por la protección -frente a la contaminación y el deterioro- de las fuentes y reservorios y, en general, de cada una de las fases del ciclo hidrológico. Otro factor supone valorar los efectos climáticos en la actualidad y sus consecuencias futuras en la gestión del agua, para ello se propone (Afonso, 2008: 12):

- Mejorar la eficiencia en todos los sistemas hídricos actuales.
- Emplear recursos alternativos, como la desalación y la regeneración de aguas, que supongan cambios en los modelos de uso del agua y la energía.
- Considerar las posibles alteraciones en las condiciones de disponibilidad de recursos -derivadas del comportamiento climático- en la planificación de la evolución de los sistemas urbanos.

2.3.1. El Análisis de Ciclo de Vida como herramienta de planificación hidrológica.

Los actuales déficits hídricos estructurales precisan nuevos recursos compensatorios. Se plantean nuevos retos; como la variación del régimen de precipitaciones o el buen estado ecológico de las masas de agua. Estos desafíos implican un aumento del consumo energético asociado al funcionamiento de las infraestructuras de transporte, tratamiento y distribución del agua. En el actual marco de la toma de decisiones, referidas a la planificación hidrológica, se precisa incluir un análisis de todos los factores vinculados a la emisión de gases de efecto invernadero, extendiendo el estudio al ciclo de vida completo de las diferentes infraestructuras puestas en juego: construcción, operación y mantenimiento. El ACV es un instrumento de gestión ambiental que ofrece un procedimiento sistemático y cuantitativo para evaluar los efectos ambientales de un producto o servicio "desde la cuna a la tumba"; por lo tanto, la gestión del agua puede beneficiarse de ello (Gil, 2008: 88-90).

El ACV considera todas las implicaciones ambientales, incluido el consumo energético y las emisiones vinculadas al conjunto de sistemas generadores de electricidad (mix eléctrico) en cuestión. Inicialmente fue descrito por la Sociedad para la Química y Toxicología Ambiental (Society for Environmental Toxicology and Chemistry-SETAC) en 1991 y 1993. La Agencia para la Protección Ambiental norteamericana (Environmental Protection Agency-US EPA) perfeccionó posteriormente la metodología, que ha sido luego normalizada por la Organización Internacional para la Estandarización (International Organization of Standardization, serie ISO 14040). Este procedimiento implica: *i)* definir el objetivo y el alcance, *ii)* elegir una unidad funcional a la que referir los inputs y outputs, *iii)* delimitar los límites del sistema, *iv)* realizar el análisis del inventario de ciclo de vida que cuantifique consumo de recursos y emisiones al medio ambiente respecto de la unidad funcional y *v)* evaluar el impacto en la fase en la que los resultados cuantitativos del inventario se asignan según categorías de impacto ambiental (agotamiento de recursos, calentamiento global, acidificación, eutrofización, toxicidad humana, toxicidad ecológica, agotamiento de la capa de ozono, etc.) con la modelización de los datos respecto de una unidad de referencia por cada categoría; por ejemplo, en el caso del calentamiento global se estiman toneladas de CO_2 equivalente (*Ibíd.*).

A medida que han adquirido importancia las políticas sobre el cambio climático, se ha introducido, como indicador de referencia, la huella de carbono de bienes de consumo y servicios de productos; es un ejemplo aplicable al suministro de agua, desde las envasadas hasta los diferentes sistemas de suministro y tipos de uso. Por otro lado, la Publicación Internacional del Análisis de Ciclo de Vida (The International Journal of Life Cycle Assessment) advierte de los riesgos de aplicar métodos simplificados del Análisis de Ciclo de Vida que se limitan a un solo parámetro y obvian otros potenciales impactos ambientales, apuntando que se han utilizado diferentes aproximaciones aplicadas a un mismo objeto que han conducido a resultados dispares de la huella de carbono (*Ibíd.*).

En el ámbito internacional el ACV está consolidado como herramienta de gestión en el área de los recursos hídricos; cabe especial mención el caso de California[28] (Estevan, 2008: 26; Mujeriego, 2005: 21) y Singapur[29] (Mujeriego, 2005: 23) o las recomendaciones de la Comisión Europea para su uso generalizado a nivel local (Best *et al.*, 2008 b: 38). En España se han desarrollado escasas aplicaciones de las metodologías ACV al sector del agua, siempre referidas a proyectos concretos, y no extendidas al ciclo completo del agua. Por ejemplo, se ha empleado el ACV para el uso de agua residual depurada en una pequeña población (Ortiz *et al.*, 2006) o en un análisis más general vinculado a la reutilización de agua residual depurada (Gil, 2008: 90). La primera aplicación institucional de los principios de la metodología ACV al sector del agua, fue presentada en el Informe de Sostenibilidad Ambiental del Programa Agua, publicado en 2005 por el MMA, pero éste no contemplaba el ciclo integral del agua, sino sólo algunas etapas parciales (Estevan, 2008: 26).

Los trabajos realizados por la Universidad de Zaragoza en esta área (Ortiz *et al.*, 2006; Raluy *et al.*, 2006; Raluy *et al.*, 2005 a; Raluy *et al.*, 2005 b; Raluy *et al.*, 2005 c; Raluy, 2005; Raluy *et al.*, 2004; Uche *et al.*, 2003) han servido de pilar experimental para justificar su

---

[28] www.owd.com

[29] www.pub.gov.sg/newater

viabilidad en Canarias; proponiendo un estudio exhaustivo de las tecnologías de producción de agua y apoyando la validez del ACV como herramienta en la planificación hidrológica.

Cabe mencionar los ACV estimados para aguas desaladas de procedencia marina frente a las cargas ambientales de las aguas salobres (Muñoz y Rodríguez, 2008); aunque *económicamente* la desalación salobre sea más rentable, al consumir menos energía por volumen de agua producto (menos salinidad conlleva menos costes en todos los *inputs*).

Las posibilidades del ACV son enormes y los trabajos de desarrollo e investigación en este campo muy atractivos, pero no debe olvidarse que existen aún zonas oscuras en los modelos matemáticos que se utilizan en la cuantificación de impactos, sobre todo cuando se trata de sistemas complejos, lo que da margen a cierta subjetividad en la interpretación de los resultados.

2.3.2. La gestión integrada de los recursos hídricos: La Directiva Marco del Agua

Los contenidos de la Directiva Marco del Agua-DMA (2000/60/EC) remarcan el nuevo desplazamiento de la política del agua desde la ambiental hacia la territorial (Estevan y Naredo, 2004: 23). Su objetivo primordial es garantizar *el estatus ecológico y químico* de todas las aguas superficiales y subterráneas (artículo 4). Ello debería alcanzarse mediante un enfoque de "gestión integrada", guiado por la "racionalidad económica" y por la participación pública bidireccional y proactiva. El artículo 14.1 exige a los Estados miembros "*impulsar la intervención activa de todas las partes interesadas en la implementación de la Directiva, en particular en la producción, revisión y puesta al día de los planes de gestión de cuenca fluvial*". En el contexto de la UE, la implementación de la DMA introduce una serie de nuevos regímenes organizativos a escala de cuenca fluvial que requieren de una reestructuración de las administraciones nacionales e internacionales. En este sentido, la DMA representa el cambio de un Estado centralizado hacia un Estado donde la toma de decisiones se encuentra más fragmentada (Jessop, 1997[30]citado por Meerganz, 2006). Bajo este prisma, la participación pública en el marco de la DMA resulta simultáneamente una herramienta disciplinaria para hacer cumplir políticas probablemente corporativistas, pero también una oportunidad para generar resistencias a éstas.

Los procesos de toma de decisiones relacionados con la gestión del agua se extenderán gradualmente desde los gobiernos de los Estados miembros hacia "arriba" (instituciones europeas), hacia "abajo" (agencias de cuencas fluviales locales) y hacia "afuera" (sector privado). Estos cambios generarán nuevas relaciones de poder que requieren de una especial atención; se forjarán nuevos vínculos de poder con geometría variable que operarán en niveles jerárquicos nuevos y diferentes, a múltiples escalas y mediante agentes sociales auto organizados y adaptados a la nueva situación (Meerganz, 2006: 134).

La respuesta a nivel institucional se produce mediante la DMA y la nueva cultura del agua que ésta defiende. La mejor forma de evaluar esta acción es mediante las crecientes inversiones realizadas por los municipios, las empresas gestoras de su abastecimiento, las Mancomunidades, los Consorcios, y la Administración comunitaria y estatal en el tratamiento de las aguas residuales y su posterior utilización con beneficio económico-productivo y político-social (Juárez, 2008: 214, 227). Estas directrices persiguen, en definitiva, un uso y gestión sostenible de los sistemas hídricos en sus diversas vertientes (Borrás, 2007: 83):

[30] Jessop, B. (1997). «Capitalism and its future: remarks on regulation, government and governance». *Review of International Political Economy*, 4, pp. 561-582.

- Sostenibilidad ambiental: Manteniendo y mejorando la calidad de los ecosistemas siguiendo la línea fijada por la DMA; donde el hito a conseguir sea el buen estado de las aguas y muy particularmente en los aspectos ecológico, cualitativo o cuantitativo. Mantener calidad en el abastecimiento de agua supone la garantía en cantidad del recurso junto con la preservación del entorno natural. Esta sostenibilidad implica garantizar el abastecimiento para las demandas presentes y futuras.

- Sostenibilidad económica: La consecución de la sostenibilidad económica de la gestión integrada de todos los recursos disponibles, tanto los convencionales como los obtenidos a partir de *fábricas de agua* (desalinización, regeneración, descontaminación), sólo será posible si se asegura la adecuada recuperación de costes de los diferentes eslabones del ciclo del agua: costes del recurso, ambientales y de servicio (Llamas, 2006: 10).

- Sostenibilidad social: La participación ciudadana en la toma de decisiones es primordial para que la ciudadanía entienda y asuma los retos que supone alcanzar la sostenibilidad global del ciclo del agua.

La gestión integrada de los recursos hídricos se rige fundamentalmente por tres criterios operativos validados por la DMA y por las propuestas de organismos internacionales y asociaciones profesionales (ACWA, 2005[31] citado en Mujeriego, 2005: 17):

---

[31] Association of California Water Agencies-ACWA, (2005): "No Time to Waste. A Blueprint for California Water": www.acwa.com, Sacramento, California.

1. Diversificar las alternativas utilizadas como forma de asegurar la fiabilidad o la garantía de la solución conjunta. El hecho de que las sociedades desarrolladas hayan alcanzado la explotación casi completa de los recursos hídricos más inmediatos o fáciles de desarrollar hace, con frecuencia, que sea prácticamente inviable la obtención de soluciones "únicas" o "absolutas" a los retos actuales y, por tanto, deba recurrirse a la aplicación de una serie coordinada de soluciones parciales para resolver los problemas.

2. Utilizar una combinación equilibrada tanto de infraestructuras como de formas de gestión que, con agilidad y flexibilidad, potencien la capacidad y las posibilidades de unas y otras para atender las ofertas y las demandas en el espacio y en el tiempo.

3. Planificar sistemáticamente esas actuaciones -especialmente las infraestructuras- pero también las formas de gestión, de modo que sea posible asegurar tanto la consecución de sus objetivos técnicos y económicos como su debate, revisión y aceptación por parte de todos los usuarios, incluidos los encargados de la preservación y mejora del medio ambiente.

La gestión integral del agua exige, por tanto, la apropiada actuación en todo su ciclo de aprovechamiento: captación, almacenamiento superficial y subterráneo, transporte, distribución, uso, tratamiento, reutilización y evacuación ambiental. El modelo de gestión de la oferta que acompañó al desarrollo económico en el pasado ha sido sustituido por otro más racional, fundamentado en la gestión desde la demanda e impulsado por la promulgación de la DMA (2000), al considerar la gestión sostenible de los recursos hídricos basada en el principio de gestión integrada en las cuencas hidrográficas (Juárez, 2008: 222-223; López de Asiain *et al.,* 2007: 2-3).

Se dispone de diversas opciones con las que garantizar estos requerimientos hídricos; para atender los aprovechamientos urbanos, agrícolas e industriales y, en cierto modo, para asegurar la preservación del medio ambiente. Las alternativas disponibles, en orden creciente de complejidad y especificidad son: 1) la protección y mejora de las fuentes convencionales de agua, 2) el ahorro de agua mediante un uso eficiente, 3) la regulación o el almacenamiento de volúmenes adicionales de agua, 4) el intercambio de recursos entre diferentes usuarios, 5) la regeneración y la reutilización planificada, y 6) la desalación de aguas salobres y marinas (Mujeriego, 2005: 16).

Entre las actuaciones concretas que permitan materializar este modelo de gestión conviene resaltar (*Ibíd.:* 25): 1) la mejora de los sistemas de captación y abastecimiento de agua, 2) la evaluación de los peligros a largo plazo que afectan a esas fuentes, 3) la protección de los sistemas públicos de abastecimiento de agua y de mejora ambiental, 4) el desarrollo de la regulación de aguas subterráneas y superficiales (Afonso, 2008: 11) y 5) el estímulo y la financiación de la reutilización planificada del agua, su uso eficiente y la desalación de aguas marinas y aguas de acuíferos salobres (*Ibíd.:* 15).

Por otro lado, se apuntan otras acciones complementarias como: la gestión de recarga de acuíferos (López-Gunn y Llamas, 2008: 232), la recolección de agua de lluvia (López de Asiain *et al.,* 2007: 2-3) o la captación de nieblas (Afonso, 2008: 7), opciones que optimizan la "recolección" de un bien que de lo contrario no podría ser aprovechado; en conjunto estas alternativas favorecen particularmente la resiliencia del sistema hídrico en el contexto del cambio climático.

No hay que olvidar que las aguas residuales son parte integrante del ciclo del agua, son un recurso más dentro de éste. La calidad de las aguas regeneradas es la resultante de una cadena de decisiones y actuaciones que comienza en el momento de la extracción de los recursos naturales de primer uso y continúa a lo largo de todo el ciclo del agua, hasta las últimas operaciones de reutilización. Si el ciclo del uso del agua se planifica globalmente desde su inicio, con la expectativa de facilitar la reutilización al término del primer uso, será posible controlar el proceso de deterioro del agua, de modo que su reutilización sea posible con costes limitados y sin pérdida de recursos (Mujeriego, 2005: 18-20).

Por el contrario, si se van adoptando decisiones en cada etapa del ciclo del agua sin contar con los efectos que pueda tener en el potencial de reutilización futura, al final se incurrirá en la necesidad de costosos post-tratamientos, en la pérdida de recursos, y eventualmente, en la inviabilidad económica de las operaciones de reutilización. Con esta perspectiva, las aguas residuales no pueden ser consideradas y tratadas como un residuo que aparece al final de un proceso lineal de utilización del agua, eventualmente susceptible de reutilización. Las aguas residuales forman parte integrante del ciclo del agua, sin ninguna diferencia conceptual con las aguas de cualquiera de las etapas anteriores. En este sentido merecen la calificación de recurso, y no de residuo, del mismo modo que cualquier otra masa de agua, en cualquier etapa del ciclo, puede ser considerada como un recurso con un determinado potencial de utilidad económica o ecológica (Estevan, 2005: 24-25).

2.3.3. La Huella del Agua.

Todos los sectores económicos tienen una relación vinculante con el agua: la agricultura, la energía, la industria, el transporte y la comunicación; al igual que los ámbitos educativos, sanitarios y ambientales. El agua es un derecho humano que debe ser garantizado por los poderes públicos, sin menoscabo del resto de los seres vivos que pueblan nuestra biosfera. La dimensión del agua virtual implicada en la economía regional escapa del análisis en la huella ecológica, pero complementa un análisis más profundo de sus flujos comerciales (Hoekstra *et al.*, 2011: 119,129; Hoekstra, 2011: 25; Hoekstra *et al.*, 2009: 67-74; Chapagain y Hoekstra, 2008: 29; Gerbens-Leenes *et al.*, 2008: 19; Hoekstra y Chapagain, 2007: 35, 41-43; Chapagain *et al.*, 2006: 455; Hoekstra y Hung, 2005: 49-50).

El concepto de la Huella del Agua-HA (Water Footprint-WF) fue introducido por Hoekstra en la Reunión de Expertos internacionales sobre el comercio del Agua Virtual, que se celebró en Delft, Holanda, en 2002 (Hoekstra, 2003[32]citado por Hoekstra, 2007). Las Huellas Nacionales del Agua fueron cuantitativamente evaluadas por Hoekstra y Hung (2002[33] citado por *Ibíd.*), y más ampliamente por Hoekstra y Chapagain (2007). Aunque el término HA fue elegido por el autor en analogía con la HE, desde el comienzo existe un marco de análisis común a ambos conceptos, aunque tienen raíces distintas (Hoekstra, 2007: 3).

La idea de la HA se construye sobre el concepto de agua contenida (incorporada) en un bien o agua virtual, enunciado inicialmente por Allan (1998[34] citado por Hoekstra, 2007) cuando estudió la posibilidad de importar agua virtual -en contraposición al agua real- como una solución parcial a los problemas de escasez de agua en el Oriente Medio. Allan elaboró la idea de utilizar el agua virtual de importación -junto a las importaciones de alimentos- como una

[32] Hoekstra, A.Y. (ed.) (2003): "Virtual water trade: Proceedings of the International Expert Meeting on Virtual Water Trade", Delft, The Netherlands, 12-13 December 2002, Value of Water Research Report Series No.12, UNESCO-IHE, Delft.

[33] Hoekstra, A.Y. and Hung, P.Q. (2002): "Virtual water trade: A quantification of virtual water flows between nations in relation to international crop trade", Value of Water Research Report Series No.11, UNESCO-IHE, Delft.

[34] Allan, J.A. (1998): "Virtual water: A strategic resource, global solutions to regional deficits", Groundwater 36(4), pp. 545-546.

herramienta para liberar la presión ejercida sobre la escasa disponibilidad del recurso para uso doméstico. El agua virtual de importación se convierte así en una fuente alternativa de agua junto a las fuentes endógenas de agua en el propio territorio (Hoekstra, 2007: 3; Llamas, 2006: 11; Chapagain y Hoekstra, 2004: 12).

El agua virtual importada también se ha denominado agua exógena (Haddadin, 2003[35]citado por Chambers *et al.*, 2000); de hecho, la acepción tiene la misma connotación que cuando se aplica a la energía, la tierra o el trabajo; por lo tanto, podemos hablar de agua contenida o incorporada en los mismos términos (*Ibíd.*: 96). Hoekstra y Chapagain (2007) definen el contenido de agua virtual de un producto (bien o servicio) como el volumen de agua dulce utilizada para producirlo. Se refiere a la suma de la utilización del agua en las distintas etapas de la cadena de producción. El adjetivo *virtual* refleja el hecho de que la mayoría del agua empleada para producir un producto no figura en él. El contenido real de agua en los bienes es generalmente insignificante si se compara con el contenido virtual de agua consumido en su fabricación (López-Gunn y Llamas, 2008: 229; Hoekstra, 2007: 3).

La HA se sustenta en la búsqueda de los vínculos ocultos entre por un lado, el consumo humano y el uso del agua, y por otro, entre el comercio mundial y los recursos hídricos (Chapagain y Hoekstra, 2004: 9). El punto de partida de este indicador fue el descontento con el hecho de que los recursos hídricos se consideren generalmente como un asunto local o, como mucho, una cuenca hidrográfica definida. La dimensión mundial de los recursos hídricos ha sido supervisada por la mayoría de las ciencias del agua y también ha

[35] Haddadin, M.J. (2003): "Exogenous water: A conduit to globalization of water resources", in: A.Y. Hoekstra, "Virtual water trade: Proceedings of the International Expert Meeting on Virtual Water Trade". Value of Water Research Report Series No. 12, UNESCO-IHE, Delft, pp. 159-169.

despertado el interés de la política comunitaria (Hoekstra, 2006[36] citado por Hoekstra, 2007). Además, la perspectiva de la producción –oferta- en la gestión de recursos hídricos es tan dominante que apenas se reconoce que el uso final del agua es para el consumo humano. La HA aparece en la comunidad científica con el fin de demostrar que tanto la dimensión del consumidor como la dimensión mundial deberían estar presentes en las consideraciones de una buena gestión del agua.

La HA de un individuo o de una comunidad se define como el volumen total de agua dulce que es utilizada para producir los bienes y servicios consumidos por el individuo o comunidad; puede calcularse para cualquier grupo bien definido de consumidores, incluida una familia, negocios, aldea, ciudad, provincia, estado o nación; también puede calcularse para una actividad específica, bien o servicio[37] (Hoekstra y Chapagain, 2007; Hoekstra, 2007: 3).

La HA total de un individuo o comunidad se descompone en tres subniveles según su procedencia: azul, verde y gris. La HA azul es el volumen de agua dulce que se ha consumido del global de los recursos hídricos azules (aguas superficiales y subterráneas) para producir bienes y servicios consumidos por el individuo o la comunidad. La HA verde es el volumen de agua captada del global de los recursos hídricos verdes (lluvia almacenada en el suelo como humedad de los estratos edáficos). La HA gris es el volumen de agua contaminada que se asocia con la producción de todos los bienes y servicios para el individuo o la comunidad (Hoekstra, 2007: 3).

El análisis considerado se ha centrado en la cuantificación del uso del consumo de agua, es decir los volúmenes de agua detraídos según la

[36] Hoekstra, A.Y. (2006): "The global dimension of water governance: Nine reasons for global arrangements in order to cope with local water problems". Value of Water Research. Report Series No.20, UNESCO-IHE, Delft.

[37] La unidad patrón en este caso se expresa en términos de volumen de agua dulce por año (Hoekstra, 2007: 3).

procedencia de ésta: aguas subterráneas, aguas superficiales y aguas edáficas que se retiran del balance hídrico existente. El efecto de la polución del agua corresponde a una medida limitada de la inclusión de las corrientes de retorno -aguas contaminadas- en el interior de los procesos de producción del sector industrial. De este modo el cálculo de la HA constaría de dos componentes consuntivos del uso del agua: aguas de producción –aguas azules y verdes- y aguas residuales por producción –aguas grises- contaminadas en el proceso.

Los principales factores que determinan la huella del agua *per cápita* de un país son: *i)* el promedio del volumen de consumo *per cápita* (generalmente relacionados con el ingreso nacional bruto) por país; *ii)* los hábitos de consumo de los residentes del país, *iii)* el clima (en particular la demanda en evaporación) y *iv)* las prácticas agrícolas empleadas (Hoeckstra y Chapagain, 2007: 35, 39; Chapagain y Hoekstra, 2004: 9;).

La trascendencia del agua internacional en el comercio es apreciable a través del análisis de sus flujos. El 16% del uso mundial del agua no es para producir productos de consumo, se emplea en los productos de exportación. Con la creciente globalización del intercambio de bienes, esta interdependencia mundial del agua probablemente aumentará (Chapagain y Hoekstra, 2004: 10).

La HA difiere de otros indicadores del uso del agua en tres aspectos: mide la apropiación de agua en relación con el consumo humano más que en relación con la producción, visualiza el vínculo entre consumo local y apropiación global de recursos hídricos, y mide no sólo el uso del agua azul -como los demás indicadores existentes-, también cuantifica el uso de aguas verdes y la producción de aguas contaminadas grises (Hoekstra, 2007: 3).

2.3.3.1. Análisis de las estimaciones de la Huella del Agua *versus* la Huella Ecológica.

Según la WWF (2006) más de la mitad de la HE mundial (52%) se invierte en la utilización de las tierras forestales para compensar las emisiones de CO_2 inducidas por el hombre (incluida la compensación del CO_2 equivalente correspondiente a la energía nuclear). El segundo mayor componente en la HE mundial es el uso de las tierras de cultivo (21%), seguido por el uso de los bosques de madera (10%), el uso de los caladeros (7%), el uso de pastos (6%) y el uso del territorio construido (4%).

Por otro lado, la HA mundial fue de 7.450 mil millones de m^3/año; para el período 1997-2001, la HA verde de la Humanidad se estimó en 5.330 mil millones de m^3/año, mientras que la combinación de HA azul-gris ascendió a 2.120 mil millones de m^3/año (Hoekstra y Chapagain, 2007). Según Hoekstra (2007: 12), la HA verde remite plenamente a los productos agrícolas y la combinación azul-gris se refiere a los productos agrícolas (50%), los productos industriales (34%) y el agua de uso doméstico (16%). El tamaño de la HA global es función del consumo de alimentos y otros productos agrícolas.

Las cifras globales de la HE y la HA muestran que algunos tipos de consumo -actividades energéticamente intensivas, como viajar, y el consumo de territorio para producir alimentos- contribuirán enormemente a la consignación total del espacio bioproductivo empleado, mientras que otro conjunto básico de bienes de consumo - productos agua-intensivo como los alimentos y la ropa de algodón- participan relativamente mucho más en el montante total de agua dulce consumida. Si se compara con una dieta vegetariana, una dieta basada en carne contribuye a incrementar ambos indicadores, tanto la HE como la HA. Sin embargo, el uso de la energía en una sociedad contribuye fuertemente a su HE, pero no a su HA. Actividades típicas de consumo de agua, como el lavado o el baño, obviamente contribuyen más a la HA, pero en menor medida a la HE (Hoekstra, 2007).

Los valores de la HE y la HA no pueden compararse debido al hecho de que la HE basa sus estimaciones en promedio mundial de la productividad y, por lo tanto, reflejan solamente las diferencias en el consumo, mientras que la HA fundamenta sus estimaciones en la productividad real del recurso y, por lo tanto, revela variaciones tanto en el consumo como en la productividad; como resultado de esta reflexión tomamos Nigeria como ejemplo de un país que puede reflejar una HA relativamente grande debido a los muy bajos rendimientos en la agricultura, mientras que muestra una HE relativamente baja (Hoekstra, 2007: 13).

Las principales diferencias metodológicas entre la HE y la HA en sus actuales etapas de desarrollo son (*Ibíd.*:14):

1. La HE se calcula sobre la base del promedio mundial de la productividad, mientras la HA se calcula sobre la base de la productividad local.

2. La HE no es espacialmente explícita, aunque la HA sí lo es por distinguir los productos y servicios de origen.

3. Los componentes de la HE se ponderan -mediante factores de equivalencia- antes de añadirse a la HE total, mientras que los componentes de la HA se añaden sin ponderación.

Aunque hay diferencias en las raíces históricas y en la adopción de los métodos de cálculo y aplicaciones, la HE y la HA son conceptos similares en su objetivo de cuantificar y visualizar la medida de la apropiación del capital natural. Las cuentas de apropiación de capital natural de la HE son en términos de la superficie necesaria para el consumo humano y en las cuentas de la HA se establece en términos de volúmenes de agua requeridos. Es imposible que un indicador pueda sustituir al otro, porque simplemente ofrecen información suplementaria en relación con el consumo humano de capital natural. Considerar sólo los requisitos territoriales, o sólo los requisitos hídricos, es insuficiente. En un caso el factor territorial puede ser decisivo en el desarrollo de un modelo, pero la disponibilidad de agua dulce puede ser el limitante en otro caso.

2.3.4. La Huella Ecológica del Agua.

En la HE del agua, ésta no se incluye como producto de la biosfera que se consume, ya que se mantiene dentro de su ciclo hidrológico transfiriéndose entre ecosistemas y comunidades humanas. En algunos casos se incluye indirectamente como recursos consumidos en el tratamiento de aguas o en la estimación de las áreas de captación requeridas para su obtención, teniendo presente evitar la doble contabilidad de territorios o recursos implicados (Best *et al.*, 2008 b: 180). La extracción y consumo de agua se expresan con indicadores adicionales en los informes de "*Living Planet Report*" de la WWF (Giljum *et al.*, 2007:46).

Como reseñan Kitzes *et al.* (2007: 18-19), aunque el agua es un recurso natural cíclico en la biosfera y está vinculado de forma determinante a la producción de bienes y servicios procedentes de los ecosistemas, en sí misma no es una creación de la biosfera. El agua, como otros nutrientes, posibilita la bioproductividad, pero no es un producto de los ecosistemas (*Ibíd.*: 4). Por lo tanto, la HE de una cantidad dada de agua no puede ser calculada con valores de rendimiento como se establece para productos agrícolas.

Al margen de la HA que se ha comentado en el apartado anterior, la HE del agua puede establecerse de dos modos según Chambers *et al.* (2000: 96-100):

- Energía contenida: Para evitar una doble contabilidad, el modo de consignar el agua es identificar la energía necesaria para captar, procesar, transportar y tratar el recurso. Esta energía se incluye en la contabilidad nacional de la HE, pero no se identifica. En este trabajo sí vamos a estimar estos costes energéticos del ciclo del agua por separado para ponerlos en relación con el consumo total de energía del territorio[38].

- "Sombra" del agua: En la línea de la HE, el área bioproductiva necesaria para suministrar y tratar el agua puede ser contabilizada según el protocolo anterior (estimando la energía contenida en los procesos) añadiendo una "sombra" del agua. Esta "sombra" equivale a los recursos hídricos renovables propios de un país divididos entre la superficie total de éste y convertidos en hectáreas globales. Este parámetro no se añade a los componentes convencionales de la HE para evitar la doble contabilidad de los territorios que captan agua además de participar de los usos establecidos para ellos.

La escasez del recurso en sí mismo requiere del apoyo de otros indicadores complementarios; si bien el agua es un limitante de la biocapacidad de un territorio, no es un producto o servicio de origen biológico, quedando generalmente fuera del estudio de la HE (Kitzes *et al.,* 2007: 18-19).

2.4. Los procesos industriales para la obtención de agua dulce.

Los procesos industriales para obtener agua dulce son diversos y toman como referencia aguas saladas, salobres o residuales. Con la perspectiva del ámbito de estudio de este trabajo, desarrollado en el

[38] Nos centramos en la depuración, pero la metodología es extensible a todo el ciclo del agua urbana.

siguiente capítulo, nos centraremos en la desalación de agua de mar por ósmosis inversa (OI), dada su implementación en Canarias y en la depuración biológica (humedales artificiales) como alternativa más idónea para recircular el agua depurada dentro del territorio. La huella ecológica del agua desalada queda compensada, de algún modo, con un aumento de su ciclo de vida útil a través de la depuración por procesos naturales; menos demandante de recursos energéticos y con capacidad potencial para favorecer el tratamiento descentralizado, inviable con la alternativa convencional.

Las plantas de OI, aunque trabajan con agua de mar, tienen *a priori* una vida operativa relativamente larga, unos 20 años. Sin embargo, la mayoría se quedan obsoletas después de 10 años y hay que renovarlas para mejorar su eficacia aportando los avances tecnológicos imperantes. El coste de esta actualización se compensa con las mejoras en los rendimientos de los equipos, de forma que la inversión necesaria es amortizada con el ahorro logrado en los costes de explotación (Latorre, 2004: 10).

La estrategia de la eco-ingeniería en el diseño de sistemas de depuración natural pretende conseguir cero emisiones vinculadas al consumo energético, dado que en la degradación de la materia orgánica se generan, de forma natural, gases que se emiten a la atmósfera (Sato *et al.*, 2002). Por otro lado, la simplicidad del mantenimiento optimiza los costes de operación y control (ITC, 2010: 18).

2.4.1. La desalación por ósmosis inversa.

El uso de los sistemas de recuperación de energía, junto con las bombas de alta eficiencia y la última tecnología en membranas de ósmosis inversa, permiten a los procesos de OI producir agua dulce con un consumo de energía de 2,0 kWh/m^3 (MacHarg y Truby 2004[39] citados por Fritzmann *et al.*, 2007: 58). Sin embargo, la mayoría de las instalaciones de OI tienen un consumo mayor de energía; con el uso creciente de la desalación, el objetivo para reducir los impactos sobre el ambiente sería al menos un consumo de energía cercano a 3,0 kWh/m^3 (Meerganz von Medeazza, 2005[40] citado por Fritzmann *et al.*, 2007: 58).

La composición del agua de alimentación de la planta varía en función de diversos parámetros, entre otros: la profundidad del agua, su temperatura, las corrientes oceánicas o el crecimiento de algas. El contenido total de sal no es el único parámetro importante para la desalación por membranas; la biomasa, los gases atmosféricos disueltos, la concentración de sales, los metales pesados y las descargas de productos químicos de las industrias son también relevantes para la operación de las plantas de OI. La calidad del agua puede ser caracterizada a través de diferentes parámetros clave. Para optimizar el diseño del pretratamiento es necesario un análisis detallado de la composición del agua de alimentación. En la Tabla 2.1 se muestra la caracterización de un agua procedente del Mediterráneo (Chipre) y otra del Atlántico (Islas Canarias).

El incrustamiento y la suciedad son los principales problemas en la desalación de agua de mar y salobre; ambos riesgos están, en gran medida, en función de la composición del agua bruta. En este contexto los parámetros que se emplean para caracterizar el agua de alimentación son (PRODES, 2010):

- El Índice de densidad de obstrucción, SDI (Silt Density Index), que describe el potencial de contaminación del agua de alimentación y se determina en las pruebas de filtración con

[39] J. MacHarg and R. Truby, (2004): "West Coast researchers seek to demonstrate SWRO affordability", Desalination & Water Reuse Q., 14(3): 1–18.

[40] G.L. Meerganz von Medeazza, (2005): "Direct" and socially induced environmental impacts of desalination. Desalination, 185, pp. 57–70.

agua de alimentación o agua bruta mediante membranas porosas de microfiltración.

• El contenido en Ca^{2+} y Mg^{2+} en el agua de alimentación proporciona información acerca de la dureza del agua, responsable de las calcificaciones en las tuberías. La dureza total de una solución se define por el contenido de calcio, magnesio, bario y estroncio. Sin embargo, en general, sólo la cantidad de calcio y magnesio se utilizan para caracterizar la dureza de un agua de alimentación.

• El producto de solubilidad, da información acerca de las sales disueltas y su potencial precipitación. La conductividad es directamente proporcional al contenido de sales disueltas en el agua y también se utiliza para determinar la cantidad de sales disueltas en el agua bruta. La conductividad del agua de mar depende en gran medida de la temperatura.

• El contenido de sólidos totales disueltos, TDS, caracteriza el contenido de sólidos disueltos en el flujo de alimentación, pero sin distinguir entre las diferentes sales.

La elección de la adecuada tecnología de desalación dependerá de la calidad del agua de alimentación (ver Tabla 2.2), ésta se clasifica principalmente por el contenido total de sólidos disueltos (TDS: Total Disolved Content). En el caso concreto de las aguas oceánicas que bañan esta región, el TDS ronda los 35.000 ppm. Las aguas oceánicas tienen menor TDS que las aguas de los mares (concretamente el mar Mediterráneo se aproxima a 37.000 ppm). En cualquier caso, el objetivo final será obtener un agua dulce o agua producto con un TDS menor de 500 ppm (Martínez de la Vallina, 2006: 2).

Tabla 2.1: Ejemplos de caracterización de agua de alimentación.

Análisis	Chipre (mg/L)	Islas Canarias. (mg/L)
Ca^{2+}	450,0	962,000
Mg^{2+}	1.452,4	1.021,000
Na^{+}	12.480,0	11.781,000
K^{+}	450,0	514,000
NH_4^{+}	0,0	0,004
HCO_3^{-}	160,0	195,000
CO_3^{2-}	0,2	0,000
SO_4^{2-}	3.406,0	3.162,000
Cl^{-}	22.099,0	21.312,000
F^{-}	0,0	1,500
NO_3^{-}	0,0	2,600
PO_4^{3-}	n/a	0,008
NO_2^{-}	n/a	0,030
Dureza total en $CaCO_3$	n/a	6.600,000
Salinidad total (TDS)	40.498,2	38.951,000
$Fe^{2+/3+}$	n/a	0,040
Al^{3+}	n/a	0,001
pH	8,1	6,303
Conductividad (µS)	n/a	46.200,000

Fritzmann *et al.* 2007: 33.

Tabla 2.2: Caracterización del agua de alimentación según contenido en sal.

	Salinidad mínima TDS (ppm)	Salinidad máxima TDS (ppm)
Agua marina	15.000	50.000
Agua salobre	1.500	15.000
Agua fluvial	500	1.500
Agua pura	0	500

Desalination markets 2005–2015, a global assessment & forecast, Global Water Intelligence, 2005 citado por Fritzmann *et al.*, (2007): 12.

La desalación de agua salobre se supone que crecerá a tasas más altas que la desalación de agua de mar en un futuro próximo: mientras que las sales disueltas en aguas salobres suelen oscilar en torno a los 5 g/L, las aguas de mar contienen alrededor de 35 g/L con lo que el consumo de energía para desalar agua de mar puede ser entre 1,5-2,5 veces superior al de desalar aguas salobres (Muñoz y Rodríguez, 2008: 810; Mujeriego, 2005: 23).

Las ratios de recuperación en los sistemas de desalación marina con ósmosis inversa (SWRO-Seawater reverse osmosis) alcanzan el 60% debido a la limitada presión de la alimentación y al aumento del consumo de energía vinculado al incremento de la concentración salina. La presión de alimentación en SWRO alcanza aproximadamente los 55-60 bar, mientras que las aguas salobres (BWRO-Brackish water reverse osmosis) necesitan una presión más moderada, entre 10-15 bar (PRODES, 2010; M. Wilf, 2004[41] citado por Fritzmann *et al.,* 2007: 13).

[41] M. Wilf, (2004): "Fundamentals of RO–NF technology", International Conference on Desalination Costing, Limassol.

2.4.1.1. Factores físicoquímicos relevantes de la tecnología.

En general para una eficiente desalinización con membranas de OI, éstas deben mostrar alto flujo y rechazo. La elevada permeabilidad requiere membranas muy finas, ya que el flujo es inversamente proporcional al espesor de la membrana. Actualmente las membranas consisten en una capa activa muy delgada no porosa y una capa porosa de apoyo para la estabilidad mecánica. La capa de soporte protege la membrana de desgarros o roturas, mientras que la capa activa es la responsable de casi toda la resistencia al transporte de masa y de la selectividad de la membrana. Este diseño de membranas con la combinación de capa activa y estructura de soporte se denomina membrana asimétrica.

En la Gráfica 2.1 se presentan dos modelos de membranas asimétricas, la integral y la compuesta, las capas activas y los soportes porosos presentan características estructurales distintas y sus propiedades físicoquímicas son diferentes.

Las primeras membranas comerciales introducidas en el mercado durante los inicios de la década de 1970 fueron de acetato de celulosa (CA-Cellulose acetate). Uno de los mayores inconvenientes de estas membranas era la posibilidad de deterioro de la membrana por hidrólisis. Por lo tanto, la aplicación de estas membranas necesita un cuidadoso ajuste y control del pH. Además, las membranas de CA a alta presión tienden a compactarse entre ellas y tanto el flujo como el rendimiento general disminuyen.

Las membranas compuestas son química y físicamente más estables: muestran una fuerte resistencia a la degradación bacteriana, no se hidrolizan, están menos influenciadas por la compactación entre ellas y son estables en un amplio rango de pH de alimentación (3-11), sin embargo son menos hidrófilas y por lo tanto tienen una tendencia más fuerte al ensuciamiento que las membranas de CA; además también se deterioran por la presencia de cloro libre en la corriente de alimentación (PRODES, 2010; Fritzmann *et al.*, 2007: 22).

Gráfica 2.1: Membranas asimétricas: integral y compuesta.

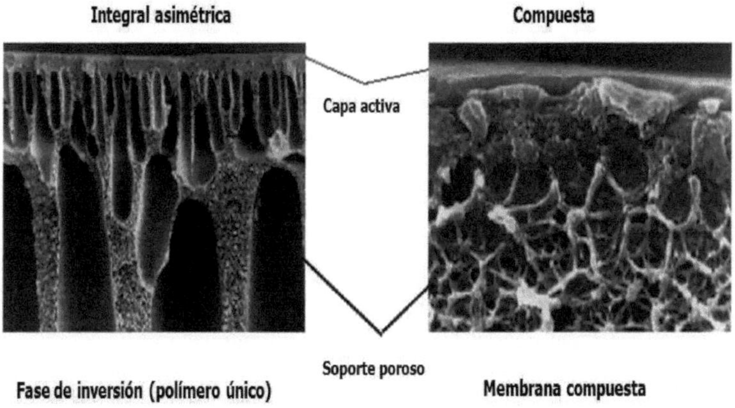

R. Rautenbach and T. Melin, Mebranverfahren (Grundlagen der Modul- und Anlagenauslegung), 2ªed. 2003, citado por Fritzmann *et al.*, 2007: 21.

Aunque las presiones aplicadas en los procesos de ósmosis inversa varían generalmente entre 15 bar en la desalación de agua salobre y 60 a 80 bar en la desalación de agua de mar (PRODES, 2010); sin embargo, pueden desarrollarse presiones muy superiores, para aplicaciones especiales como puede ser el tratamiento de lixiviados de vertedero donde se han utilizado presiones incluso de hasta 200 bar (Rautenbach y Melin, 2003[42] citados por Fritzmann *et al.*, 2007: 15; Del Pino y Durham, 1999).

---

[42] R. Rautenbach and T. Melin, (2003): Mebranverfahren (Grundlagen der Modul- und Anlagenauslegung), 2nd Ed.

Varios productos químicos pueden dañar la capa activa de la membrana, dando lugar a daños irreversibles asociados a la capacidad de reducir el rechazo e incluso llevando a la destrucción de la membrana. Los grupos de reactivos más importante responsables del deterioro de la membrana son los oxidantes utilizados en el tratamiento previo del agua de alimentación o los productos químicos de limpieza. La presencia incluso de trazas de estos compuestos puede oxidar la superficie de la membrana y dañar la capa activa de la membrana.

Por ello los procesos de pretratamiento son vitales para el mantenimiento de las membranas, llegando a suponer en algunos casos un 60% del coste total del agua desalada (PRODES, 2010). Todo esto hace que los proveedores de membranas den las restricciones pertinentes sobre la exposición de sus productos a los oxidantes. Además, las membranas poliméricas son sensibles a valores extremos de pH; en estos casos el ajuste del pH y su control es necesario para garantizar un funcionamiento estable.

Incluso con un tratamiento previo eficaz del agua de alimentación, el ensuciamiento de la membrana no se puede evitar totalmente; potencialmente pueden ocurrir incrustaciones de precipitados, deposiciones de partículas coloidales o bio-contaminaciones. Para lograr el máximo rendimiento y evitar daños permanentes en la membrana, cualquier capa de suciedad existente tiene que ser eliminada limpiándola periódicamente (*Ibíd.*).

- **Pretratamiento.**

Para garantizar el funcionamiento estable a largo plazo de las unidades de OI es necesaria un agua de alimentación de alta calidad. Independientemente de la fluctuación de la calidad del agua bruta es esencial un pretratamiento del suministro de agua a la planta. Éste sirve para reducir el potencial de contaminación de las membranas, minimizar las incrustaciones en su superficie, aumentar su vida útil y ayudar a mantener el nivel de rendimiento de la planta (PRODES, 2010; Al-Malek *et al.*, 2005[43] citado por Fritzmann *et al.*, 2007: 39).

El pretratamiento se puede dividir en: pretratamiento físico y pretratamiento químico. Actualmente se diseñan más plantas con la utilización de membranas de pretratamiento antes de la etapa de ósmosis inversa, considerándose este diseño como una alternativa a los pretratamientos convencionales (Wolf y Siverns 2004[44] , Vial y Doussau 2002[45] citados por Fritzmann *et al.*, 2007: 40). Las membranas de microfiltración y ultrafiltración son consideradas como alternativas y se estima que el uso de estas membranas de pretratamiento crecerá rápidamente en los próximos años (PRODES, 2010; Vial *et al.*, 2003[46]. citado por Fritzmann *et al.*, 2007: 40).

El pretratamiento químico dependerá del pretratamiento físico diseñado. Supone la adición de reactivos químicos en el flujo de agua antes de la etapa de ósmosis inversa. Las membranas de pretratamiento, por lo general, requieren menos productos químicos mientras que los tratamientos previos convencionales se caracterizan por un consumo bastante alto de reactivos (Al-Malek, 2005 [(43)] citado por Fritzmann *et al.*, 2007: 40).

- **Sistemas de recuperación de energía.**

---

[43] S. Al-Malek, S.P. Agashichev and M. Abdulkarim, (2005): Techno-economic aspects of conventional pretreatment before reverse osmosis (Al-Fujairah Hybrid Desalination Plant), IDA World Congress, Singapore.

[44] P.H. Wolf and S. Siverns, (2004): The new generation for reliable RO pre-treatment, International Conference on Desalination Costing, Limassol.

[45] D. Vial and G. Doussau, (2002): The use of microfiltration membranes for seawater pre-treatment prior to reverse osmosis membranes, Desalination, 153: 141–147.

[46] D. Vial, G. Doussau and R. Galindo, (2003): Comparison of three pilot studies using Microza® membranes for Mediterranean seawater pre-treatment, Desalination, 156: 43–50.

La aplicación y desarrollo de los sistemas de recuperación de energía son una de las principales razones de la disminución de los costos de la desalación de agua de mar. En general, los dispositivos de recuperación de energía (ERD-Energy Recovery Device) aprovechan la energía restante de la salmuera (que de otro modo se desperdiciaría) para recircularla como parte de la presión necesaria para la alimentación (PRODES, 2010). Esto puede reducir considerablemente las necesidades energéticas de una planta de OI, dependiendo del potencial de recuperación energética de la planta y de la eficiencia de las bombas y los ERD.

Los sistemas de recuperación de energía que se utilizan en las aplicaciones de OI se pueden dividir en dos grupos: los intercambiadores de presión (también llamados intercambiadores de trabajo) que transfieren directamente presión de la salmuera a una parte del agua de alimentación y los sistemas de turbinas que en su mayoría se refieren a turbinas Pelton o a los sistemas turbo, que convierten la energía potencial de la salmuera en energía mecánica para ser suministrada a la bomba de alimentación como fuente de alimentación auxiliar o directamente al agua de alimentación.

Los sistemas de turbina son la opción más antigua de los dos tipos de ERD y funcionan con una eficiencia de hasta un 90%. Los intercambiadores de presión transfieren directamente la presión de la salmuera a la alimentación logrando eficiencias de alrededor del 96%-98% (PRODES, 2010; B. Liberman[47] citado por Fritzmann *et al.*, 2007: 31;). La aplicación de los ERD ha permitido alcanzar consumos de energía tan bajos como 2-4 kWh/m^3 en la desalación de

---

[47] B. Liberman, The importance of energy recovery devices in reverse osmosis desalination, http://www.twdb.state.tx.us/Desalination/The%20Future%20of%20Desalination%20in%20Texas%20%20Volume%202/documents/C8.pdf#search=%22The%20importance%20of%20energy%20recovery%20devices%20in%20reverse%20osmosis%20desalination%2290H.las

agua de mar y <1 kWh/m^3 en la desalinización de agua salobre (M. Wilf, 2004 [(41)] citado por Fritzmann *et al.*, 2007: 32).

- **Postratamiento.**

El agua desalada procedente de plantas de OI requiere cumplir unos estándares de calidad para validar su uso para consumo humano. Existen varias normativas de carácter internacional que cuantifican los parámetros de referencia; la guía publicada por la Organización Mundial de la Salud (OMS)[48] o las normas de calidad establecidas por la UE (98/83/CE[49]) son ejemplo de ello.

Los bajos valores de TDS en el filtrado resultante de la OI hacen que su consumo directo pueda ser desagradable, corrosivo e insalubre. Para cumplir con los estándares del agua potable y de riego es necesario un post-tratamiento; siendo éste una parte esencial de la mayoría de las plantas de ósmosis inversa.

El filtrado tiene que ser re-endurecido con el fin de evitar la corrosión de las tuberías en la red de distribución, el valor de pH y el contenido de CO_2 necesitan ser ajustados para prevenir incrustamientos y también requiere desinfección. Además, existen restricciones sobre el contenido de boro, lo que plantea un problema en la desalinización por OI debido al limitado rechazo del boro en las membranas de OI existentes; por lo tanto, deben adoptarse medidas especiales para cumplir con los límites de boro establecidos[50].

---

[48] World Health Organization, (2004): "Guidelines for Drinking Water Quality", 3ª Ed.

[49] Transpuesta a la legislación española bajo la forma del RD 140/2003 del 7 de febrero de 2003.

[50] Aunque el boro se encuentra en fuentes de agua natural; sin embargo, una alta concentración de boro en el agua potable se sospecha que pueda causar malformaciones en el feto y alterar su desarrollo normal (Fritzmann *et al.*, 2007: 51). Además, el boro en

2.4.1.2. Impacto ambiental de las desaladoras de OI.

Las plantas desaladoras producen ruido, consumen energía y descargan una salmuera altamente concentrada, así como generan membranas como residuos al finalizar su vida útil. Las fugas en el sistema de distribución de agua de alimentación pueden afectar a los acuíferos, así como los sistemas de desagüe también son susceptibles de interferir con el medio marino; por otro lado, la ubicación de estas infraestructuras en determinadas zonas reduce el valor recreativo del entorno, lo que podría mermar la aceptación del público y añadir daños al medio ambiente, máxime en costas con un enorme potencial turístico y ecológico como son las de Canarias.

La Gráfica 2.2 agrupa los potenciales impactos de las plantas desaladoras de OI. Las influencias negativas no sólo se concretan en dañar el medio ambiente o disminuir la aceptación del público, además también las instalaciones desaladoras pueden ser objeto de sanciones financieras si no cumplen -conforme a la ley- las normas de toxicidad (no hemos encontrado casos en Canarias).

Por otro lado, la ubicación de una planta de desalinización en un lugar inadecuado afecta directamente a la industria pesquera y al turismo (Latorre, 2004: 11).

---

concentraciones elevadas puede ser nocivo para los cultivos cuando el agua desalada se utilice con fines de riego. Aunque como elemento traza el boro es de vital importancia para el crecimiento vegetal, en concentraciones superiores a 0,3 mg/L puede conducir a daños en el follaje, reducción del rendimiento del fruto y maduración prematura de frutos sensibles, como los cítricos o el kiwi (Busch *et al.* (2003)[*] citado por Fritzmann *et al.*, 2007: 52).

(*): M. Busch, W.E. Mickols, S. Jons, J. Redondo and J. de Witte (2003): "Boron Removal in Seawater Desalination", IDA World Congress, Bahrain BAH03-039.

Gráfica 2.2: Impacto ambiental de la desalación por OI.

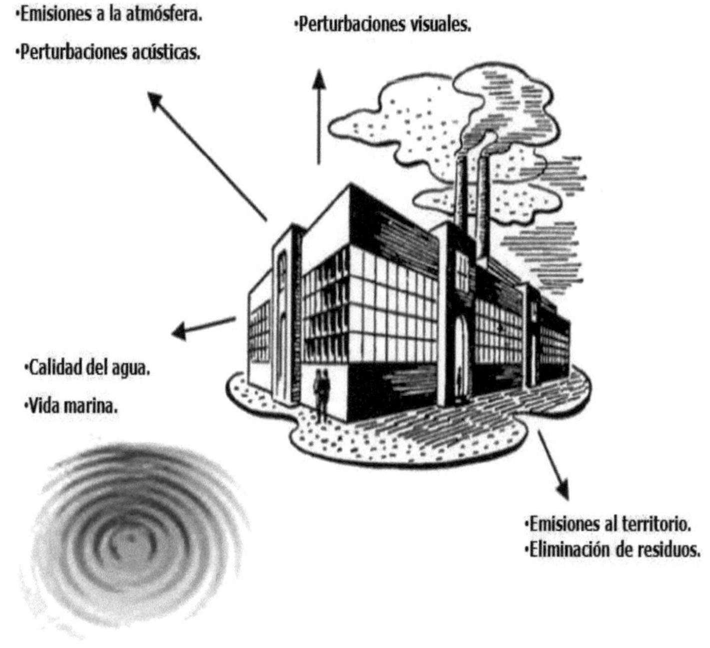

•Emisiones a la atmósfera.
•Perturbaciones acústicas.

•Perturbaciones visuales.

•Calidad del agua.
•Vida marina.

•Emisiones al territorio.
•Eliminación de residuos.

Fritzmann *et al.* 2007: 59.

- **Emisiones a la atmósfera.**

Este factor se tratará en el capítulo tercero y quinto por su estrecha vinculación con el mix eléctrico. Dado que las plantas de desalinización son aptas para consumir cualquier tipo de fuente energética, estos procesos, al menos indirectamente, emiten gases de efecto invernadero a la atmósfera. En términos de energía primaria, la ósmosis inversa requiere 5-6 veces menos energía que los procesos térmicos (Meerganz von Medeazza 2005 [(40)] citado por Fritzmann *et al.*, 2007: 58).

La producción de 1 m^3 de agua pura a través de OI requiere alrededor de 1 kg de combustible por metro cúbico de agua dulce, asumiendo un consumo de energía entre 3,0 y 4,5 kWh/m^3 (Meerganz von Medeazza, 2005 [(40)] y Einav *et al.*, 2002 citados por Fritzmann *et al.*, 2007: 58). Esto hace que la producción de agua dependa en gran medida de los precios de esta energía, los cuales aumentarán muy probablemente en el futuro y por lo tanto ejercerán presión sobre los precios del agua desalada.

- **Contaminación acústica.**

En una planta de desalación las bombas de alta presión, los sistemas de recuperación de energía y las turbinas generan ruido, su intensidad puede ser de hasta 90 dB (Sadhwani *et al.*, 2005: 4). Este nivel de contaminación acústica no permite la operación de una planta de desalinización en las cercanías de los centros de población sin la implementación de soluciones para reducir las emisiones de ruido. La tecnología aplicada para reducir este impacto consiste en un asilamiento acústico para las bombas y una adecuada planificación acústica de la planta (Einav *et al.,* 2002: 151). Dado que los niveles de ruido a partir de los 85 dB son dañinos para los oídos, los trabajadores que operan con estos niveles de ruido o superiores necesitan usar protectores acústicos con el fin de evitar daños auditivos.

- **Calidad del agua y vida marina.**

La calidad del agua y la vida marina se ven afectadas por las plantas de desalinización de varias maneras. El sistema de admisión puede afectar el medio ambiente marino mediante la creación de corrientes, lo que puede perturbar a los organismos marinos y succionar grandes cantidades de estos en la entrada del agua bruta a la planta. La eliminación de la salmuera tiene una gran influencia sobre la calidad del agua y la vida marina circundante. Aunque exista difusión alrededor del emisario se puede producir una alta concentración de sales provenientes de la salmuera que dañen a los ecosistemas bentónicos.

La densidad de la salmuera es mayor que la del agua de mar, lo que provoca que se sedimente en el fondo del mar, donde afecta a la biota marina, adaptada a valores de estables de salinidad. Particularmente sensibles son las algas estenohalinas, muy sensibles a la variación de la concentración de sales en el medio. El problema de la salmuera caliente, propia de la desalación térmica, está ausente en las membranas de desalinización; en su lugar, el mayor impacto sobre la biota bentónica es la alta tensión osmótica asociada a la salmuera (Meerganz von Medeazza, 2005 [(40)] citado por Fritzmann *et al.*, 2007: 60).

- **Composición de la salmuera.**

Hay diferentes opciones para la eliminación de la salmuera; la descarga en el mar abierto es considerada como la opción menos costosa. La salmuera contiene típicamente (Martínez de la Vallina, 2006: 10; Mauguin y Corsin, 2005[51] citados por Fritzmann *et al.*, 2007: 59):

[51] G. Mauguin and P. Corsin, (2005): "Concentrate and other waste disposals from SWRO plants: characterization and reduction of their environmental impact", Desalination, 182: 355–364.

• El agua de retro lavado del pretratamiento físico.

• Concentrados salinos de la unidad de separación de ósmosis inversa.

• Soluciones de limpieza de las membranas.

Los vertidos procedentes de la planta desaladora consisten fundamentalmente en un 98,5 % en rechazo de agua con alto contenido salino y en un 1,5 % en agua de lavado de filtros y productos de limpieza (Latorre, 2004: 12). El agua de retro lavado contiene una alta carga de productos biológicos, minerales y de carácter orgánico; por lo general asciende en un pretratamiento convencional a cantidades entre el 2%-10% del flujo de alimentación, y la carga de sólidos en suspensión es menor en el caso del pretratamiento con membranas.

Por otro lado, la solución de limpieza química contiene altas cargas de sólidos disueltos y puede ser altamente ácida o alcalina. La cantidad de soluciones de limpieza química es pequeña comparada con la de otros efluentes (Mauguin y Corsin, 2005 [(51)] citados por Fritzmann *et al.*, 2007: 60). La limpieza química se realiza habitualmente más en medio ácido que en medio alcalino. Ambas soluciones se deben mezclar para su neutralización en un tanque de reserva antes de su descarga. La limpieza química puede ser reducida al mínimo con un pretratamiento eficiente. La cloración puede ser sustituida por la radiación ultravioleta y el tratamiento convencional por una membrana pretratamiento para reducir el impacto ambiental de los productos químicos.

La Tabla 2.3 compara la composición del agua de alimentación y la composición de la salmuera de una planta de desalinización de SWRO en Bocabarranco, Gran Canaria; particularmente esta instalación aprovecha la cercanía de una planta depuradora para diluir el residuo salino con agua procedente del tratamiento de aquélla y verter ambos al mar a través del mismo emisario, evitando así la instalación de difusores de la salmuera en el diseño de la infraestructura. En este caso particular, es de reseñar la elevada salinidad del agua bruta (38.000 ppm) por encima del promedio estándar establecido en estas aguas oceánicas (35.000 ppm).

Tabla 2.3: Composición de agua de alimentación y salmuera en Bocabarranco en GC.

mg/L	Agua de mar	Salmuera
Calcio	450	814
Magnesio	1.520	2.751
Sodio	11.415	20.657
Potasio	450	814
Bicarbonato	250	452
Cloruro	20.800	37.639
Sulfato	3.110	5.628
Silicio	5	9
TDS	38.000	68.764

Sadhwani *et al.*, 2005: 5.

2.4.2. Los sistemas de depuración natural.

Los sistemas de depuración natural aportan beneficios significativos frente a los métodos convencionales, ayudando a la resiliencia de los ecosistemas: aumento de las tasas de secuestro de carbono por fijación fotosintética y preservación de sus servicios biológicos (Arsenis, 2010). De hecho, el potencial de la biodiversidad y los servicios de los ecosistemas naturales reducen el coste de los tratamientos del agua e incrementan su productividad (UNEP, 2011 a: 120). Por todo ello, a la hora de seleccionar soluciones para el tratamiento de las aguas residuales, deberían tomarse en consideración aquellas tecnologías o procesos que (ITC, 2010: 11):

- Presenten un mínimo o nulo gasto energético.
- Requieran un mantenimiento y explotación muy simples.
- Garanticen un funcionamiento eficaz y estable frente a las grandes oscilaciones de caudal y carga contaminante de los influentes a tratar.
- Simplifiquen y minimicen la gestión de los lodos generados en los procesos de depuración.
- Se puedan integrar bien ambientalmente.

Mientras que las soluciones intensivas requieren superficies inferiores a 1 m^2/habitante equivalente, las soluciones extensivas demandan varios m^2/habitante equivalente. La Gráfica 2.3 compara esquemáticamente las diferencias entre las tecnologías convencionales y los sistemas de depuración natural; mientras estos últimos comprometen más territorio aumentando la biocapacidad final, los primeros consumen más energía y conllevan tratamientos alternativos para los lodos generados (ambos aspectos producen externalidades negativas).

Gráfica 2.3: Tecnología convencional versus depuración natural.

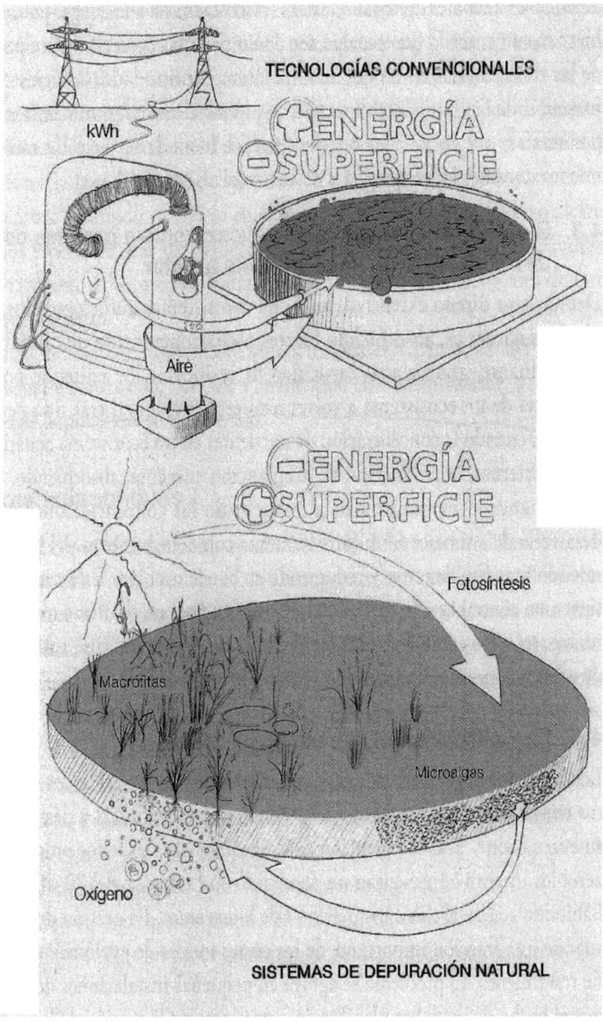

DEPURANAT, 2008: 9.

La evaluación económica de los humedales naturales (Barbier *et al.*, 1997) permite asimilar cierto paralelismo con los humedales artificiales. Pueden establecerse unos valores de uso (directo, indirecto u opcional) y otros valores no utilitarios. El uso directo supone el aprovechamiento de actividades como piscicultura, agricultura, recreación o generación de energía a través de la biomasa residual aprovechable en la bio-digestión anaerobia. El aprovechamiento indirecto incluye la retención de nutrientes, la recarga de acuíferos o la estabilización de microclimas. Es opcional la integración de actividades económicas complementarias: el turismo, la educación ambiental o actividades recreativas. No es desdeñable el valor de la biodiversidad, la cultura o la tradición que vincula su importancia a la existencia *per se*.

Dos procesos fundamentales definen el rendimiento de estos sistemas: la dinámica microbiana y la hidrodinámica (Llagas y Guadalupe, 2006: 86). El tratamiento en los humedales se produce como consecuencia del asentamiento de partículas en suspensión, la oxidación de la materia orgánica, la actividad metabólica por microorganismos autóctonos, la fotólisis y la absorción de nutrientes por las plantas que crecen dentro de los humedales. En la medida en que estos *riñones ecológicos* (Llagas y Guadalupe, 2006: 86; Mitsch y Gosselink, 1993[52] citado por Brix, 1994: 210) no se encuentren sobrecargados, secados, o sometidos a largos periodos fríos, la calidad de los efluentes se puede esperar que sea adecuada para la mayoría de los usos del agua potable.

Los humedales naturales han sido aprovechados durante mucho tiempo para la descarga de los efluentes de aguas residuales tratadas; fundamentalmente como una medida de eliminación, pero también como un mecanismo para reducir las concentraciones de fósforo y nitrógeno existentes en aquéllos. Las referencias más antiguas del

[52] Mitsch, W.J. and Gosselink, J.G. (1993): "Wetlands". 2nd *Ed.* Van Nostrand Reinhold, New York. pp.: 1-722.

uso de humedales para depurar aguas residuales proceden de las culturas antiguas china y egipcia (Brix, 1994: 211).

Sin embargo, la utilización intencionada y planificada de los humedales artificiales para el tratamiento de aguas contaminadas es relativamente nueva; las primeras pruebas documentales se datan en 1904; pero es en 1953 cuando la Dr. Käthe Seidel presentó en el Instituto Max-Planck una investigación sobre la capacidad del junco o anea (*Schoenoplectus lacustris*) para eliminar sustancias orgánicas e inorgánicas de aguas contaminadas (Brix, 1994: 211). Desde los años 1990 este tratamiento biológico se ha empleado para tratar lixiviados de vertederos (Zupančič *et al.*, 2005), escorrentías, procesado de residuos alimentarios, industriales o de granjas agropecuarias, drenaje de minas y aguas residuales urbanas (Farooqi *et al.,* 2007: 1004).

En pocas décadas su uso se ha extendido en numerosas partes del mundo, como se muestra en la Tabla 2.4 en todos los continentes encontramos ejemplos de aplicaciones diversas de los humedales. Recientemente la UNESCO ha potenciado la divulgación de estos sistemas dados los resultados empíricos que avalan su implementación (UNESCO-IHE, 2011).

Se han estudiado profusamente los mecanismos que confluyen en la actividad depurativa de los humedales naturales para poder diseñar y optimizar los humedales construidos, principalmente con el objetivo de mejorar la calidad del agua tratada. Los humedales artificiales tienen a su favor importantes ahorros en los costos del tratamiento de las aguas residuales, tanto en la construcción de estos, como en el ciclo de vida de los costes operacionales, esto es especialmente evidente en las comunidades más pequeñas; existe un exhaustivo trabajo realizado por el ITC que contextualiza la implementación en las islas (ITC, 2010).

Tabla 2.4: Humedales artificiales en el mundo y tipos de efluentes vertidos.

Continente	Localización	Origen del agua contaminada.	Referencias.
Europa	Eslovenia.	Lixiviados de vertedero.	(Zupančič *et al.*, 2005).
	Dinamarca.	Agua residual doméstica.	(Brix, 2004).
	Suecia.	Aguas residuales.	(Rousseau *et al.*, 2008-c).
América	EEUU	Aguas grises.	(EPA, 2000); (Hammer, 1990); (Jokerst *et al.*, 2009).
	Méjico.	Aguas residuales.	(Nelson *et al.*, 2008).
	Perú.	Aguas residuales.	(Llagas y Guadalupe, 2006).
África	Nigeria.	Aguas residuales urbanas.	(Sato *et al.*, 2002).
	Uganda.	Aguas residuales agrícolas.	(Mugisha, 2007).
	Argelia.	Aguas residuales.	(Nelson *et al.*, 2008).
Asia	Arabia Saudita	Aguas residuales urbanas.	(Sheikh, 2011).
	Japón.	Aguas residuales urbanas.	(Sato *et al.*, 2002).
	India.	Aguas residuales.	(Mukherjee, 1990).
Oceanía	Australia	Aguas residuales urbanas.	(Dallas, 2006) (Nelson *et al.*, 2008).

Elaboración propia.

Estos sistemas están específicamente diseñados para aumentar al máximo la capacidad de tratamiento en el territorio disponible, y se dimensionan en función de la caracterización de los afluentes y los flujos de caudal previstos; dado que operan a velocidades de flujo y caudal constante y además están condicionados por los cambios de temperatura del agua; la ubicación en zonas templadas hace fluctuar su eficiencia (Llagas y Guadalupe, 2006: 86).

En algunos de los primeros diseños se prestó poca atención a los criterios de funcionalidad y a las limitaciones de los procesos naturales bajo diferentes condiciones de carga, con previsibles consecuencias negativas (colapso por sobrecarga, olores, infiltraciones en el acuífero, proliferación de mosquitos, entre otros efectos). En la actualidad, los humedales construidos están diseñados con mucha mayor atención a variables determinantes para su máxima eficiencia: el tratamiento previo, las variaciones de flujo del caudal, el gradiente hidráulico, la profundidad del agua, las condiciones del lecho, los materiales granulares empleados y porosidad del sistema o el estricto control de la calidad de los efluentes.

- **Características generales del diseño de humedales artificiales.**

Los aspectos más importantes para la construcción de los humedales artificiales son básicamente la impermeabilización del terreno, la selección y colocación del medio granular, el establecimiento de la vegetación y finalmente las estructuras de entrada y salida (Lara, 1999: 27). El componente más limitante de los humedales artificiales es el territorio; la relativa gran demanda de superficie necesaria para un determinado flujo ha centrado su uso en pequeñas comunidades, generalmente una única familia o un solo edificio. Los beneficios indirectos que aportan han permitido incrementar el dimensionado del diseño y por tanto la cantidad de población equivalente favorecida.

Los pequeños humedales artificiales normalmente están pensados para un tratamiento adicional de efluentes procedentes de un tratamiento primario, como los tanques Imhoff o fosas sépticas que son receptores de las aguas residuales brutas. La Gráfica 2.4 muestra el diseño esquemático de ambos tratamientos previos a la descarga en el humedal; son dispositivos enterrados en los que se retiene y se mineraliza, por vía anaerobia, la materia orgánica sedimentable presente en las aguas residuales a la vez que por flotación se separan las grasas y otros componentes.

Gráfica 2.4: Esquema de Tanque Imhoff (a) y Fosa Séptica de dos compartimentos (b).

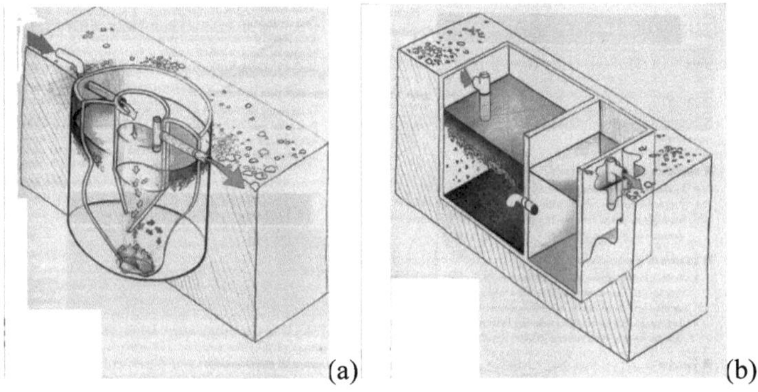

DEPURANAT, 2008: 13-15.

Tras este tratamiento primario los efluentes son depurados en humedales para ser vertidos finalmente a las aguas superficiales, eliminados en un campo de drenaje (Gross *et al.*, 2007) o reutilizados para riego de cultivos y/o paisajismo. La recirculación del agua tratada para uso doméstico (lavado) aumenta su ciclo de vida útil a la vez que reduce el consumo de agua de abasto.

Los grandes humedales artificiales sirven para tratar los efluentes de sistemas de alcantarillado municipal o para eliminar los contaminantes de las escorrentías urbanas. Sus antecedentes se datan en Holanda (1967); allí se construyó un humedal artificial para tratar las aguas residuales provenientes de un camping, cerca de Elburg, con 6.000 personas al día en verano, una hectárea de superficie y una profundidad de 0.4 m con flujo superficial libre (Brix, 1994: 212).

En la actualidad el humedal de Wadi Hanifa en Arabia Saudí es un excelente ejemplo de tales sistemas de tratamiento biológico, alcanza un elevado grado de remoción de nutrientes de las aguas vertidas. En éstas confluyen aguas residuales procedentes de los distintos sistemas de tratamiento de aguas del norte de la ciudad de Riad; por lo tanto, contienen altas concentraciones de demanda bioquímica de oxígeno (DBO), sólidos suspendidos, nitrógeno y fósforo que los humedales pueden eliminar de forma eficaz. Además, el humedal de Wadi Hanifa constituye un recurso estético para las gentes de Riad y los visitantes de los alrededores (Sheikh, 2011: 3).

Otro caso paradigmático es el condado de Clayton en el estado de Georgia (EEUU) con 236.000 habitantes censados; la autoridad responsable de la gestión hídrica, el Clayton County Water Authority-CCWA, utiliza un enfoque integral para la gestión de los limitados recursos hídricos. Integran tanto la recuperación como la producción de agua a través de humedales artificiales, y convierten la protección y preservación de las cuencas hidrográficas en un proceso sostenible y eficiente económicamente (Thomas, 2005).

Existe en el mercado la posibilidad de acceder a humedales artificiales a pequeña escala, comercializados por varios fabricantes para uso en edificios, especialmente para la reutilización de las aguas residuales tratadas o paisajismo. Un ejemplo es la llamada "Máquina viviente" para el tratamiento de aguas residuales, un sistema compuesto por una serie de diferentes bio-reactores junto con humedal artificial al final del complejo para refinar la calidad del efluente (Ives-Halperin y Kangas, 2000).

Otros ejemplos de estandarización de humedales a media y gran escala son los jardines de agua (WaterGardens®), sus diseños combinan una alta diversidad de vegetación en humedales de flujo subsuperficial cerrando el ciclo completo de los residuos, convertidos nuevamente en recursos con valor añadido (Nelson *et al.,* 2008). En Australia se ha implementado un sistema con objetivos similares, saneamiento ecológico o higiene ecológica (Ecosan), aumentando la Biocapacidad y reduciendo la huella de carbono de las comunidades que se comprometen a ello (Dallas, 2006: 19). En Europa también existen proyectos que validan el reciclaje completo de los residuos, recursos naturales (materia orgánica y agua). El proyecto Waterharmonica[53] en Holanda es prueba de ello (Rousseau *et al.*, 2008 c).

- **Tipos de Humedales Artificiales o Construidos.**

El diseño hidráulico de estos sistemas de depuración natural permite distinguir dos tipos principales de humedales artificiales desarrollados para el tratamiento de aguas residuales (Sheikh, 2011: 3-4; Farooqi *et al.*, 2007: 1004-1006; Llagas y Guadalupe, 2006: 89; Lara, 1999: 49-52; Brix, 1994: 213-213): (1) los Sistemas de flujo libre (FL), conocidos por el acrónimo anglosajón FWS-Free Water Surface y (2) los Sistemas de flujo sub-superficial (FS) denominados como SSF-Subsurface Flow o también VSB-Vegetated Submerged Bed.

Los esquemas generales de ambos procesos se ilustran en las Gráficas 2.5 y 2.6; en ambos casos las aguas tratadas pasan por un

---

[53] www.waterharmonica.nl

pretratamiento previo, generalmente un desbaste (rejilla destinada a retener los elementos más voluminosos, flotantes o arrastrados) y un tratamiento primario (fosa séptica o tanque Imhoff) que reduzca la carga contaminante del agua residual al menos a un nivel propio de tratamiento secundario: Demanda Biológica de Oxígeno-DBO menor de unos 30 mg/L ,Sólidos en Suspensión Totales-SST en un rango inferior a 25 mg/L y coliniformes fecales menos de aproximadamente 10.000 ufc[54]/100 mL (EPA, 2000: 30; Farooqi et al., 2007: 1004).

Gráfica 2.5: Esquema del diseño de un humedal construido de flujo superficial libre.

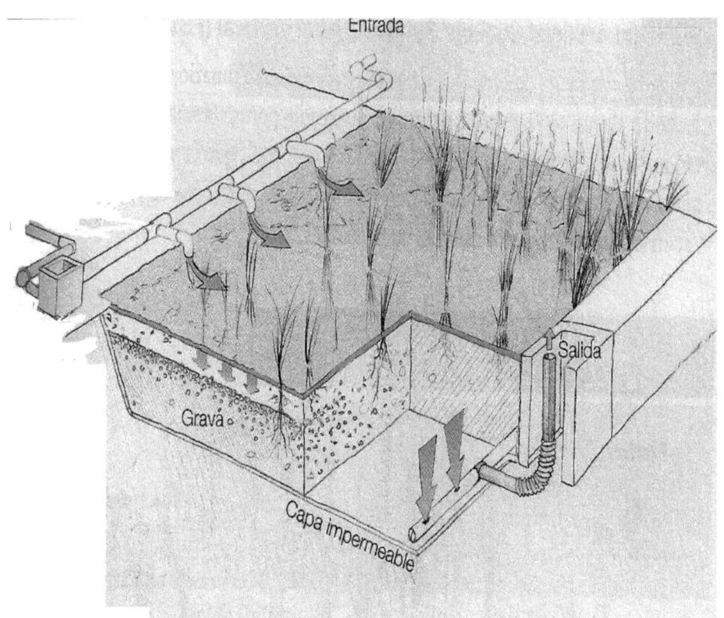

DEPURANAT, 2008: 25.

[54] Unidades formadoras de colonias.

Gráfica 2.6: Esquema del diseño de un humedal de flujo subsuperficial: horizontal (a) y vertical (b).

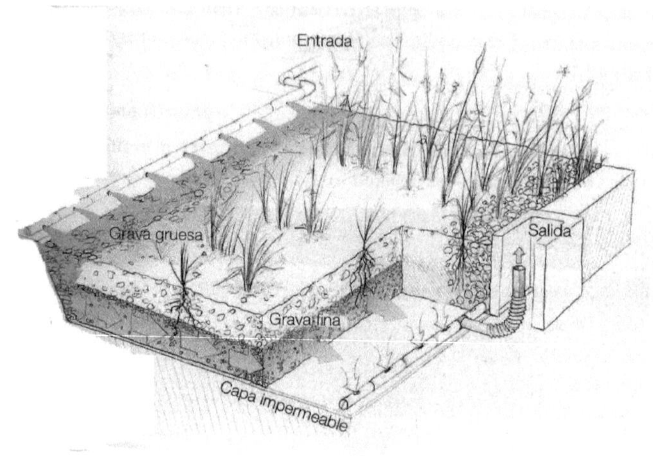

(a)

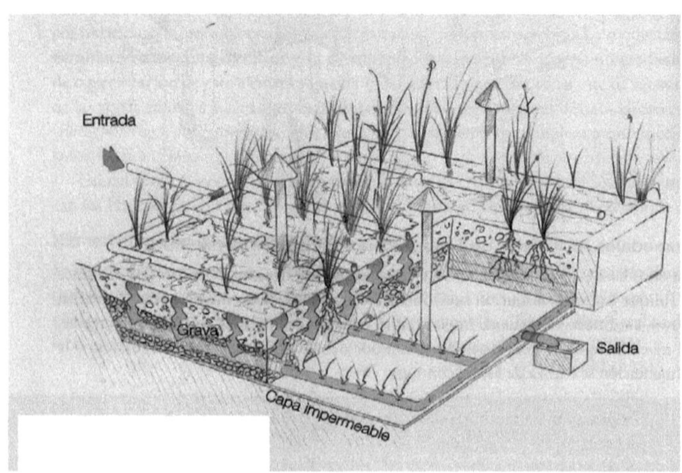

(b)

DEPURANAT, 2008: 25-26.

Por otro lado, como se observa en la Gráfica 2.6 los sistemas de flujo subsuperficial pueden diseñarse con flujo subsuperficial horizontal (FSH) o flujo subsuperficial vertical (FSV); en cada caso se activan o inhiben procesos químicos y biológicos concretos condicionados por la presencia de oxígeno en el medio acuoso a tratar, con rendimientos dispares (Sheikh, 2011: 4-6; Kadlec, 2009: 161; Vymazal, 2007).

En cualquier caso, pueden diseñarse sistemas de depuración natural que combinen humedal de flujo libre (FL) con humedal de flujo subsuperficial (FS) o los humedales de flujo subsuperficial (FS) entre sí, estas agregaciones se denominan humedales híbridos.

En los humedales de flujo libre superficial, el represamiento está construido con un material impermeable en la parte inferior y los laterales; el conducto de admisión permite el acceso del agua contaminada al estanque, difundido desde varios puntos a través de un terraplén de grava. Este tipo de humedales construidos imita los humedales naturales en términos de vegetación y régimen de corriente de agua, con una profundidad relativamente baja (0,1-0,6 m). La vegetación cubre la mayor parte de la superficie del agua, pero algunas zonas quedan al descubierto para maximizar el proceso fotolítico. Además, proveen de un hábitat para las aves y permiten el acceso recreativo a los usuarios del humedal. Los flujos de aguas residuales entran en contacto con el suelo y la maraña de vegetación emergente enraizada en éste (Llagas y Guadalupe, 2006: 89). La eliminación del contaminante se logra por sedimentación, filtración, oxidación, reducción, adsorción y precipitación. La concentración de los contaminantes disminuye a lo largo de la ruta del flujo del agua tratada. Los humedales artificiales de flujo libre superficial (FL) se adaptan bien en regiones con climas templados y cálidos.

En los humedales de flujo subsuperficial (FS) las corrientes de agua circulan por debajo del suelo o subsuelo, a través de grava de distinta granulometría. Se caracterizan por el crecimiento de plantas emergentes usando el suelo, grava o piedras como sustrato. Estos sistemas subsuperficiales pueden ser diseñados para flujo horizontal o vertical. En los sistemas de flujo subsuperficial horizontal el agua tratada circula horizontalmente a través de un medio poroso (gravilla, grava) confinado en un canal impermeable en el que se enraízan plantas acuáticas emergentes, manteniendo el nivel del agua unos 5 cm por debajo de la superficie del sustrato con alimentación continuada del afluente.

En los sistemas de flujo subsuperficial vertical (FSV), el agua tratada circula verticalmente a través de un medio poroso (arena, gravilla) y se recoge en una red de drenaje situada en el fondo del humedal conectada entre sí con chimeneas de aireación; la alimentación es discontinua mediante el uso de sifones auto-cebantes que aumentan la oxigenación del sustrato (Brix y Johansen, 1999: 155). En ambos sistemas subsuperficiales las poblaciones microbianas adaptadas al medio ambiente anaerobio aportan descomposición anaerobia; además en el caso del flujo vertical sí se desarrolla ambiente aerobio en los momentos de aporte de aire al sistema.

Particularmente el humedal de flujo subsuperficial vertical FSV brinda la oportunidad de aprovechar tanto los procesos aerobios como anaerobios; el mecanismo intermitente de vaciado y llenado del sistema facilita esta sinérgica combinación. Durante la fase de drenaje, el aire queda atrapado dentro del medio poroso, creando muchas pequeñas cavidades que permanecerán aeróbicas después de rellenar el humedal hasta el próximo ciclo de drenaje. La eficiencia del proceso de depuración se intensifica en este diseño, con menor demanda de territorio por persona equivalente que el sistema de flujo subsuperficial horizontal (Brix, 1994: 218).

- **Humedales híbridos.**

Los distintos tipos de humedales artificiales pueden combinarse para optimizar sus ventajas depurativas y aumentar la calidad del agua tratada. Existen diversas experiencias que avalan estas combinaciones tras caracterizar el efluente final obtenido: un 95% de eliminación de la DBO_5 y una reducción del 90% del fósforo y nitrógeno totales son rendimientos reales de referencia (Farooqi *et al.*, 2007: 1007; Brix, 2004: 4). Existen técnicas complementarias para eliminar el P y el N, pero su análisis escapa de los objetivos de nuestro trabajo: precipitar el fósforo en la fosa séptica previamente (Brix, 2004: 5) o la recirculación del efluente hacia la fosa séptica para mejorar el rendimiento de la desnitrificación del caudal tratado (Brix, 2003[55] citado por Farooqi *et al.*, 2007: 1007).

Los humedales híbridos agregan diversos tipos de humedal: FSV-FSH, FSH-FSV, FSH-FL, etc. Particularmente nos vamos a centrar en el diseño del sistema formado por un humedal de flujo subsuperficial horizontal seguido por otro humedal de flujo subsuperficial vertical (Vymazal, 2007: 57-58; Vymazal, 2005 a; Brix y Johansen, 1999: 157), aunque también pueda ser a la inversa como se representa en la Gráfica 2.7 para un diseño piloto implementado en Canarias (García *et al.,* 2010: 562; DEPURANAT, 2008: 83; Vymazal, 2005 a: 486-487). Las primeras experiencias documentadas se construyeron en Polonia en 1993 (Ciupa, 1995[56];

---

[55]: Brix, H., Arias, C.A., (2005): "Experiments in a two-stage constructed wetland system: nitrification capacity and effects of recycling on nitrogen removal". In: Vymazal, J. (Ed.), "Wetlands-Nutrientes, Metals and Mass Cycling". Backhuys Publishers, Leiden, The Netherlands, pp.: 237-258.

56: Ciupa, R. (1995): "Results of nutrients removal in constructed wetland in Sobiechy-North Eastern Poland". In: Vymazal, J. (Ed.), Proc. Int. Workshop on Nutrient Cycling and Retension in Wetlands and their Use for Wastewater Treatment. pp.: 221-229. Institute of Botany. Academy of Sciences of the Czech Republic, Třeboň, Czech Republic.

1996[57] citado por Brix y Johansen, 1999: 156) y en Dinamarca en 1996 (Johansen y Brix, 1996[58] citado por *Ibíd.*: 156).

Gráfica 2.7: Esquema de humedal híbrido (FSV-FSH).

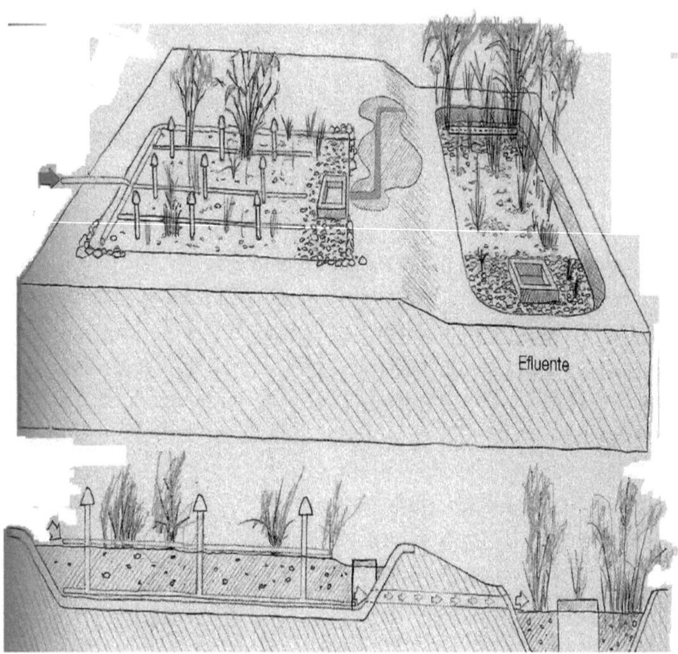

DEPURANAT, 2008: 83.

57: Ciupa, R. (1996): "The experience in the operation of constructed wetlands in North-Eastern Poland". Proc. 5th Int. Conf. on Wetland Systems for Water Pollution Control. pp. IX6.1-IX6.8. Universität für Bodenkultur Wien, Vienna, Austria.

58: Johansen, N.H. and Brix, H. (1996): "Design criteria for a two-stage constructed wetland". Proc. 5th Int. Conf. on Wetland Systems for Water Pollution Control. pp. IX3.1-IX3.8. Universität für Bodenkultur Wien, Vienna, Austria.

La recirculación del efluente final al comienzo de la serie mejora el rendimiento diluyendo la carga contaminante del caudal de entrada (Gross *et al.*, 2007: 916; Marti *et al.*, 2003: 150; Brix y Johansen, 1999: 155, 161). No existe consenso sobre qué orden de combinación de humedales es más eficiente: los FSH son óptimos para la eliminación de sólidos en suspensión totales y reducir la demanda biológica de oxígeno, también presentan buenos rendimientos en cuanto a los procesos de desnitrificación (favorecidos en condiciones anoxias); por otro lado los FSV obtienen buenos resultados en nitrificación (favorecida en condiciones aerobias) y adicionalmente alcanzan positiva remoción de DBO, en su defecto son muy sensible a la obturación por sobrecarga de sólidos en suspensión (Cooper y Green, 1998[59] citado por Brix y Johansen, 1999: 162).

- **Economía de los humedales artificiales.**

Según los criterios de diseño de los humedales artificiales, establecidos para los parámetros convencionales, sobre la base de las consideraciones geográficas y las cargas contaminantes, el agua producida en el punto de descarga es útil para una amplia variedad de aplicaciones no potables. Las tasas de extracción son predecibles y reproducibles en todo el mundo (Sheikh, 2011: 8). Estos sistemas de depuración natural juegan un papel importante en la reutilización indirecta del agua depurada, incrementando el balance hídrico del conjunto del sistema (menor huella del agua para la región). Suponen un tampón ambiental que sirve de separación psicológica entre la fuente de abastecimiento de agua potable y la fuente de procedencia del recurso hídrico.

---

[59] : Cooper, P. and Green, B. (1998), United Kingdom. In: Vymazal, J., Brix, H., Cooper, P.F., Green, M.B. and Haberl, R. (eds.), "Constructed wetlands for wastewater treatment in Europe". Backhuys Publishers, Leiden, The Netherlands. pp. 315-335.

En lo que respecta a los costes económicos, los humedales artificiales ahorran cantidades significativas tanto en su construcción como en la operatividad durante su ciclo de vida, especialmente en pequeñas comunidades: menos utilización de equipamientos mecánicos y electromecánicos (bombas o compresores) a la vez que de accesorios anexos (caudalímetros) (Sheikh, 2011: 2; DEPURANAT, 2008: 255). Particularmente los humedales artificiales de flujo subsuperficial vertical utilizados en el reciclaje de aguas grises de grupos reducidos de viviendas permiten la recuperación de la inversión en tres años (Gross *et al.*, 2007: 916).

Los valores de los ingresos imputables a estos sistemas los conforman la tasa de saneamiento y el valor de los subproductos asociados: el agua depurada en sí misma y la biomasa vegetal aprovechable: compostaje, ornamentación, biodigestión o manufactura principalmente (DEPURANAT, 2008: 249), incluso la piscicultura es una actividad económica viable (Mukherjee, 1990). Hay que tener en cuenta que los sistemas de depuración operan desde el año cero al caudal de proyecto, y el agua tratada constituye un ingreso comercializado al mismo precio que el agua para consumo humano; se supone que la utilización del agua depurada para riego o para lavados se efectúa a un coste para el usuario idéntico al de la adquisición del agua de abasto, aunque el precio de ésta esté en función de las disponibilidades hídricas de la zona (DEPURANAT, 2008: 254, 257).

2.5. Conclusiones parciales.

El agua es el *recurso natural renovable*[60] más importante para la especie humana. A su limitada disponibilidad se le une el carácter de

[60] Los recursos renovables de agua incluyen los volúmenes que son renovados anualmente por el ciclo hidrológico. Estos son básicamente agua contenida en los ríos,

insustituible, vulnerable y susceptible de usos alternativos. Por esto en el mundo del agua alcanza su plenitud el concepto de sostenibilidad, referido tanto al recurso como a las obras de infraestructuras realizadas para su aprovechamiento sin afectar al medio ambiente. Como la sostenibilidad está relacionada con la economía y con la población residente es necesario conformar y aplicar un modelo asentado en una serie de principios: contemplar la eficiencia en el uso del agua y que ésta esté al alcance de todos los ciudadanos. La forma de gestión también requiere de un cambio, desde la tradicional de la oferta a la de la demanda, fundamentada en el ahorro y la reutilización; un giro cada día más necesario, pero de lenta materialización (Juárez, 2008: 223).

Aunque el agua no se degrade químicamente, la *mochila ecológica* de su obtención, transporte, distribución y depuración tiene una dimensión significativa. Algunas islas del territorio canario se abastecen casi exclusivamente del agua desalada; la huella ecológica del proceso industrial puede compensarse con una depuración menos demandante de recursos naturales, reduciendo el déficit ecológico del territorio, máxime si se asume un mix-eléctrico favorable a las energías renovables (en el capítulo quinto se plantearán diversos escenarios energéticos para las islas).

La gestión eficiente del agua urbana es la resultante de cambios tecnológicos, culturales, normativos e institucionales (Estevan y Viñueales, 2000: 8); el incentivo enfocado a las conductas positivas es más eficiente que la penalización reglamentada sin efecto práctico. Las mejoras en las redes de distribución para evitar pérdidas, las tarifas que incentiven el ahorro, las tecnologías de aprovechamiento del agua y la educación ambiental optimizan el abastecimiento de las ciudades. No hay que olvidar que la planificación urbana es una herramienta para mejorar la eficiencia y autosuficiencia hídrica

---

así como el agua subterránea que fluye hacia éstos, adicionalmente se considera como agua renovable la contenida en los acuíferos superficiales no drenados por los sistemas de fluviales (Botero, 2000: 222).

(Taniguch *et al.,* 2007: 1); el crecimiento urbano no debe suponer un obstáculo infranqueable para el ciclo hidrológico.

El agua dulce es un recurso importante que no está incluido en la mayoría de las estimaciones actuales de la HE (Chambers *et al.*, 2000: 69). En los pocos casos en los que se ha incluido se mide en función de la superficie de bosque requerida para compensar las emisiones de CO_2 asociadas con la obtención, tratamiento y distribución del agua dulce (DTI, 1997[61], citado en *Ibíd.*: 98). Incluso agregando el uso del territorio para canales artificiales y tanques de almacenamiento, el aprovechamiento de la tierra vinculado con la utilización del agua es relativamente pequeño. La medición de la dimensión territorial asociada con el agua dulce es un reto lógico cuando la intención es traducir todos los tipos de recursos naturales en espacio bioproductivo. Cuando el objetivo es tener un indicador de la apropiación de agua dulce, en relación con su disponibilidad, medir la utilización del suelo no es la mejor opción, siendo además de inusual, inadecuada. Un desafío para futuras investigaciones sería integrar en los estudios de sostenibilidad los análisis de la HE junto con la de la HA, y otros tipos de indicadores armonizados que ajusten el balance real de la apropiación antrópica del capital natural.

De forma general, la mezcla de residuos encarece su gestión (tanto en el caso de aguas residuales como en el caso de residuos sólidos), con un sobrecoste vinculado a la insularidad territorial (González *et al.*, 2011-a: 8-9). Por lo tanto, se necesitan políticas que incentiven la aplicación de los criterios de reducción, reutilización y reciclaje (las llamadas tres erres) a cada tipología de residuos generados (López, 2003: 33-34). Particularmente el tratamiento y reciclaje del agua residual y la materia orgánica son fácilmente valorizables segregadas del resto de fracciones, aprovechando procesos biológicos que involucran la actividad de microorganismos como bacterias, algas,

[61] DTI (1997): Digest of United Kingdom energy statistics, Department of Trade & Industry, London.

hongos, plantas y animales obtenemos subproductos que compensan el déficit ecológico de la región (Chará *et al.,* 1999: 2).

La Nueva Cultura del Agua puede beneficiarse del efecto pedagógico del cálculo de la huella ecológica, incluyendo el factor energético y territorial del agua dentro de ésta. La implicación del consumidor en la restitución del recurso permite contraponer distintas alternativas de tratamiento y prever los efectos de modificaciones reglamentarias en las normativas de calidad del agua según cada actividad económica (el objetivo primordial es garantizar el estatus ecológico y químico del agua). En Canarias la Nueva Economía del Agua tiene sus particularidades insulares (Aguilera, 2008).

La organización vertical, o jerárquica, reduce la sostenibilidad social convirtiendo al ciudadano en agente pasivo; mientras que la distribución horizontal potencia la autoorganización, con la participación ciudadana y la colaboración entre iguales.

La producción, revisión y puesta al día de los planes de gestión de cada cuenca hídrica son un marco proclive al desarrollo de esta competencia, creando conocimiento desde la noción del "aprendizaje social", más significativo y funcional. Si el ciclo del agua se planifica globalmente con el objetivo de facilitar su reutilización, se optimiza la trazabilidad de los flujos rechazados, evitándose los sobrecostes de una gestión conjunta de aguas residuales con distinta procedencia.

Los humedales construidos o artificiales están inspirados esencialmente en los procesos físicos, químicos y biológicos que ocurren en los humedales naturales. Los humedales naturales -ciénagas, pantanos- son ecosistemas muy productivos que almacenan grandes volúmenes de agua, reciclan nutrientes, proveen de hábitats que sustentan una biocenosis diversa de plantas y animales, y eliminan elementos contaminantes del agua. Los humedales, en sus condiciones ambientales propias, son capaces de brindar una importante eliminación de sustancias contaminantes del afluente de aguas adulteradas-incluyendo las aguas pluviales, aguas residuales municipales e industriales, los lixiviados en vertederos y las escorrentías de origen urbano. Son zonas de transición entre el medio terrestre y acuático, sirviendo de enlace dinámico entre ambos (Llagas y Guadalupe, 2006: 86).

El progreso económico en el futuro estará basado en políticas que conserven y extiendan los recursos básicos ambientales (World Comission on Environment and Development, 1987[62], p.1 citado por Victor, 2008: 20). En el caso particular del agua, ésta ha pasado de ser un recurso que es parte de la Naturaleza a convertirse en un producto comercial[63] (Hoekstra, 2011: 24). La privatización del agua induce a las compañías a sobreexplotar los escasos recursos hídricos sin compensar el coste de las externalidades negativas del modelo *(Ibíd.)*. El agua es una condición esencial para cualquier tipo de vida sobre la Tierra. Es el recurso más valioso para nosotros, y al mismo tiempo, el que más a menudo obviamos. No obstante, aún hay más de 1.000 millones de personas que hoy en día viven sin agua potable (Sanz, 2004: 45).

[62] World Comission on Environment and Development, (1987): "Our Common Future", Oxford, UK and New York, USA: Oxford University Press.

[63] El uso comercial del agua embotellada en Canarias durante el 2005 supuso una importación de 8.701,83 toneladas frente a la exportación de 1.635,77 toneladas; si a este balance le añadimos la deficiente gestión de los plásticos y las emisiones vinculadas al transporte, el consumo es francamente insostenible (datos de DATACOMEX).

3. Las Islas Canarias: Especificidades del ámbito de estudio.

"Los fenómenos económicos ciertamente no son independientes de las leyes fisicoquímicas que gobiernan nuestro medio ambiente". Nicholas Georgescu-Roegen (1906-1994).

3.1. Introducción.

Los espacios insulares *per se* presentan particularidades con respecto a las limitaciones territoriales y a la escasez relativa de recursos. Existe una vulnerabilidad económica empírica como resultado del elevado grado de apertura de sus economías y la alta concentración de sus exportaciones (Briguglio *et al.*, 2005: 1), pero en ningún modo justifican una desventaja *a priori*. La llamada *paradoja de Singapur* (Briguglio *et al.*, 2008: 1) muestra como una pequeña isla altamente expuesta a efectos externos ha obtenido altos índices de crecimiento con un alto PIB *per cápita*. El debate sobre la idoneidad del PIB para medir la salud de las economías es de actualidad (Jackson, 2011), pero no es óbice para hacer un uso comparativo entre islas que invite a la reflexión y reconozca las peculiaridades geopolíticas de cada caso.

La vulnerabilidad ecológica está íntimamente relacionada con la intervención humana. Las islas son espacios geográficos susceptibles de perder especies autóctonas a consecuencia de los cambios antropogénicos (Hall, 2010: 383). Aunque el turismo pueda citarse como agente susceptible de conservar biodiversidad a través del establecimiento de parques nacionales y reservas naturales; no se puede soslayar el efecto adverso vinculado a este sector económico: las modificaciones de los ecosistemas y las actividades humanas en éstos (incluyendo indirectamente la introducción de especies exóticas) alteran el patrimonio natural insular. El trabajo de C. Michael Hall (2010) analiza la relación de ambas variables para las islas del Caribe y Pacífico, aunque la falta de datos limita la escala de su aproximación biogeográfica.

Este trabajo aplica los cálculos de la HE al ámbito de la gestión hídrica de un territorio insular. El estudio se ubica en la Comunidad Autónoma Canaria, un archipiélago perteneciente al Estado español[64], con fuerte dependencia del petróleo y elevado estrés hídrico en su balance hidrológico. El enclave geográfico situado al Noroeste del Continente africano supone una distancia considerable del resto del territorio nacional (ver Gráfica 3.1) que condicionará sensiblemente su HE regional (calculada en el siguiente capítulo).

Gráfica 3.1: Situación geográfica de las Islas Canarias $^{(*)}$.

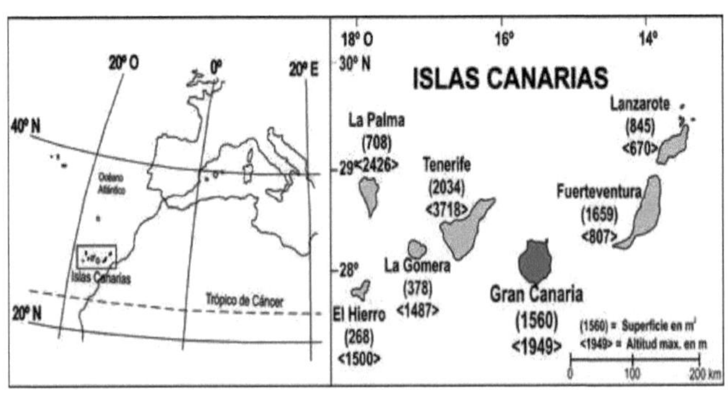

(*): Con indicación de la superficie en km^2 de las islas mayores (entre paréntesis) y su altitud máxima en metros (entre corchetes). Rodríguez *et al.*, 2007.

---

[64]Archipiélago atlántico norteafricano compuesto por siete islas; El Hierro, La Gomera, La Palma y Tenerife, que forman la provincia de Santa Cruz de Tenerife, y Gran Canaria, Fuerteventura y Lanzarote, que constituyen la provincia de Las Palmas, además de seis islotes (Alegranza, Isla de Lobos, La Graciosa, Montaña Clara, Roque del Este y Roque del Oeste, todos ellos pertenecientes a la provincia de Las Palmas).

La falta de recursos energéticos propios no renovables hace de este archipiélago una región fuertemente dependiente de las importaciones de combustibles fósiles. Aunque existe un alto potencial para el aprovechamiento de fuentes renovables en la región; la realidad todavía no implementa esas capacidades latentes.

Por otro lado, el agua ha sido considerada como un recurso renovable; de hecho, su "degradación" está más vinculada a la contaminación del recurso sin modificar su composición química. Los solutos orgánicos e inorgánicos disueltos en ella determinan su calidad ambiental y valor económico.

El tradicional problema del agua en Canarias se basa en la escasez de recursos hídricos directamente aprovechables y las demandas de un modelo de desarrollo socioeconómico fundamentado en la agricultura de exportación y el turismo. El agotamiento progresivo de las reservas de aguas subterráneas ha empujado a esta región hacia la búsqueda de soluciones alternativas.

El ciclo hidrológico, en términos generales, está relacionado con las condiciones climatológicas; y particularmente, en este archipiélago, las reservas de agua dulce son deficitarias. Los elementos que caracterizan esta escasez son, por un lado, los condicionantes naturales y poblacionales de cada isla, y por otro, la carestía en su aprovechamiento, sin olvidar el agotamiento progresivo de las reservas de aguas subterráneas (Meneses *et al.*, 2008: 203).

La desalación de aguas ha adquirido gran importancia en el suministro hídrico en el archipiélago, representando el 19% del total de agua disponible (Peñate *et al.*, 2008). El desarrollo turístico ha impulsado la instalación de desaladoras de agua de mar -particularmente en las islas orientales-, a pesar de los costes económicos básicamente asociados a la demanda de energía. La alta eficiencia del proceso de ósmosis inversa y los sistemas de recuperación energética han promovido la implementación de esta tecnología en casi todas las islas; concretamente en las islas de

Lanzarote y Fuerteventura, el agua de mar desalada representa aproximadamente el 90% de los recursos hídricos consumidos en éstas (*Ibíd.*).

Como ya hemos comentado anteriormente, la integración del agua en la metodología de la HE es insuficiente para valorar los aspectos energéticos que derivan de la obtención industrial de agua a gran escala como es el caso de la región que nos ocupa. Aún así la intención de este trabajo es confirmar la viabilidad de la HE como herramienta en la gestión sostenible del agua. Entendiendo éste como un modelo donde se reduzcan de forma cuantificable las emisiones de CO_2 del "ciclo hidrológico artificial".

3.2. Caracterización energética del territorio insular.

El crecimiento económico experimentado en el archipiélago en los últimos años ha ocasionado importantes incrementos en la demanda de energía (fundamentalmente eléctrica), con el consiguiente aumento de las emisiones de gases de efecto invernadero, agravando la situación de dependencia energética y dificultando escenarios de crecimiento sostenible respecto al cumplimiento de objetivos medioambientales internacionales.

El déficit de accesibilidad, como consecuencia de la lejanía y la fragmentación territorial, exige reducir los peores efectos de estos condicionantes y mejorar la capacidad de acceso de esta región al mercado comunitario.

El transporte de mercancías al abastecimiento energético y el acceso a las redes y servicios de TIC constituyen factores de singular relevancia para este propósito (Contribución de Canarias al Libro Verde de Política Marítima, 2010: 26).

3.2.1. Mix-eléctrico regional e insular.

Mientras que en España existe una combinación de distintas fuentes de combustibles fósiles: carbón, fuel, gas natural, con cierta contribución del ciclo combinado –turbina de vapor y turbina de gas–, una disminución de la energía nuclear respecto al año 1995 y una consolidada aportación de las energías renovables (ver la Gráfica 3.2); en el archipiélago canario la producción eléctrica tiene una distribución muy diferente: principalmente los recursos se concentran en combustibles derivados del petróleo (no hay carbón, ni gas natural), no existe energía nuclear y las energías renovables aún tiene una presencia casi testimonial, un escaso 5,6% (ver la Gráfica 3.2 yla Tabla 3.1).

Gráfica 3.2: Evolución del mix eléctrico español en kWh y en %.

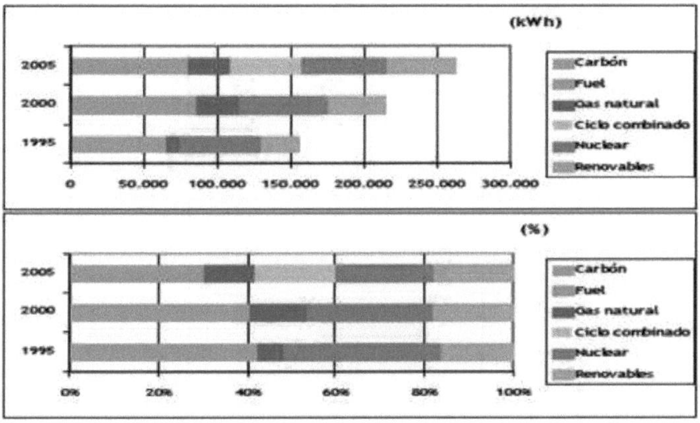

MINUARTIA, 2007: 12.

Tabla 3.1: Configuración del parque de generación de cada isla (2005).

Fuente de energía primaria	**Gran Canaria**	**Tenerife**	**Lanzarote**	**Fuerteventura**	**La Palma**	**La Gomera**	**El Hierro**
Productos petrolíferos							
Generación térmica de Unelco-Endesa	873,3	867,3	194,5	208,0	82,5	22,8	13,2
Otras centrales térmicas convencionales		25,9					
Cogeneración	31,0	40,2					
Total productos petrolíferos	**904,3**	**933,4**	**194,5**	**208,0**	**82,5**	**22,8**	**13,2**
Fuentes renovables							
Eólica	76,3	36,7	6,4	11,6	5,9	0,4	0,1
Minihidráulica		0,5			0,8		
Fotovoltaica (1)	0,40	0,03	0,00	0,13	0,03	0,00	0,00
Total renovables	**76,7**	**37,2**	**6,4**	**11,7**	**6,7**	**0,4**	**0,1**
Total	**981,0**	**970,5**	**200,9**	**219,7**	**89,3**	**23,1**	**13,3**

Unidades: Potencia eléctrica MW. (1) Sólo instalaciones conectadas a red. EEC, 2005: 29.

En Canarias cada isla tiene su propio parque de generación de energía, como aparece en la Tabla 3.1. Las características insulares influyen en las potencialidades para desarrollar las energías renovables; pero aún así existe un amplio acuerdo en que no hay justificación para la baja representatividad de éstas a esta altura de desarrollo tecnológico: el sol y el viento tienen presencia suficiente para aportar una energía primaria más compatible con un modelo *sostenible* en el archipiélago.

Todas las islas tienen producción eléctrica con combustibles derivados del petróleo. Aunque existe uso de fuentes renovables, éste es simbólico, destacando con diferencia la energía eólica del resto. La cogeneración (sistema simultáneo de producción de calor y electricidad) se da sólo en las islas de Gran Canaria y Tenerife, ubicándose estas instalaciones en hoteles, hospitales e industrias.

Por otro lado, las centrales minihidráulicas (aquellas con potencia menor de 10 MW), existen sólo en Tenerife y La Palma, islas con condiciones suficientes para optimizar su aprovechamiento; particularmente en El Hierro y en Gran Canaria existen proyectos de complejos eólico-hidráulicos con distinto nivel de implementación en el momento de la redacción de este trabajo.

La presencia de la energía fotovoltaica aún es incipiente, aunque se encuentra representada en todo el archipiélago. En la Tabla 3.2 y la Gráfica 3.3 se muestran la configuración del parque generador de energía primaria en el archipiélago, segregando los productos petrolíferos y las fuentes renovables para facilitar visualizar su importancia relativa en el mix eléctrico regional.

Las emisiones de dióxido de carbono vinculadas al consumo energético dependen en primera instancia del tipo de tecnología y combustible empleado. En un análisis más detallado de la economía canaria sería más apropiado partir de las emisiones reales provenientes del parque de generación eléctrica en las islas; pero dadas las dificultades para encontrar información se ha optado por los valores promediados a nivel nacional, siendo la huella energética subestimada por esto.

Tabla 3.2: Configuración del parque de generación del archipiélago (2005).

Fuente de energía primaria	**Canarias**
Productos petrolíferos	
Generación térmica de Unelco-Endesa	2.261,5
Otras centrales térmicas convencionales	25,9
Cogeneración	71,2
Total de productos petrolíferos	**2.358,7**
Fuentes renovables	
Eólica	137,3
Minihidráulica	1,3
Fotovoltaica (1)	0,6
Total de fuentes renovables	**139,2**
Total	**2.497,8**

Unidades: Potencia eléctrica MW. (1) Sólo instalaciones conectadas a red.

EEC, 2005: 29.

Gráfica 3.3: Configuración general del parque de generación eléctrica en Canarias según % de participación (2005).

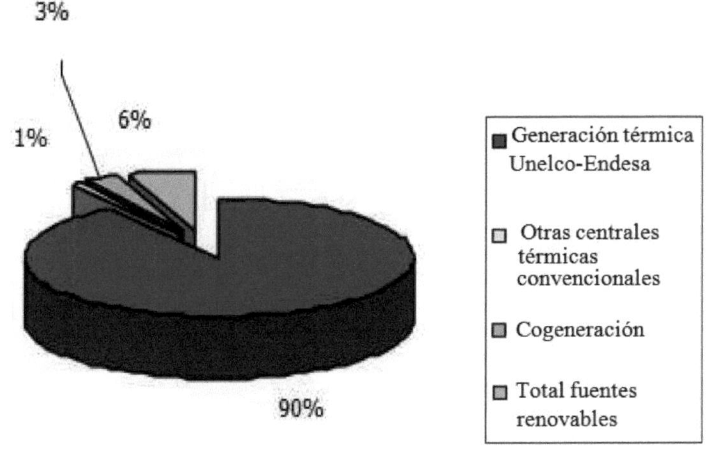

Elaboración propia a partir de los datos de EEC, 2005: 29.

El 94,4% de la producción eléctrica en Canarias está vinculada a productos petrolíferos, aunque también es verdad que no hay producción eléctrica con carbón, no es menos cierto que la presencia de fuentes renovables en la producción eléctrica primaria es muy poco representativa. Centrándonos en los combustibles fósiles, las Tablas 3.3 y 3.4 muestran la estructura del parque de generación de energía en las islas y en el archipiélago en su conjunto. Las tecnologías implicadas principalmente son: turbina de vapor, motor diesel, turbina de gas y ciclo combinado (turbina de vapor y turbina de gas).

Tabla 3.3: Estructura tecnológica del parque de generación que utiliza productos petrolíferos, Canarias (2005).

	Tecnología	**Canarias (MW).**
Generación térmica de Unelco-Endesa	Turbina de Vapor	713,2
	Motor Diesel	482,5
	Turbina de Gas	557,3
	Ciclo Combinado (1)	445,3
	Otros	63,3
Resto térmicas	Turbina de Vapor	25,9
Cogeneración	Turbina de Vapor	24,2
	Motor Diesel	9,0
	Turbina de Gas	38,0

(1): La potencia consignada corresponde a los componentes del ciclo actualmente instalados. EEC, 2005: 30.

La Tabla 3.5 aporta un listado de factores de conversión tomados de las Estadísticas Energéticas de Canarias 2005 del Gobierno de Canarias. Las toneladas de los distintos combustibles derivados del petróleo se pueden transformar en toneladas equivalentes de petróleo (TEP). La energía eléctrica obtenida en MWh equivale a 0,086 TEP; suponiendo que fuera producida por un parque generador convencional con un rendimiento entre el 32% y el 36%, en cualquier caso esta equivalencia no permite inferir los productos de combustión asociados, dado que serán las emisiones de dióxido de carbono la variable computable en la huella energética.

Tabla 3.4: Estructura tecnológica del parque de generación que utiliza productos petrolíferos, por islas (2005).

	Tecnología	**Gran Canaria**	**Tenerife**	**Lanzarote**	**Fuerteventura**	**La Palma**	**La Gomera**	**El Hierro**
Generación térmica de Unelco-Endesa	Turbina de Vapor	393,2	320,0					
	Motor Diesel	84,0	84,0	113,6	106,7	58,2	22,8	13,2
	Turbina de Gas	173,5	220,3	61,0	78,3	24,3		
	Ciclo Combinado (1)	222,7	222,7					
	Otros		20,3	20,0	23,0			
Resto térmicas	Turbina de Vapor		25,9					
Cogeneración	Turbina de Vapor	24,2						
	Motor Diesel	6,8	2,2					
	Turbina de Gas		38,0					

(1) La potencia consignada corresponde a los componentes del ciclo actualmente instalados. Unidades: MW.

EEC, 2005: 30.

Tabla 3.5: Factores de conversión a unidades energéticas.

Fuente energética	**Unidad**	**TEP***
1. Petróleo y derivados		
1.1. Petróleo crudo	Tm	**1,019**
1.2. Gas de refinería	Tm	**1,150**
1.3. G.L.P.	Tm	**1,130**
1.4. Gasolinas	Tm	**1,070**
1.5. Queroseno de aviación	Tm	**1,065**
1.6. Queroseno corriente	Tm	**1,045**
1.7. Gasóleos	Tm	**1,035**
1.8. Fuelóleos	Tm	**0,960**
1.9. Resto de productos	Tm	**0,960**
2. Energía Eléctrica	MWh	**0,086**
3. Energías Renovables		
3.1. Eólica	MWh	**0,086**
3.2. Solar fotovoltaica	kWp	**0,157**
3.3. Solar térmica	m^2 panel	**0,070**
3.4. Minihidráulica	MWh	**0,086**

(*): TEP: Toneladas equivalentes de petróleo. EEC, 2005: 66.

Como ya se comentó en el primer capítulo, es factible que en futuras ediciones de la metodología probablemente se puedan añadir otros gases de efecto invernadero (son necesarios muchos datos mundiales e investigaciones suplementarias para estimar las interacciones de estos compuestos químicos con la biocapacidad).

Las energías renovables también se pueden comparar con el equivalente en petróleo según una unidad patrón de referencia para cada tipo (ver la Tabla 3.6), permitiendo estimar las toneladas de dióxido de carbono evitado en cada caso. Estos factores de conversión facilitan la estimación de la reducción de huella energética al desarrollar modelos energéticos con preponderancia en fuentes renovables.

Tabla 3.6: Factores de conversión a Tm de CO_2 evitadas.

Fuente energética	**Unidad**	**t CO_2***
Eólica	MWh	**0,786**
Solar fotovoltaica	MWh	**0,786**
Solar térmica	m^2 panel	**0,457**
Minihidráulica	MWh	**0,786**

(*): Estos factores se han calculado suponiendo que la fuente renovable sustituye a un parque generador convencional con un rendimiento entre el 32% y el 36%. En el caso de la sustitución por energía solar térmica, se ha supuesto reemplazar la distribución de termos eléctricos y de gas por paneles solares planos. EEC, 2005: 66.

Nos centraremos en la energía eólica como alternativa más sostenible ya que en todas las islas existen condiciones climatológicas óptimas para ello. Hay parques eólicos en todas las islas, aunque su peso específico varíe entre ellas.

En la Gráfica 3.4 podemos observar que tanto la isla de La Gomera como la de El Hierro presentan una alta dependencia de una sola tecnología, combustión térmica con motor Diesel y también son las islas con menor presencia de energías renovables, 1,6% y 0,8% respectivamente. También es significativo que la implantación de las energías renovables no supera el 10% en ninguna isla, siendo Gran Canaria y La Palma las islas con más presencia, 7,8% y 7,5% respectivamente.

Gráfica 3.4: Estructura tecnológica del parque de generación en Canarias (2005).

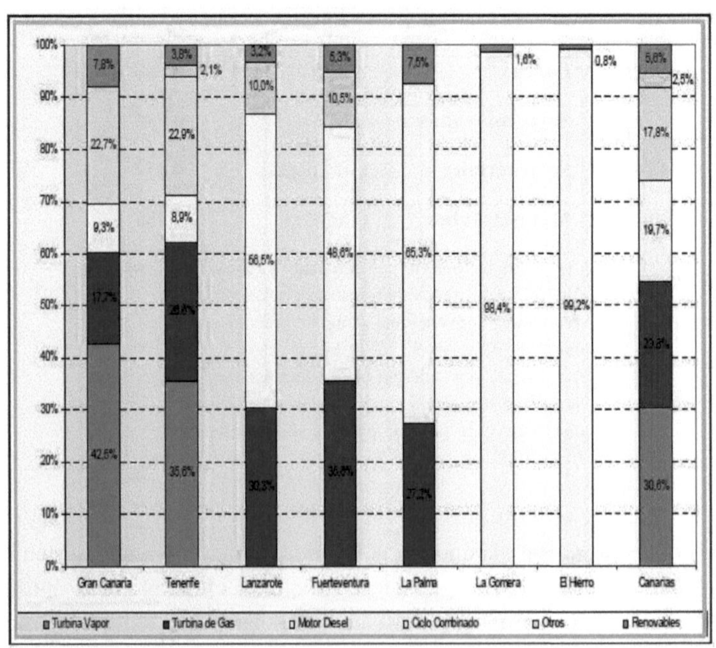

EEC, 2005: 30.

El Plan Energético de Canarias 2006-2015 (PECAN, 2006), aprobado por el Parlamento de Canarias, pretende corregir esta situación, fomentando la diversificación energética, promoviendo el uso racional de energía (ahorro y eficiencia energética) e impulsando las energías renovables. En este sentido, el PECAN 2006 recoge los principios y las voluntades de las políticas europea y española en materia energética. En concreto, este plan energético persigue la introducción de combustible fósil menos contaminante (gas natural) y un fuerte incremento de las fuentes renovables de energía, con el objetivo de que éstas cubran más del 25% de la demanda eléctrica del archipiélago en el año 2015.

Tanto en el caso del gas natural como en las energías renovables, la escasez institucionalizada de suelo constituye uno de los principales inconvenientes. En las Islas Canarias, más del 42% del territorio posee algún tipo de protección, y cualquier actividad de tipo industrial (en este caso, de índole energética) está tipificada como no permitida en esta categoría de territorio. (Contribución de Canarias al Libro Verde de Política Marítima, 2010: 33-34).

Por otra parte, la introducción de gas natural demandaría un estudio riguroso de Impacto Ambiental y de Análisis de Ciclo de Vida para valorar la pertinencia de esta implementación: un gasto en infraestructura elevado para un combustible no renovable.

La energía eólica es con diferencia la fuente renovable más implantada, aunque lejos de su potencial. Aún hoy los problemas políticos y burocráticos mantienen paralizado el desarrollo de esta tecnología.

El archipiélago canario cuenta con recursos renovables, solar y eólica principalmente; la cuestión es: ¿podrán las energías renovables, por sí solas, abastecer las demandas de agua potable de las islas? y si no en su totalidad, ¿en qué proporción y a qué costes? Estos interrogantes fueron estudiados en el marco del proyecto Canarias

Eólica 2000, desarrollado en varios departamentos de la ULPGC[65] (Calero *et al.*, 2007: 736). Por ello tomaremos como un escenario de referencia las propias expectativas del PECAN, asumiendo un incremento de producción energética con energía eólica bastante conservador (alcanzar una potencia instalada de 1.025 MW en el horizonte del año 2015, lo que significaría multiplicar por siete la potencia instalada a 31 de diciembre de 2004).

El hecho de disponer de unas redes eléctricas de dimensión reducida y la necesidad de estabilidad entre la potencia eléctrica generada y demandada, son dos limitantes para ampliar la presencia de parques eólicos en el territorio. Por otro lado, las áreas de potencial eólico requieren estar definidas dentro de los instrumentos de ordenación territorial y medioambiental a nivel insular (PECAN, 2006: 125-126).

Estas circunstancias no justifican en modo alguno la poca incidencia de la energía eólica en Canarias (ver la Gráfica 3.5); máxime cuando España es un líder mundial en la producción de ésta, con Comunidades Autónomas que destacan con una elevada ratio potencia/población: Navarra y La Rioja están a la cabeza en el Estado (ver la Gráfica 3.6).

---

[65] El Departamento de Ingeniería Mecánica de la ULPGC llevó a cabo un proyecto de investigación entre los años 1988 y 1991, "Optimización técnico-económica de sistemas de desalación accionados por energía eólica" (Calero et al., 2007: 736).

Gráfica 3.5: Comparación de la ratio potencia/población con el resto del mundo (2005).

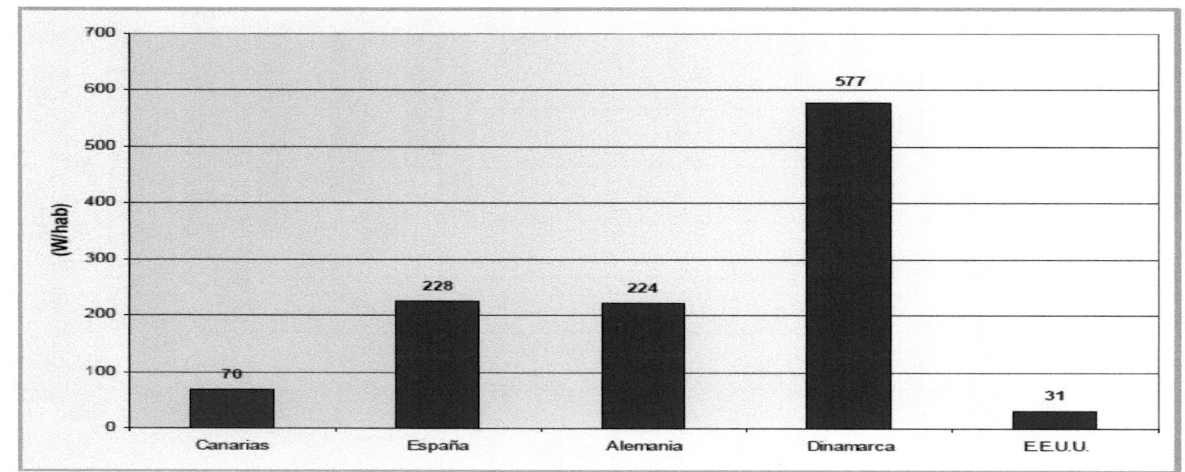

EEC, 2005: 55

Gráfica 3.6: Comparación de la ratio potencia/población con otras comunidades autónomas. Años 2004 y 2005.

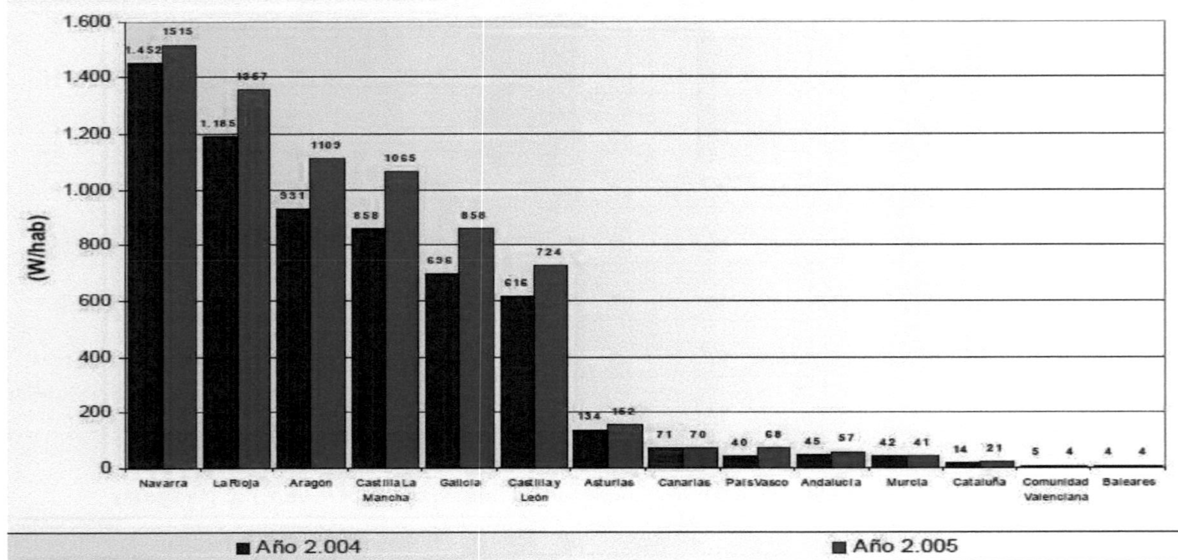

EEC, 2005: 55.

Según datos de las Estadísticas Energéticas de Canarias para el año 2005, la producción eléctrica eólica se estimó en 329.513 MWh, lo que supone 28.338 toneladas equivalentes de petróleo[66] no consumidas (1 MWh eólico equivale a 0,086 TEP); dejando de emitirse a la atmósfera 258.997 toneladas de dióxido de carbono (1 MWh eólico equivale a 0,786 toneladas de dióxido de carbono[67]).

Los compromisos ambientales van en la misma dirección que la estrategia energética planteada. La reducción de emisiones de gases de efecto invernadero obliga a cumplir con convenios nacionales e internacionales y la huella energética (contextualizada en la huella ecológica) puede ser una herramienta clave para cumplir estos objetivos.

En este sentido, ya comienzan a aparecer escenarios en los que los aerogeneradores podrían situarse en el mar (energía eólica off shore) a medio plazo. Para estas opciones también es requerido un estudio de Impacto Ambiental con Análisis de Ciclo de Vida de la infraestructura, de modo que las decisiones sean más fundamentadas en principios sostenibles y menos en subvenciones de equipamientos energéticos mal dimensionados.

3.2.2. Transporte y energía.

El acceso al archipiélago está restringido a las vías aérea y marítima; aunque el tráfico rodado tiene un elevado peso específico vinculado aún a los consumos de combustible fósil, no lo consideramos aquí.

---

[66] Tonelada equivalente de petróleo (TEP) es una unidad de energía, equivale a la energía contenida en una tonelada de petróleo y, como puede variar según su composición, se toma como valor convencional 41.868.000.000 Julios (11.630 kWh).

[67] Este factor se calcula suponiendo que la fuente renovable sustituye a un parque generador convencional con un rendimiento comprendido entre el 32% y el 36% (EEC, 2005: 66).

El intenso tráfico marítimo que soportan las aguas de Canarias está condicionado por su enclave geográfico, ya que es paso obligado de las grandes rutas oceánicas entre Europa, África y Asia; así como de los buques con destino a puertos de América Central y América del Sur procedentes de puertos del Mediterráneo. Ello hace al ecosistema marino canario muy vulnerable ante posibles sucesos de contaminación por hidrocarburos y sustancias peligrosas. Se calcula que anualmente cruzan las aguas de Canarias un promedio de 1.500 buques tanque[68] dedicados al tráfico de hidrocarburos (Contribución de Canarias al Libro Verde de Política Marítima, 2010: 11).

Para las regiones insulares distantes, los conceptos de *hinterland* portuarios, intermodalidad o multimodalidad habrán de ser contemplados con detalle. En los puertos insulares, la zona de influencia o *hinterland* portuarios -excepto en el tráfico *hub* transcontinental-, es toda la isla o el archipiélago en su conjunto; circunstancia que tiene una gran influencia sobre la autonomía, la dependencia legal y económica, y sobre la gestión de los puertos y sus infraestructuras. Por otro lado, las alternativas de intermodalidad o multimodalidad se ven constreñidas ante la práctica inexistencia de vías continentales de tráfico rodado, carreteras y autopistas, y de líneas férreas. Las alternativas están limitadas a microplataformas, frente a las grandes plataformas continentales (*Ibíd.*).

En 2005 el tráfico de mercancías en los puertos canarios fue de 44.778.995 toneladas. Éstas incluyeron graneles líquidos (productos petrolíferos u otros líquidos), graneles sólidos (cemento, carbón, productos siderúrgicos, etc.), mercancías generales (principalmente contenedores), avituallamiento (combustibles líquidos, agua, hielo, etc.) y pesca fresca (ISTAC, 2006: 240). El comercio a través de los aeropuertos se estimó en 82.869,496 toneladas: 70.211,828 toneladas para el comercio interinsular y 12.657,668 toneladas para el comercio internacional (*Ibíd.*: 244).

---

[68] Datos obtenidos de la solicitud de declaración de ZMES presentada por España ante la OMI. (citado en Contribución de Canarias al Libro Verde de Política Marítima, 11).

Por otro lado, el tráfico de pasajeros registrado en los puertos, sin incluir los cruceros, fue de 4.803.625 personas; muy por debajo del movimiento de pasajeros en los aeropuertos, 32.208.590 personas (tráfico interior, 13.490.776 personas, e internacional, 18.717.814 personas), sin contar con los pasajeros en tránsito (*Ibíd.*: 243). Estos datos estadísticos dan una aproximación del valor relativo del transporte en las islas, vinculando principalmente el transporte marítimo al comercio de mercancías y el transporte aéreo al tránsito de pasajeros.

El análisis del transporte terrestre insular ha quedado al margen, dado que nos hemos limitado a valorar los efectos del tránsito de personas y bienes comerciales entre la región y el resto del mundo.

3.3. Balance Hídrico Insular: natural e industrial.

La economía del agua en las islas tiene antecedentes históricos particulares, que determinan la singularidad de su modelo de gestión. Por otro lado, el Plan Hidrológico de Canarias aún no ha sido actualizado, aunque existe un borrador desde el año 2000 sin aprobar[69]. La información recabada para este trabajo procede principalmente de la Dirección General de Aguas del Gobierno de Canarias.

Las disponibilidades de agua en una región están influenciadas por factores como el clima, la orografía e incluso el componente antrópico. En el caso de las Islas Canarias, las disponibilidades hídricas varían de una isla a otra, dada la diversidad de pluviometría, relieve e intervención en el territorio.

---

[69] En el momento de la redacción de esta Tesis sigue pendiente de confirmación oficial por parte de los Consejos Insulares de Aguas.

Por su origen volcánico, las Islas Canarias están conformadas por un apilamiento de coladas de lava y piroclastos, con depósitos sedimentarios. En su interior están atravesadas por una red de diques (antiguos conductos de ascenso del magma) de densidad variable de unas zonas a otras. La edad de las islas decrece hacia el Oeste, desde los 20 millones de años en Fuerteventura-Lanzarote hasta los 1,5 millones de años en El Hierro (Meneses *et al.*, 2008: 13).

La estructura geológica de las islas responde al siguiente modelo general: en la base el Complejo Basal, que no aflora en todas las islas y que representa el estadio de crecimiento submarino. Sobre éste se apila una diversidad de materiales volcánicos, nombrados globalmente como Basaltos Antiguos, con antigüedad variables según las islas. Finalmente. en los estratos superiores se disponen las Formaciones Superiores más recientes y de composición más diversa (Peñate *et al.,* 2008: 61). El comportamiento hidrogeológico de esta secuencia es extremadamente variable, en función no sólo de su composición y estructura original, sino también de su edad y grado de fracturación. Así podemos encontrar desde lavas escoriáceas recientes, con una permeabilidad alta, hasta formaciones prácticamente impermeables; todo esto condiciona un acuífero insular heterogéneo y anisotrópico (*Ibíd.*: 62).

- **El ciclo hidrológico en Canarias.**

El modelo conceptual del flujo hídrico en las islas es sencillo: por un lado, el sistema recibe agua por infiltración de lluvia y retorno de riegos, y por otro, la pierde por salida subterránea al mar y extracción por pozos y galerías. El déficit de agua dulce natural se cubre capturando agua de las reservas del acuífero con el consiguiente descenso de su nivel. El esquema de flujo dentro del acuífero es más complejo y está condicionado por la configuración geoestructural del subsuelo (Meneses *et al.*, 2008: 18-19; Peñate *et al.*, 2008: 62).

El clima de Canarias, aparte de por su posición geográfica (subtropical oceánica), está condicionado por una serie de factores, según la altitud y orientación, la compleja orografía, los vientos alisios y la corriente fría de Canarias. Todo ello se traduce, en general, en temperaturas suaves y estables y en la existencia de numerosos microclimas (Meneses *et al.*, 2008: 13; Peñate *et al.*, 2008: 63).

Las precipitaciones en Canarias son irregulares, aunque más intensas en los meses de invierno. Las islas más cercanas al continente africano como Lanzarote y Fuerteventura, que no superan los 850 m de altitud, y en general las áreas costeras y las medianías orientadas al sur, soportan un clima más árido con unas precipitaciones medias normalmente inferiores a los 150 mm. En las islas más occidentales, especialmente en las de mayor altura, y fundamentalmente en sus vertientes orientadas al norte, la precipitación media anual puede superar los 700 mm, concretamente La Palma registra 740 mm (Peñate *et al.*, 2008: 4).

La evapotranspiración también condiciona fuertemente las disponibilidades hídricas de las islas, llegando a alcanzar el 90% de las precipitaciones en islas como Lanzarote y Fuerteventura. Por término medio, la evapotranspiración del archipiélago se sitúa en el 70% de las precipitaciones medias anuales (*Ibíd.:* 66).

Dada la escasa cuantía e intensidad de las precipitaciones y la elevada permeabilidad de la cobertura, la escorrentía superficial sólo es significativa en La Gomera y Gran Canaria, siendo en esta última donde se obtiene el mayor valor medio, con 75 hm^3/año; en el otro extremo se encontraría Lanzarote con 3,5 hm^3/año (*Ibíd.*). Las tasas de recarga acuífera estimadas en porcentaje respecto a las precipitaciones descontando la evapotranspiración, escorrentía superficial y descarga subterránea al mar, varían entre el 0,1% de Lanzarote hasta el 18,3% de Tenerife (*Ibíd.:*.67).

- **Los recursos hídricos en Canarias.**

A mediados del siglo XIX, ante la escasez de recursos hídricos superficiales y dado que las aguas proporcionadas por los nacientes y salideros naturales no eran suficientes para satisfacer una demanda creciente en todas las islas -fundamentalmente en Tenerife, La Palma y Gran Canaria- se comenzó a perforar el subsuelo en busca del agua almacenada en el acuífero durante miles de años; en unas islas mediante pozos, en otras, mediante pozos y galerías (Meneses *et al.,* 2008: 16; Peñate *et al.,* 2008: 130).

A principios del siglo pasado, el 66% de los recursos hídricos totales disponibles en el archipiélago (494 hm^3/año) lo constituyeron las aguas subterráneas para uso directo (Peñate *et al.,* 2008). La distribución de recursos subterráneos entre islas, por sus características geológicas, orográficas y climáticas es muy irregular; por ejemplo, Lanzarote prácticamente no dispone de recursos subterráneos, mientras en La Palma representan el 96% de los recursos totales de la isla (*Ibíd.*).

Por otra parte, aquellas aguas subterráneas que por su elevado contenido en sales requieren de la aplicación de procesos de desalinización para hacerlas aptas para el consumo humano o el riego, representan el 7% de los recursos hídricos disponibles -concentrados en Gran Canaria, Fuerteventura y Tenerife-según los Planes Hidrológicos Insulares (2000); las aguas subterráneas aportadas por pozos y galerías aún representan el 87% de los recursos de la isla de Tenerife (2004), mientras que en Gran Canaria suponen el 32,3% (2006) (Peñate *et al.*, 2008: 130-133).

Las fuentes de origen superficial son muy escasas y de menor relevancia en el conjunto del archipiélago, representando el 5% del total de los recursos, concentrados principalmente en La Gomera, Fuerteventura y Gran Canaria. El aprovechamiento de estas aguas superficiales ha implicado la construcción de infraestructuras como presas o embalses. Dada la variabilidad del estrato geológico insular muy permeable en algunos casos, la abrupta orografía de algunas islas, la pequeña dimensión de las cuencas y la gran cantidad de sedimentos que arrastran las aguas de escorrentía, los lagos y embalses naturales no son habituales en este territorio (*Ibíd.:* 134).

- **Usos del agua en Canarias.**

En las Islas Canarias, el crecimiento demográfico y el desarrollo de cada uno de los sectores económicos han condicionado el uso del agua a lo largo de los años. De hecho, cada una de las islas posee unas características y/o singularidades propias, que ha condicionado el desarrollo de unos sectores económicos más que otros (*Ibíd.:* 111).

La agricultura era hasta hace unos años la principal actividad económica del archipiélago. El relieve accidentado o aridez de algunas zonas ha provocado que la tierra de cultivo ocupe sólo un 10% de la superficie de las islas (*Ibíd.*). Hay poca actividad ganadera extensiva debido, principalmente, a la escasez de pastos. En la actualidad el sector terciario, fundamentalmente el turismo y los servicios ligados a él, generan más del 70% de la riqueza regional (*Ibíd.*).

A partir de los años 60 del pasado siglo, el turismo ha experimentado una fuerte expansión dinamizando la revitalización de las poblaciones costeras y la creación de grandes complejos turísticos; las islas de mayor actividad turística son Gran Canaria, Tenerife, Lanzarote y Fuerteventura (*Ibíd.:* 112). En cuanto a la producción industrial, ésta se centra en el sector agroalimentario; aunque la instalación industrial más grande de la región es la planta de refinado de petróleos ubicada en la isla de Tenerife (*Ibíd.*).

La Tabla 3.7 y la Gráfica 3.7 muestran, según datos del Centro Canario del Agua (2002), la distribución de la demanda de agua por sectores económicos -agrícola, doméstico, turístico e industrial- según las islas.

Tabla 3.7: Distribución de los volúmenes de agua suministrados por sectores.

CONCEPTOS	LZ	FV	GC	TF	LG	EH	LP
Urbano (%)	26%	29%	32%	27%	9%	23%	8%
Turístico (%)	40%	48%	11%	10%	9%	3%	2%
Industrial (%)	3%	4%	4%	5%	0%	1%	0%
Riego (%)	23%	11%	43%	49%	69%	63%	77%
Pérdidas de red en alta (%)	7%	9%	9%	9%	13%	9%	13%

Hernández Suárez, Manuel; Centro Canario del Agua, 2002.

Gráfica 3.7: Distribución de los volúmenes de agua suministrados por sectores.

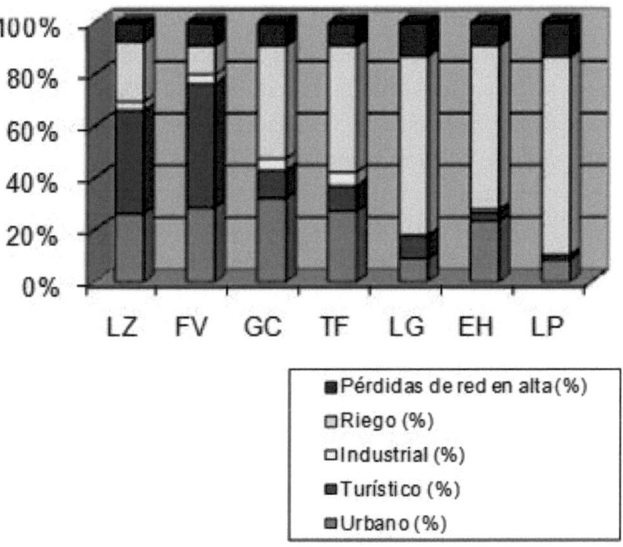

Elaboración propia a partir de los datos de la Tabla 3.7.

Puede constatarse en las islas más orientales, Lanzarote y Fuerteventura, los usos urbanos y turísticos como los más demandantes de agua, mientras en las islas occidentales -como La Palma, La Gomera o El Hierro-, el uso agrícola es predominante. En las islas de Gran Canaria y Tenerife, debido a la disminución de la superficie cultivada y los esfuerzos por mejorar las redes de riego, el consumo de agua para la agricultura se ha estabilizado entre el 50-60% de los recursos disponibles. Estos valores muestran que el sector, poco a poco, pierde peso frente a la demanda de carácter urbano.

- **La Directiva Marco del Agua en Canarias.**

La aplicación de la DMA en Canarias no está exenta de dificultades. En territorios tan aislados del continente, fragmentados, con una biodiversidad diferenciada y complejos desde el punto de vista geológico, como son estas islas de origen volcánico, no es inmediata la especificación de las cuencas y demarcaciones hidrográficas o la correcta definición de las masas de agua. Las especificidades organizativas, la imposibilidad de aplicar economías de escala o la aridez de algunas islas plantean como una necesidad irrevocable la producción industrial de agua. Esto unido a la elevada dependencia energética, suponen limitantes añadidos a la recuperación de costes sin que el consumidor isleño se vea excesivamente penalizado (*Ibíd.:* 145).

- **Particularidades de los sistemas de suministro de agua.**

Una de las características del régimen tradicional de aprovechamiento de aguas en el archipiélago es que más del 85% de los recursos hídricos totales tiene carácter privado (*Ibíd.:* 170). Tradicionalmente el marco jurídico canario permitía que la captación, asignación, distribución y utilización del agua subterránea se realizara -casi en su totalidad- por la iniciativa privada. Ante esta circunstancia, la Administración Pública se limitaba a cumplir con la legalidad establecida y actuaba como árbitro ante conflictos entre particulares (*Ibíd.*).

Hasta la entrada en vigor de la Ley de Aguas, 12/1990, el agua era propiedad de aquel que la extraía, pudiendo utilizarla para sus propios usos, o bien ofertarla a potenciales usuarios en función de sus necesidades. La reforma normativa vigente ha venido a introducir cambios en los nuevos alumbramientos (*Ibíd.*).

Las raíces históricas de esta situación vienen del poblamiento de las islas después de la conquista. En aquel momento se realizó un reparto de tierras y de las aguas superficiales para el riego entre los foráneos asentados en el territorio. Las Heredades de Agua[70] se constituyeron para esa distribución y prácticamente -hasta principios del siglo pasado- eran los únicos agentes en la gestión de las aguas.

La Ley de Aguas de 1924 consagró el carácter público de las aguas superficiales, pero no el de las aguas subterráneas; y es precisamente a partir de esa época, cuando la demanda de agua -provocada por el desarrollo de la agricultura- no es satisfecha por el agua existente y se recurre a las aguas subterráneas en las islas donde esto era posible. Aparecen así las Comunidades de Aguas, uniendo capitales de sus comuneros hacen posible la perforación de numerosos pozos y galerías (principalmente en la geografía de las islas más montañosas).

El descenso del nivel freático por la sustracción de estas aguas hizo secar las fuentes que nutrían los cauces de las aguas superficiales, iniciándose por ello enfrentamientos entre las Comunidades de Agua y las Heredades. El disponer de agua subterránea mediante la acción de la Comunidades hace que aparezca el *mercado del agua*[71]. Para obtener la mayor rentabilidad a la inversión se crea una red de conducciones,

---

[70] Más información sobre las Heredades del Agua en Meneses G., A. Meuvielle, J. Mª Median, Luis O. Puga (2008): "La cultura del agua en Gran Canaria". Consejería de Obras Públicas y Transporte del Gobierno de Canarias; pp: 126-130.

[71] Más información en Aguilera Klink F. (2002): "Los mercados del agua en Tenerife". Ed. Bakeaz. Colección Nueva Cultura del Agua.

transportando el agua desde las zonas altas hasta las costas donde están los cultivos de exportación.

Al mismo tiempo se desarrolla un mercado de acciones de la Comunidades, provocando conflictos de intereses que fueron zanjándose con legislaciones *ad hoc* hasta culminar en la Ley de Aguas de 1985, donde se declaran públicas las aguas subterráneas en todo el Estado. La competencia exclusiva de la Comunidad Autónoma Canaria en materia de aguas hace que después de sucesivas propuestas se promulgara la Ley 12/1990 de Aguas; donde se recoge el carácter público de las aguas subterráneas, pero con un régimen transitorio de cincuenta años para los titulares de aprovechamientos privados (*Ibíd.*: 171-173).

En 1964 se instala en Lanzarote la primera desaladora de agua de mar de Europa para posibilitar el desarrollo turístico. Dado que la captación de agua subterránea no era capaz de abastecer la demanda, en 1968 se construye la primera desaladora de agua de mar para el abastecimiento de la ciudad de Las Palmas de Gran Canaria, llegando a generarse conflictos incluso por el uso del agua en el sector turístico al que se ve como un *depredador* de recursos (Meneses *et al.*, 2008: 170, 172; Peñate *et al.*, 2008: 174).

La demanda agraria y los espacios verdes poco a poco han ido incrementando el uso de agua regenerada -también en manos del sector público- después de la depuración de aguas residuales. Aún así, sigue existiendo el *mercado del agua* en islas como Tenerife, Gran Canaria o La Palma, complementado con la inversión pública dirigida al abastecimiento urbano y a la reutilización de las aguas regeneradas (Peñate *et al.*, 2008: 174-175).

Todos estos condicionantes insulares (geográficos, climáticos, socioeconómicos, históricos, políticos o técnicos) hacen del agua en

Canarias un recurso difícil de analizar regionalmente. Cada isla presenta particularidades suficientes para maximizar sus recursos hídricos naturales. La desalación es una opción dentro de una miríada de medidas que cuanto más adaptadas estén éstas a las singularidades resaltadas, más eficientes serán sus resultados, en aras de una gestión verdaderamente sostenible del recurso.

En el año 2005 la captación total de agua en la región fue de 130.237.000 m^3, de los que 71.941.000 m^3 procedían de desaladoras (ISTAC, 2007: 210). La obtención industrial de agua lidera la vía de adquisición de este preciado recurso en Canarias –supone un 55,23%- mientras que en España no llega a un 5% (Fritzmann *et al.*, 2007: 3). Los datos se valoran segregados por islas, proponiéndose supuestos que faciliten una aproximación a una HE de carbono que estime las emisiones vinculadas a esta producción en el archipiélago.

3.3.1. Binomio agua-energía.

El constante crecimiento de la población, con el consiguiente incremento de los requerimientos hidrológicos, ha provocado la búsqueda de fuentes alternativas de producción de agua. Estamos hablando de procesos industriales de tratamiento de aguas que inicialmente no eran aptas para alcanzar una calidad adecuada para su uso. Entre éstos hay que mencionar por un lado las técnicas de desalación de agua de mar y salobre; y por otro las que permiten reutilizar el agua residual, sobre todo para el riego agrícola una vez depurada (Ruiz de la Rosa, 2006: 9).

En la Tabla 3.8 se presenta un balance de las fuentes de captación del agua según el Anuario Estadístico de Canarias (2007). Este cómputo tiene una elevada incertidumbre, no sólo por los pozos de titularidad privada, también porque existen desaladoras particulares que impiden una contabilidad completa del agua consumida en el archipiélago según su procedencia y coste energético imputado. La propiedad de las instalaciones es en su mayoría privada, un 81% según datos de la DG de Aguas; pero a su vez representa una capacidad de desalación de tan solo el 25%.

Tabla 3.8: Captación de agua en Canarias (2005).

(Miles de metros cúbicos)	
Agua superficial	16.697
Agua subterránea	40.415
Desalación	71.941
Otros	1.184
Total	130.237

Elaboración propia a partir de datos del ISTAC, 2007:210.

Dados los límites y los objetivos del trabajo nos centraremos en la desalación marina, reconociendo que en el montante de agua subterránea también se contabiliza agua salobre que requiere de tecnologías de desalación –desalobración- para su aprovechamiento. Aunque se estimará en este capítulo una valoración de los consumos energéticos vinculados a las aguas salobres, su estudio completo quedará para futuras líneas de investigación.

El inventario de la Dirección General de Aguas del Gobierno de Canarias para el año 2005 estima en un 51% el número de desaladoras salobres, frente a un 46% de desaladoras de agua de mar. Sin duda sería interesante poder abarcar la desalación real total, pero la falta de información hace inviable dicha expectativa.

Aún con estas limitaciones, la importancia de la desalación marina en el abastecimiento hídrico del archipiélago supone el 55% de la captación total de agua (ver la Gráfica 3.8). El agua superficial (13%) está principalmente relacionada con presas y estanques ya que no hay cursos fluviales en el archipiélago; excepcionalmente en épocas de lluvia los barrancos llevan agua que generalmente se pierde por escorrentía.

Gráfica 3.8: Captación Agua Canarias (2005).

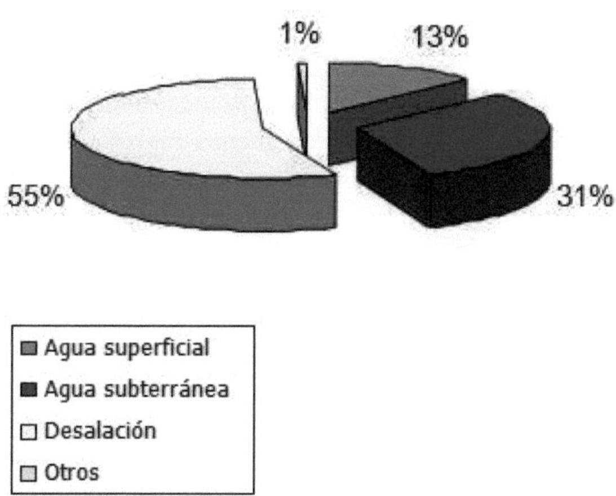

Elaboración propia a partir de datos ISTAC, 2007: 210.

Desde el año 1964 -puesta en marcha de la primera desaladora en Lanzarote- la implantación de la desalación ha ido consolidándose en el archipiélago. En el año 2005 el número total de desaladoras marinas fue de 268 instalaciones: 223 en la provincia de Las Palmas y tan solo 45 en la provincia de Santa Cruz; estas diferencias se relacionan *a priori* con las demandas hídricas insulares y los niveles freáticos de sus acuíferos.

La capacidad total de desalación marina está estimada en 544.844 m^3/día, este valor destaca frente a los 170.175 m^3/día, procedentes de la desalación de aguas subterráneas.

Tomando como referencia información del Documento de Trabajo del Plan Hidrológico de Canarias que como ya hemos mencionado se encontraba pendiente de aprobación, el abastecimiento hídrico en algunas islas llega a depender casi exclusivamente de la desalación: en Lanzarote supone un 99% del volumen de agua consumido; siendo también destacados los casos de Fuerteventura (86%) y Gran Canaria (52%).

Las islas occidentales cuentan con más recursos hídricos naturales, siendo la tecnología de la desalación menos representativa (ver la Tabla 3.9), éstas presentan suficiente recarga hídrica natural en sus acuíferos permitiendo abastecer la demanda insular de agua sin implementar su producción industrial.

Con datos de 2005 sólo la isla de La Palma continúa sin tener en marcha ninguna planta desaladora; mientras que La Gomera ya cuenta con una instalación en funcionamiento.

Este papel relevante de la tecnología para proveer un recurso tan importante está vinculado necesariamente al consumo energético. Como ya hemos recalcado, el petróleo sigue siendo con diferencia el origen de los combustibles de las centrales térmicas en el archipiélago; este hecho se agrava por la insuficiente eficiencia energética de dichas instalaciones y las consabidas emisiones de dióxido de carbono provocadas.

En el año 2000 la energía eólica sólo representaba un 0,02% de la producción industrial de agua (ver la Tabla 3.10). El 87% de las fuentes de empleadas en desalación tuvieron como referencia al petróleo y derivados (Hernández, 2000: 2).

Tabla 3.9: La producción de agua desalada (2002).

Provincia de Santa Cruz.	TF	GO	HI	LP
Nº total de desaladoras.	46	1	2	0
Volumen total de agua desalada (hm^3/año).	18,0	0,1	0,5	0,0
% del volumen total de agua consumido en la isla (1).	9%	0%	19%	0%
Provincia de Las Palmas.	**LZ**	**FV**	**GC**	
Nº total de desaladoras.	49	66	129	
Volumen total de agua desalada (hm^3/año).	16,9	11,9	77,1	
% del volumen total de agua consumido en la isla (1).	**99%**	**86%**	**52%**	

Población estimada que se suministra con agua desalada: 1.000.000 personas en el archipiélago. (1): Datos del Documento de Trabajo del Plan Hidrológico de Canarias pendientes de confirmación oficial por parte de los Consejos Insulares de Aguas. Hernández Suárez, Manuel; Centro Canario del Agua, 2002.

Tabla 3.10: Fuentes de energía para la desalación en Canarias (2000).

Fuente energética.	% de Contribución
Petróleo	87,00%
Vapor residual	13,00%
Viento	0,02%
Gas natural	0,00%
Fotovoltáica	0,00%

Hernández, 2000: 2.

No hay datos de referencia específicos para el año 2005, pero suponemos que las variaciones sean poco significativas a la vista de las Estadísticas Energéticas de Canarias y los datos aportados por la Dirección General de Aguas.

3.3.2. Desalación y desalobración.

Las Islas Canarias representan un modelo de referencia en el campo de la desalación. En el año 1964, en Lanzarote, entró en funcionamiento la primera desaladora de agua de mar para uso urbano de toda Europa[72] (Meneses *et al.*, 2008: 203; Veza, 2001). Desde entonces hasta ahora se han instalado gran parte de los sistemas comerciales de desalación existentes en el mercado, además de prototipos en fase de ensayo o investigación; de hecho, la cantidad y variedad de desaladoras en funcionamiento en el archipiélago es muy elevada, máxime si se pone en relación con la superficie y la población que abastecen.

Siendo una región fragmentada, con una extensa área protegida, la ratio por superficie alcanza los 22,73 km^2/planta (Sadhawani y Veza, 2008: 148) mientras que la relación por habitante censado para el año de referencia (2005) puede estimarse en 7.344 habitantes/planta. Este promedio general no refleja las grandes diferencias entre islas, comentadas ya en la presentación del capítulo.

Con más de cuarenta años de aprendizaje, la producción industrial de agua mediante la desalación de agua de mar y de agua de media-baja salinidad -aguas salobres por intrusión marina o por actividad volcánica- es una actividad consolidada. Canarias, con más de 600.000 m^3/día de capacidad instalada (casi el 30% a nivel nacional y

---

[72] Planta desaladora por Evaporación Súbita de 2.300 m^3/día (Meneses *et al.*, 2008: 203).

el 2% a nivel mundial), se sitúa como referente internacional en cuanto al número y abanico de procesos de desalación instalados en el escaso territorio isleño.

El uso generalizado de todo tipo de técnicas de desalación en Canarias durante los últimos 45 años ha sido fruto de una continua investigación en esta materia. Existen iniciativas de diseño, desarrollo y ensayo de sistemas de desalación de agua de mar con aplicación de sistemas renovables: con parque eólico aislado de la red (proyecto SDAWES) o basadas en energía solar fotovoltaica con o sin baterías (proyectos DESSOL y DESSOL-SINBAT) (Meerganz, 2008: 208-209), aunque su presencia en el inventario final de plantas en producción es aún insignificante en las islas[73].

Particularmente en Canarias la evolución de la industria de la desalación ha consolidado a la tecnología de membranas: mientras la electrodiálisis sólo se emplea en desalación de aguas salobres, la ósmosis inversa es útil tanto en las aguas salinas de los acuíferos como en el agua de origen marino; esta versatilidad y el bajo coste energético han ayudado a su relevancia en la región. Las Gráficas 3.9 y 3.10 muestran cómo han evolucionado las tecnologías de desalación en el archipiélago.

---

[73] Además, conviene resaltar que el Instituto Tecnológico de Canarias (ITC) ha liderado el proyecto AQUAMAC para la gestión sostenible del agua en la Macaronesia. La cooperación transnacional y el intercambio de experiencias entre Canarias, Madeira y Azores han permitido estudiar modelos de administración y eficiencia energética, así como de sustitución de fuentes convencionales -red eléctrica general- por el aprovechamiento de fuentes de energía renovables asociadas al ciclo del agua o a las instalaciones vinculadas con los abastecimientos (ITC, 2005: 19).

Gráfica 3.9: Plantas de desalación de agua de mar construidas desde 1960 a 1985 (se consideran plantas con capacidad de desalación al menos de 700 m^3/d).

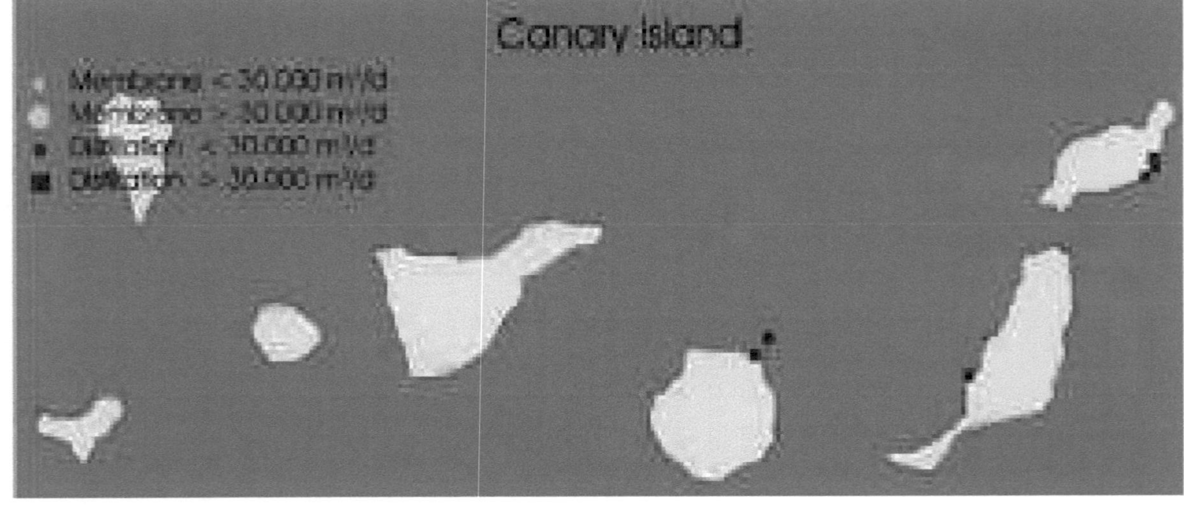

Fritzmann *et al.*, 2007:7

Gráfica 3.10: Plantas de desalación de agua de mar construidas a partir de 1985 hasta la actualidad (se consideran plantas con capacidad de desalación al menos de 700 m^3/d).

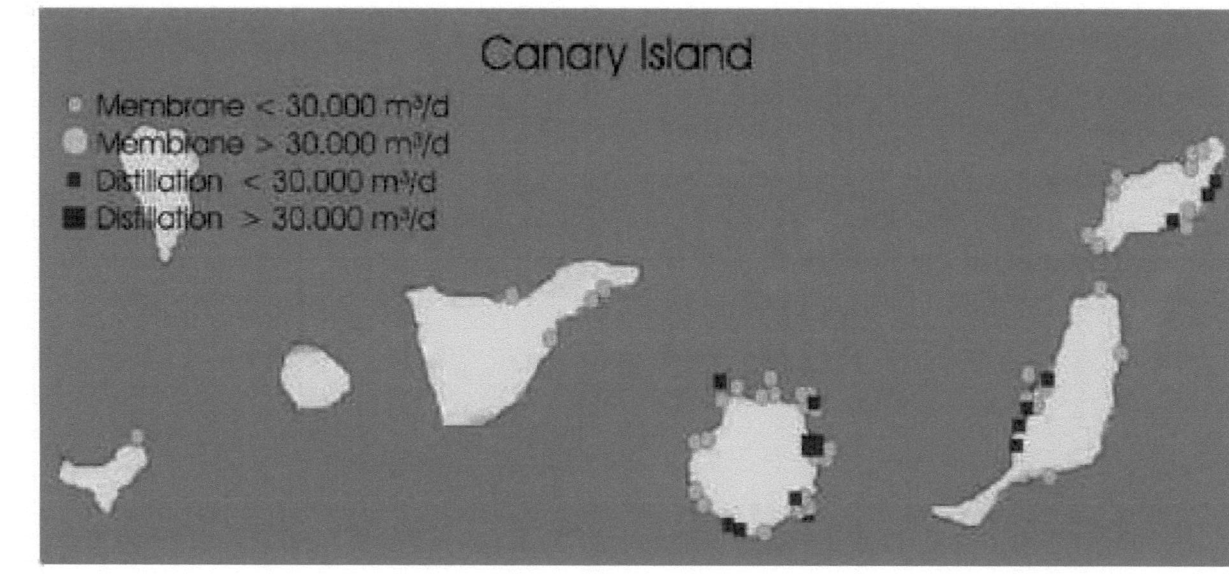

Fritzmann *et al.*, 2007:7.

La revisión bibliográfica se ha contrastado con los datos oficiales aportados por la Comunidad Autónoma: la Ósmosis Inversa (OI), la Electrodiálisis Reversible (EDR), la Destilación Multiefecto (MED), la Destilación Súbita Multietapa (MSF), y la Compresión de Vapor Mecánica (VC) son las tecnologías que destacan en Canarias[74]; según reflejan las estadísticas del número de instalaciones y sus capacidades conforme al sistema de desalación para el año 2005.

Con respecto a la capacidad de desalación en las islas, en las últimas décadas se han construido numerosas plantas de pequeña y media producción, también se han ampliado y actualizado otras instalaciones configurando una miríada de plantas de titularidad pública (19%) y privada (81%); teniendo por su parte las instalaciones públicas mayor capacidad de desalación (75%) que las privadas.

Las plantas con capacidad nominal[75] menor de 500 m^3/día son las más numerosas (37%); éstas suelen estar vinculadas a establecimientos turísticos o cooperativas agrícolas[76]; por otro lado,

---

[74] "Si bien algunas tecnologías son más flexibles y se adaptan a su utilización en una gran diversidad de casos (la ósmosis inversa es el ejemplo típico), otras técnicas pueden ser de interés en aplicaciones más específicas. No hay que descartar de antemano ninguna de ellas, hasta haber analizado los condicionantes de cada proyecto" (Meneses *et al.*, 2008: 184).

[75] Es la capacidad para la que están diseñados los equipos. La capacidad real en un momento determinado puede ser mayor o menor que la nominal.

[76] En el año 1988 se construyó una planta de ósmosis inversa con alimentación de agua de mar, cuyo producto se usa para riegos agrícolas. Esta planta, propiedad de la sociedad privada Bonny, constituyó el primer caso que se dio en Canarias de desalación de agua de mar para riego, ya que hasta entonces se habían utilizado desaladoras de aguas salobres (Meneses et al., 2008: 180).

también hay grandes plantas con capacidad nominal mayor de 25.000 m^3/día para cubrir el suministro de poblaciones[77] (3%).

- **La ósmosis inversa como tecnología de referencia.**

Desde la introducción de la OI en Canarias, a finales de los años 1970, los proyectitas, fabricantes y operadores se han comprometido con el permanente perfeccionamiento del funcionamiento y optimización de los rendimientos de estas desaladoras (PRODES, 2010; Meneses *et al.*, 2008: 183). Según J.M. Veza (2001) el progreso se ha materializado en aspectos como: las membranas -mayor producción y rechazo de sales e incremento de vida útil-, el sistema de alta presión -incremento del rendimiento de bombas- o la incorporación de dispositivos de recuperación de energía, además de experimentar con materiales constructivos más resistentes y duraderos.

La OI es la tecnología más implantada (77%) y también representa la mayor capacidad de desalación (71%) en la región. Los sistemas de desalación de OI son más atractivos debido a las continuas mejoras en los materiales de las membranas[78] optimizando los valores límites de presión y temperatura de alimentación[79] (PRODES, 2010; Botero, 2000: 238).

[77] La desaladora Las Palmas-Telde (2000) de 35.000 m^3/d, es la mayor del mundo en tecnología multiefecto (MED) (Meneses et al., 2008: 184).

[78] "El desarrollo de membranas de polímeros asimétricas donde la capa activa es muy delgada pero soportada sobre una base polimérica de mucha mayor porosidad permite a las membranas resistir el esfuerzo mecánico y los rigores de la operación comercial" (Botero, 2000: 238).

[79] La presión osmótica o en otras palabras, la presión mínima para llevar a cabo la desalación del agua de mar (TDS = 35.000), con una temperatura de 25° C, es de 2.681

El permanente desarrollo de las membranas, que entre 1980 y 2000 redujeron su precio a la mitad mientras duplicaban su capacidad de producción, así como el progresivo dominio de las técnicas de ósmosis y sus problemas asociados -simplificación de pretratamientos-, contribuyeron a un constante descenso de los costes. Mayor efecto aún produjo la incorporación de los recuperadores de energía que se inició a comienzos de la década de 1990 y que permitió reducir casi a la mitad el consumo energético (PRODES, 2010; Estevan, 2008: 3; Meneses *et al.*, 2008: 174). Estas circunstancias hacen que sea la OI la tecnología de referencia en este trabajo.

Como ilustra la Tabla 3.11 la reducción del consumo de energía en la OI es notable y justifica su liderazgo en el mercado tecnológico de la desalación (Martín y Jerez, 2004: 126).

Tabla 3.11: Mejoras en la eficiencia energética de las desaladoras de OI en Canarias.

Proceso	Eficiencia energética	Plantas antiguas	Plantas modernas
OI, con recuperación de energía con turbinas.	Electricidad, kWh/m^3.	8-6	5-4
OI, con recuperación de energía con cámaras isobáricas.	Electricidad, kWh/m^3.		3-2

Meneses *et al.*, 2008:186.

kPa. En términos de energía equivale a un consumo específico de 2,68 MJ/m^3 (Botero, 2000: 239).

Particularmente la incorporación de dispositivos de recuperación de energía ha contribuido notablemente a su consolidación; en una primera época, mediante turbinas Francis, similares a bombas de alta presión, aunque operando en sentido inverso; posteriormente se establecieron turbinas más eficientes (Pelton); aunque en la actualidad la tendencia es el uso de dispositivos basados en cámaras isobáricas.

Resulta difícil señalar instalaciones tipo de OI en el archipiélago cuando el inventario de plantas que implementan esta tecnología supera el 75% del total productivo; las 205 desaladoras referenciadas por la DG de Aguas conforman una gran variedad de dimensionados, diseños, tipos de membranas o de pretratamientos (en función del agua de alimentación o de la finalidad de agua producto). Toda esta heterogeneidad junto con la continua actualización de las plantas para mejorar su eficiencia energética obliga a una estimación de consumo eléctrico amplia, que abarque tanto a las instalaciones más obsoletas sin recuperación energética como a las que sí lo tienen.

La literatura revisada aporta el ACV de las distintas tecnologías representativas de la desalación y existe unidad de criterio al señalar a la ósmosis inversa como el procedimiento con menor consumo energético y menor volumen constructivo (Raluy *et al.*, 2006; Raluy *et al.*, 2005b: 2363-2365; Raluy *et al.*, 2005c: 82-83; Raluy *et al.*, 2004: 6; Uche *et al.*, 2003: 2-3).

Dada la dimensión regional del trabajo, era inviable asumir el cálculo del ACV de todas las plantas de ósmosis inversa de la región: diversas capacidades, tipos de membranas, tecnologías de recuperación de energía o tratamientos según las calidades del agua de alimentación o los usos finales del agua desalada (urbano o turístico, agrícola e industrial).

El consumo eléctrico asociado a la desalación de agua de mar con OI en Canarias abarca un rango de 3 kWh/m^3 a 5 kWh/m^3 dadas las continuas mejoras en la eficiencia de las instalaciones y las incorporaciones de distintas técnicas de recuperación de energía a las plantas de desalación (ver la Tabla 3.12). Como ya hemos apuntado anteriormente en el caso de las aguas salobres se propone un margen entre 1 kWh/m^3 y 2 kWh/m^3.

Tabla 3.12: Estimación del consumo eléctrico de la desalación por OI con ERD.

Técnica de recuperación energética	Consumo eléctrico promedio (kWh/m^3)
Turbina Francis	3,5-4,5
Turbina Pelton	3,2-3,5
Intercambiador de E_c	2,7-3,2

Consulta técnica en la Consejería de Obras Públicas y Transportes del Gobierno de Canarias.

La falta de datos técnicos para estimar los consumos energéticos reales de las 331 desaladoras inventariadas en 2005 -incluyendo las plantas de agua salobre- obliga a aproximar un intervalo estimativo que permita evaluar el coste energético de la desalación en la región y proponer escenarios alternativos menos demandantes de combustibles fósiles. Con una mayor implicación de las instituciones competentes puede llevarse un seguimiento de cada planta desaladora, pública o privada; pero la realidad refleja un vacío estadístico.

Para este trabajo se ha optado por aproximar la información necesaria a partir de los datos aportados por la Dirección General de Aguas; convirtiendo la capacidad nominal (m^3/d) en producción anual, tomando 341 días hábiles como cómputo de referencia (Calero, 2010, comunicación oral). Esta producción total sí puede analizarse a nivel insular, comparando las emisiones estimadas en cada isla según los escenarios propuestos.

No hay que olvidar que el agua desalada se produce en la costa, con lo que hay que bombearla y almacenarla, para luego distribuirla hasta los lugares de consumo (la factura energética se incrementa en 1 ó 2 kWh más para cada 1.000 litros); si además añadimos la posterior depuración para su aprovechamiento o para su vertido al mar, la energía necesaria en el ciclo completo puede llegar a los 10 kWh por cada 1000 litros, todo ello sin considerar las pérdidas de agua que tienen lugar en las redes de transporte, distribución y saneamiento, además del almacenamiento; llegando a suponer en algunos casos un 30% (García *et al.*, 2008: 49).

La Tabla 3.13 y la Gráfica 3.11 reflejan la heterogeneidad de la desalación en el archipiélago, destacando La Palma como isla autoabastecida, sin plantas de desalación en funcionamiento.

Tabla 3.13: Volumen de agua desalada en Canarias (2005).

	Desalación Total (m^3)	Desalación Mar (m^3)	Desalación Salobre (m^3)
GC	115.351.249,30	87.789.340,10	27.561.909,20
LZ	22.325.517,00	22.314.537,80	8.234,40
FV	21.469.825,60	18.172.291,50	3.297.534,10
TF	40.534.863,30	19.595.813,40	20.939.049,90
G	686.200,00	686.200,00	0,00
H	994.990,00	994.990,00	0,00
CC	201.362.645,20	149.553.172,80	51.806.727,60

Elaboración propia a partir de datos de la DG de Aguas.

Gráfica.3.11: Volumen de agua desalada en Canarias (2005).

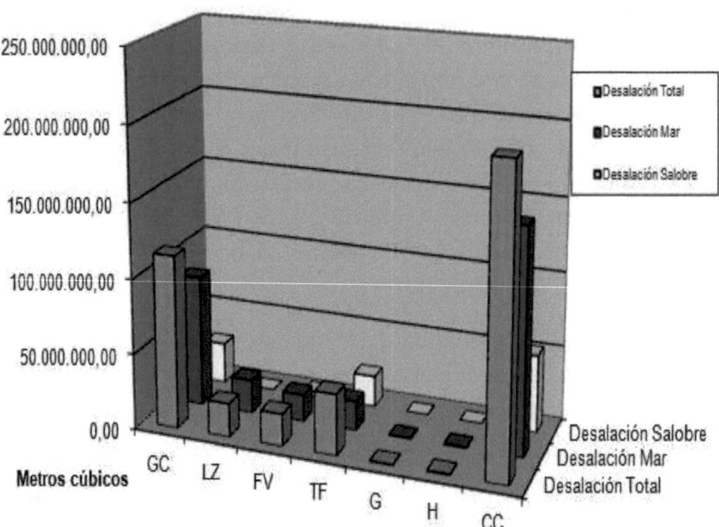

Elaboración propia a partir de datos de la DG de Aguas.

Por otro lado, centrándonos en la ósmosis inversa, se comprueba que ésta destaca por encima de las otras tecnologías presentes en las islas (ver la Gráfica 3.12). Las islas de La Gomera y El Hierro sólo utilizan la OI para obtener agua desalada de origen marino; mientras Tenerife cuenta con mayor variedad de tecnologías de desalación en uso.

Gráfica 3.12: La OI en Canarias (2005).

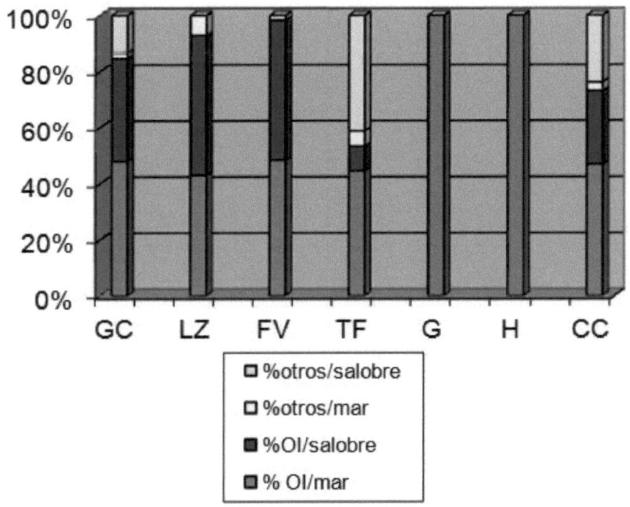

Elaboración propia a partir de datos de la DG de Aguas.

Tomando como referencia las Estadística Energéticas de Canarias del año 2005, el consumo total de energía eléctrica en las islas ascendió a 8.534.140,00 MWh y sólo 329.513,00 MWh tuvieron origen eólico; lo cual supone un escaso 3,86% de producción eólica en el archipiélago (destacando la isla de Gran Canaria con un 6,20% de penetración eólica).

La Tabla 3.14 muestran los parámetros de los mix-eléctricos insulares y del archipiélago. Las emisiones de dióxido de carbono relacionadas con el consumo eléctrico en las islas pueden estimarse sustrayendo la producción renovable en la energía total vertida a la red, según aparece en la Tabla 3.15.

Tabla 3.14: Mix-eléctrico insular y regional en Canarias (2005).

	Energía en red.	Energía Eólica.	Energía Fotovoltaica.	Energia Minihidráulica.	Penetración Eólica.
2005	MWh	MWh	MWh	MWh	
GC	3.439.840,00	213.217,00	319,89		6,20%
TF	3.358.470,00	77.530,00	42,57	2.367,50	2,31%
LZ	807.950,00	4.404,00	0,00		0,55%
FV	591.020,00	22.509,00	29,43		3,81%
LP	237.680,00	11.190,00	7,10	0,00	4,71%
LG	63.930,00	411,00	0,00		0,64%
EH	35.240,00	251,00	0,00		0,71%
CC	8.534.140,00	329.513,00	398,99	2.367,50	3,86%

Elaboración propia a partir de datos de EEC, 2005.

Tabla 3.15: Emisiones en la producción eléctrica insular y regional (2005).

	Producción fósil	Emisiones central térmica	Tm de CO_2 producidas	Tm CO_2 evitadas
2005	kWh	0,402 kg CO_2/kWh [1]		
Gran Canaria	3.226.303.106,00	1.296.973.848,61	1.296.973,85	167.840,00
Tenerife	3.278.529.932,00	1.317.969.032,66	1.317.969,03	63.210,04
Lanzarote	803.546.000,00	323.025.492,00	323.025,49	3.461,54
Fuerteventura	568.481.572,00	228.529.591,94	228.529,59	17.715,20
La Palma	226.482.905,00	91.046.127,81	91.046,13	8.800,92
La Gomera	63.519.000,00	25.534.638,00	25.534,64	323,05
El Hierro	34.989.000,00	14.065.578,00	14.065,58	197,29
Canarias	8.201.860.515,00	3.297.147.927,03	3.297.147,93	261.548,82
			3,3 Mt CO_2	0,26 Mt CO_2

Elaboración propia a partir de datos de EEC, 2005. (1): Sadhwani, 2005: 3.

La Gráfica 3.13 permite visualizar la poca incidencia de las energías renovables en las islas y las grandes diferencias en la región. Las islas de Gran Canaria y Tenerife concentran las mayores emisiones de dióxido de carbono vinculadas a la producción a las centrales térmicas convencionales.

Gráfica 3.13: Emisiones vinculadas a la producción eléctrica en Canarias (2005).

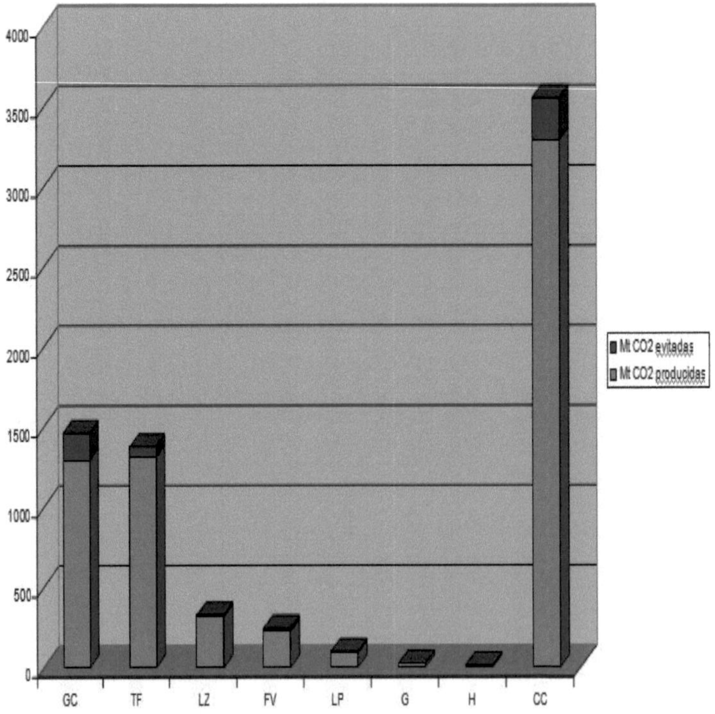

Elaboración propia a partir de datos de EEC, 2005.

La Gráfica 3.14 y la Tabla 3.16 muestran la incidencia de la desalobración en las islas; destacando la isla de Tenerife un con

51,66% de agua salobre desalada; mientras La Gomera y El Hierro no presentan este tipo de desalación.

Gráfica 3.14: La desalación en Canarias (2005).

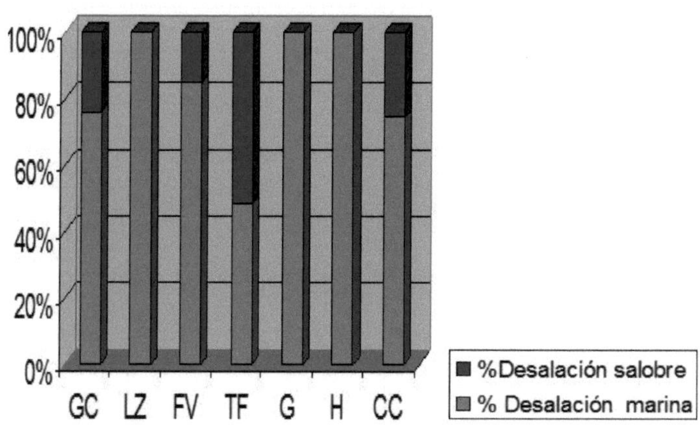

Elaboración propia a partir de datos del Gobierno de Canarias: DG de Aguas.

Tabla 3.16: Desalación marina y salobre en Canarias.

2005	% Desalación marina	%Desalación salobre
Gran Canaria	76,11%	23,89%
Lanzarote	99,95%	0,04%
Fuerteventura	84,64%	15,36%
Tenerife	48,34%	51,66%
La Gomera	100,00%	0,00%
El Hierro	100,00%	0,00%
Canarias	**74,27%**	**25,73%**

Elaboración propia a partir de datos del Gobierno de Canarias: DG de Aguas.

La OI también tiene alta presencia como técnica de desalobración, como puede observarse en la Tabla 3.17; la única isla donde no es prevalente es Tenerife (en este caso la Electrodiálisis Reversible es la técnica dominante). El agua salobre representa un 25,73% de la desalación en Canarias. Su valoración requiere de un estudio profundo: ubicación del punto de extracción, profundidad del pozo y características del acuífero.

Tabla 3.17: La desalación por OI en las aguas salobres de Canarias.

	Desalación	Salobre	OI	otros	OI	Otras
2005	m^3	m^3	m^3	m^3	%	%
GC	115.351.249,3	27.561.909,2	20.271.034,2	7.290.875,0	73,55	26,45
LZ	22.325.517,0	8.234,4	8.234,4	0,0	100,00	0,00
FV	21.469.825,6	3.297.534,1	3.297.191,0	343,1	99,99	0,01
TF	40.534.863,3	20.939.049,9	3.674.257,9	17.264.792,0	17,55	82,45
G	686.200,0	0,0	0,0	0,0		
H	994.990,0	0,0	0,0	0,0		
CC	**201.362.645,2**	**51.806.727,6**	**27.250.717,5**	**24.556.010,1**	**52,60**	**47,40**

Elaboración propia a partir de datos del Gobierno de Canarias: DG de Aguas.

La descarga de la salmuera en el territorio tiene un efecto adverso en el medio y sería adecuada la instalación de salmueroductos o en su defecto soluciones ambientalmente sostenibles (no se han encontrado datos oficiales sobre la eliminación de la salmuera de aguas salobres). Aunque queden al margen de los límites de este trabajo - centrado en la desalación marina- las emisiones vinculadas a la desalobración por OI se estiman en el rango 1-2 kWh/m^3 (ver la Tabla 3.18). Las toneladas estimadas se hacen bajo la generalización de suponer un rendimiento similar a las centrales térmicas (sin duda requiere de un estudio más profundo valorando los combustibles fósiles empleados y las emisiones reales producidas).

Tabla 3.18: Emisiones por desalobración con energía fósil por islas y región.

	Consumo OI (kWh)	Toneladas de CO_2	Consumo OI (kWh)	Toneladas de CO_2
2005	1 kWh/m^3	producidas	2 kwh/m^3	producidas
Gran Canaria	20.271.034,20	8.148,96	40.542.068,40	16.297,91
Lanzarote	8.234,40	3,31	16.468,80	6,62
Fuerteventura	3.297.191,00	1.325,47	6.594.382,00	2.650,94
Tenerife	3.674.257,90	1.477,05	7.348.515,80	2.954,10
Gomera	0,00	0,00	0,00	0,00
Hierro	0,00	0,00	0,00	0,00
Canarias	**27.250.717,50**	**10.954,79**	**54.501.435,00**	**21.909,58**

Elaboración propia a partir de datos del Gobierno de Canarias.

En Canarias el consumo energético en la desalación de aguas salobres oculta graves externalidades vinculadas a la baja recarga de los acuíferos, nula valorización del rechazo; F. Aguilera Klink y M. Sánchez Padrón en su libro "*Los mercados del agua en Tenerife*" (2002), estiman su tamaño relativo y analizan el funcionamiento real de dichos mercados, la distribución por canales (en su mayoría privados) y el papel del marco institucional.

3.3.3. Depuración en sistemas convencionales y no convencionales.

Haciendo estimaciones generales a partir de los resultados del análisis demográfico regional; podemos tomar una población equivalente en Canarias de 2.245.000 habitantes para el año 2005 (dato de referencia estimado para los cálculos del capítulo cuarto) y un caudal de agua tratada diariamente en el archipiélago de 258.900.000 L/d (ISTAC, INE), ambos datos permiten aproximar un consumo promedio de 115,32 L/PE/d en el archipiélago. Este valor entra dentro del rango esperado para un ciudadano europeo (100-180 L/PE/d)[80] según bibliografía de referencia (Hammer, 1990: *xiv*).

Actualmente en las islas conviven los sistemas de depuración convencional y no convencional, mientras que la presencia de los primeros es mayoritaria, las oportunidades de los segundos están aún por descubrir.

- **Sistemas convencionales de depuración.**

La reutilización planificada del agua depurada en Canarias comenzó a finales del siglo XX. Desde entonces se han desarrollado varias instalaciones de reutilización de agua depurada en las islas de Tenerife, Gran Canaria, Fuerteventura y Lanzarote donde la insuficiente disponibilidad para hacer frente a la demanda ha obligado a la búsqueda de alternativas. En estas islas, la depuración de aguas para la posterior reutilización en el regadío es cada vez más habitual (Peñate *et al.,* 2008: 134-135). El agua depurada se reutiliza casi totalmente en riego, tanto agrícola como de campos de golf, parques y jardines.

En el año 2005 el volumen total de agua depurada reutilizada ascendía a 60 hm^3/año, de los cuales casi un 89% se producían en las

[80] En EEUU, el consume por persona y día se estima en 380 L (Hammer (1990), xiv).

islas de Tenerife y Gran Canaria. En la Tabla 3.19 y en la Gráfica 3.15 puede observarse la evolución de la reutilización de agua depurada en las islas, siendo éste un reto de indiscutible significado para una gestión sostenible del recurso. Es determinante para la eficiencia del ciclo hidrológico en el archipiélago que todas las islas asuman compromisos con la permanencia del agua en el territorio, con función socioeconómica o ecológica.

Los sistemas centralizados de tratamiento de aguas residuales y sus costes asociados (operación y mantenimiento), no son la única solución posible si pretendemos un modelo de gestión del recurso sostenible en una región con grave déficit en su balance hídrico. La búsqueda de alternativas integradas en el medio ambiente que protejan el entorno natural y las masas de agua, optimizando los recursos financieros y de explotación, lleva a un modelo descentralizado que permita reutilizar con garantías a nivel local los efluentes tratados (ITC, 2010: 15-16).

Tabla 3.19: Evolución de la reutilización de agua depurada en Canarias.

Canarias	(hm^3/2000) (1)	(hm^3/2002) (2)	(hm^3/2005(). 3)
FV	1,0	1,4	0,5
GC	7,0	7,2	42,9
TF	8,0	8,0	10,3
LZ	4,0	3,8	6,4
Total	20,0	20,4	60,0

(1): Estimaciones Plan hidrológico de Canarias;(2): Centro canario del Agua;(3): Dirección General de Aguas.

Gráfica 3.15: Evolución de la reutilización de agua depurada en Canarias.

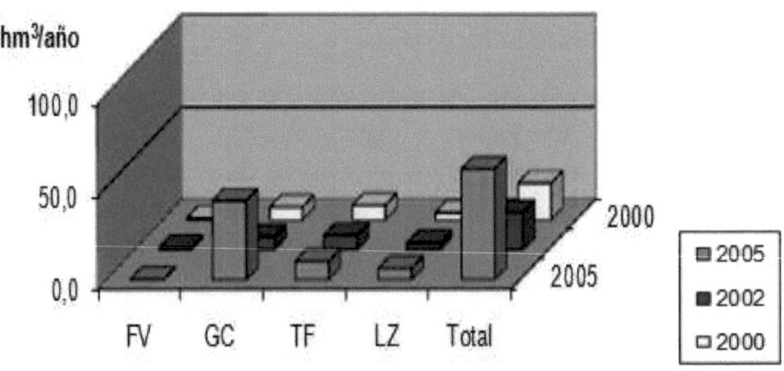

Elaboración propia a partir de los datos de la Tabla 3.19.

En la Tabla 3.20 se muestran los volúmenes comprometidos en la gestión de aguas residuales en España y Canarias. Aunque el volumen de agua reutilizada en España es incomprensiblemente bajo (un escaso 7%); en Canarias tampoco encontramos un modelo de gestión ejemplar, un aprovechamiento del 27,8% es muy insuficiente si recordamos que un 55,23% del agua se obtiene por desalación en las islas. Los 71.941.000 m^3 de agua desalada y *consumida* en 2005 podrían haber tenido una planificación que facilitara el cierre de ciclo de vida en el territorio, favoreciendo un marco de sostenibilidad y resiliencia para la gestión del recurso.

Siendo el archipiélago una región con elevado estrés hídrico, la producción de agua desalada no puede descontextualizarse del balance global del recurso. La actual política de depuración convencional desaprovecha la oportunidad de maximizar este activo y resuelve verter al mar gran parte del agua depurada (72,2%). En algunos casos se aprovecha el efluente para combinarlo con la salmuera de alguna planta desaladora y así diluir su impacto ambiental, aunque como ya apuntamos en el capítulo anterior este rechazo pueda ser devuelto al mar a través de salmueroductos con difusores para facilitar su dilución, evitando riesgos ambientales en los frágiles ecosistemas costeros.

Tabla 3.20: Comparativa de volúmenes de aguas residuales gestionadas.

2005	España m^3/día	Canarias m^3/día
Volumen de aguas residuales recogidas	15.289.450	292.285
Volumen de aguas residuales tratadas	13.804.901	258.900
Volumen total de agua vertida	14.122.371	209.590
Volumen total de agua reutilizada	1.083.551	81.013

Encuesta sobre el suministro y tratamiento del agua. (INE, ISTAC).

- **Sistemas no convencionales de depuración.**

El proyecto DEPURANAT, en el que participa el ITC, ha desarrollado un exhaustivo protocolo para la evaluación de sistemas de depuración natural implantados en el archipiélago (incluidos los humedales artificiales); se trata de experiencias piloto destinadas a valorar las incidencias de su implementación, caracterización de indicadores analíticos, rendimientos y evaluación de riesgos ambientales (DEPURANAT, 2008: 101-155).

Los trabajos experimentales realizados en las islas permiten estimar ratios de superficie efectiva de depuración por habitante equivalente menores que en otras latitudes donde se aplican estos sistemas de depuración (DEPURANAT, 2008; ITC, 2010); el clima particularmente benigno de la región es un factor en esta valoración empírica favorable a la mejora del rendimiento.

El rango más habitual se estima entre 3 y 5 m^2/PE para humedales de flujo subsuperficial vertical y horizontal respectivamente, mientras que en las islas puede reducirse a 2,5 y 4 m^2/PE (DEPURANAT, 2008; ITC, 2010: 24). Ante esta realidad empírica pueden diseñarse sistemas de depuración natural que combinen humedal de flujo libre (FL) con humedal de flujo subsuperficial (FS) o los humedales de flujo subsuperficial (FS) entre sí, estas agregaciones se denominan humedales híbridos como se trató en el capítulo anterior (Apartado 2.4.2). En Canarias existen algunos proyectos piloto que contemplan estas variaciones (DEPURANAT, 2008; ITC, 2010).

Mientras que en Canarias puede estimarse un coste anual de operación de los sistemas convencionales intensivos alrededor de los 125 €/hab-eq, atribuibles de forma significativa a los costes energéticos y a la gestión de lodos (DEPURANAT, 2008: 259, 263); las estimaciones realizadas por el ITC en la evaluación económica y ambiental de los Sistemas de Depuración Natural, incluidos los humedales artificiales, varían entre 20 €/hab-eq y 40 €/hab-eq para estos sistemas de tratamiento (ITC, 2010: 25). Este diferencial se debe entre otras razones a que se eliminan costes por reactivos y energía, así como de personal técnico para su control y mantenimiento.

Por lo tanto, estas especificidades mejoran las expectativas de los tratamientos biológicos de depuración de aguas en el archipiélago, donde la condición insular obliga a optimizar los usos del territorio; la multifuncionalidad de la superficie empleada en estos sistemas no convencionales (áreas de recreo, actividades artesanales u obtención de compost) y las externalidades positivas inherentes (reducción de emisión de dióxido de carbono y aumento de la biomasa vegetal) son dos retos para reforzar la resiliencia ecológica, económica y social de la región.

3.4. Adaptaciones metodológicas y fuentes de información.

En el primer capítulo del presente trabajo se hizo un análisis de la metodología general de la HE, apuntando las relaciones básicas que se combinan en los cálculos hasta llegar -a partir del consumo de recursos naturales del territorio- al valor que determina las hectáreas globales equivalentes. Ahora, enfocando las herramientas de cálculo al marco físico de estudio, surgen complicaciones debido al nivel de desagregación de datos que requiere la HE y la irregular agregación de algunas partidas existentes.

Principalmente la producción de recursos agrícolas ha sido un limitante por la ausencia de suficiente información. Las importaciones y exportaciones canarias se tomaron de las estadísticas de Comercio Exterior Español (Datacomex, 2010). Las fuentes de bases de datos comerciales proceden de las nomenclaturas CUCI (Clasificación Uniforme para el Comercio Internacional) y TARIC (clasificación arancelaria integrada de los países comunitarios) empleadas en aquéllas; por lo tanto, se buscó la equivalencia de entradas para los inputs en las hojas Excel del programa de cálculo de la NFA para España, que a su vez están normalizadas con las Estadísticas Internacionales de Naciones Unidas. En la búsqueda de fuentes de información complementaria se han priorizado las referencias contrastadas oficialmente en los distintos niveles de la Administración Pública: Ministerios, INE, Consejerías, ISTAC y otras administraciones oficiales.

Entre las distintas estadísticas oficiales consultadas se observa cierto margen de fluctuación. Las metodologías desarrolladas para obtener la información difieren con la consecuente variación de los valores numéricos; por ejemplo, el estudio territorial de las superficies y usos en el archipiélago ha sido consultado a través del Sistema de Información sobre Ocupación del Suelo de España-SIOSE (Ministerio de Fomento), GRAFCAN[81] (Comunidad Autónoma Canaria) y Sistema de Información Geográfica de parcelas agrícolas-SIGPAC[82] (ULPGC); los tres programas de información geográfica parten de aproximaciones metodológicas diferentes, eligiéndose en cada caso el que mayor desagregación aportara en función de las necesidades de cálculo en el programa Excel para el cálculo de la HE nacional (National Footprint Account-NFA).

Cada huella estimada dentro de la HE tiene una jerarquía de cálculo; por lo tanto, en este nivel de concreción profundizaremos en la descripción de cada componente, las fuentes de datos utilizadas para recabar la información y las acomodaciones realizadas con el fin de utilizar datos reales existentes sobre la región. No sólo el carácter insular del territorio es una particularidad a tener en cuenta, también está presente la variable socioeconómica, los hábitos de consumo insulares o la presencia de una elevada población turística en un territorio fragmentado.

En los siguientes subapartados abordaremos cada tipo de territorio segregado. Primeramente, se exponen las características del tipo de territorio al que nos referimos, seguidamente se muestra la estructura

---

[81] Cartográfica de Canarias, S.A. (GRAFCAN) es la empresa pública del Gobierno de Canarias responsable de las actividades de planificación, producción, explotación, difusión y mantenimiento de información geográfica y territorial de Canarias conforme a la política geográfica del Gobierno de Canarias.

[82] El Sistema de Información Geográfica de Parcelas Agrícolas (SIGPAC), permite identificar geográficamente las parcelas declaradas por los agricultores y ganaderos.

de su huella a través de las distintas hojas Excel vinculadas[83] y las fuentes de datos para cada una de ellas, tanto los estándares de la NFA 2008 -empleadas para España- como las aportadas por el trabajo de campo realizado a través de las distintas referencias analizadas para Canarias. Finalmente se exponen los supuestos de partida propuestos por la metodología oficial y las adaptaciones realizadas para contabilizar los consumos de recursos naturales en cada categoría territorial del archipiélago.

3.4.1. Huella del territorio agrícola.

La huella agrícola refleja la cantidad de tierra necesaria para cosechar los cultivos consumidos por los seres humanos y el ganado. Esto incluye los productos agrícolas, el mercado de la alimentación animal, y los pastos cultivados como alimento en la ganadería. Los rendimientos de las tierras de cultivo se calculan para cada tipo de cultivo, dividiendo la cantidad producida entre la superficie cosechada en ese año. Este procedimiento difiere de otros rendimientos que se obtienen a partir de las tasas de regeneración del recurso; por lo tanto, las tierras de cultivo reflejan el rendimiento real de la cosecha. En este caso por definición, el rendimiento de las cosechas y las tasas de regeneración de los cultivos son iguales, dado que la gestión de las cosechas en las tierras de cultivo es una función antrópica.

La NFA 2008 realiza un seguimiento de la producción de 149 categorías de recursos agrícolas de carácter primario y 29 productos derivados -secundarios y terciarios- a procesados a partir de estos. La lista completa de los productos, incluidos los nombres y códigos, se ha generado a partir de un compendio detallado de todos los

[83] Las hojas calificadas con "n" se refieren al ámbito nacional y con "w" definen el marco mundial.

productos agrícolas incluidos como base de datos de la FAOSTAT ProdSTAT de la ONU, (FAO ProdSTAT base de datos estadísticos, 2007); además también se incluye en la NFA 2008 una cantidad adicional de productos secundarios comerciales de origen agrícola.

- **Supuestos de partida:**

  - Los códigos FAOSTAT de la sección agrícola de la NFA 2008 están basados en la clasificación HS 2002[84].
  - Los principales productos en el cálculo de la huella de las tierras de agrícolas incluyen los cultivos utilizados para el consumo directo de alimento, así como para la alimentación animal (por ejemplo, la alfalfa), las fibras (por ejemplo, algodón), y otros usos (por ejemplo el tabaco y el caucho).
  - La "*crop_unharv_efp*" es una hoja de Excel que proporciona un ajuste de la tierra no recolectada para el seguimiento de los recursos vegetales que garantizan una huella de la producción no subestimada.
  - Las huellas de las tierras de cultivo y del pastoreo están interconectadas, ya que el aumento de los cultivos vinculados a la alimentación del ganado puede reducir las demandas sobre el pastoreo. La sección de las tierras de pastoreo en la NFA 2008 incluye una sección relativa al comercio de productos ganaderos, que computa tanto para la huella agrícola contenida en los productos animales como para la huella de pastoreo incorporada en el comercio de los productos ganaderos.

- **Adaptaciones regionales:**

[84] Harmonized System Classification. International Trade Statistics. United Nations.

- El último censo agrario oficial del INE procede de la campaña agrícola del año 1999, aún no está oficialmente actualizado cuando se procedió al cálculo de la HE. Si bien es verdad que existen datos estadísticos más actualizados en el ISTAC, no abarcan la ingente cantidad de información requerida. Aquellos productos considerados relevantes por su consumo interior (por ejemplo, papas) o por su valor comercial exportable (por ejemplo, plátanos o tomates), sí están referenciados con datos de producción y extensión cultivada.

- Dados los objetivos de este trabajo se ha optado por utilizar el Mapa de Cultivos de las islas aportado por la ULPGC (ver Tabla 3.21), ya que es la información más detallada a nivel regional que se ha podido conseguir. Aunque estos mapas de cultivos insulares no son todos del mismo año, sí se aproximan bastante al año de referencia del estudio (2005). Las consideraciones agronómicas han variado en algunas calificaciones, pero se ha procurado agrupar los códigos agrícolas semejantes, agrológicamente homogéneos, para agregarlos en la misma partida: especies hortícolas no definidas, cereales varios, frutales templados, etc.

Tabla 3.21: Datación de los mapas de cultivos de Canarias.

Isla	GC	EH	FV	LG	LZ	LP	TF
(SIGPAC)	2005	2005	2003	2003	2004	2008	2008

Elaboración propia a partir del SIGPAC.

- En Canarias existe una importante producción de flores cortadas, plantas ornamentales y esquejes, y sin embargo estas partidas no aparecen en los cálculos estándar de la huella. Por ello se han buscado los datos de la producción mundial, para poder convertir estas hectáreas en hectáreas globales computables en la hoja Excel. Tampoco aparecen en el listado los siguientes productos agrícolas primarios de referencia: las tuneras, el azafrán, el Aloe Vera o el tagasaste. Finalmente, estas partidas muy propias de la producción canaria quedan fuera del cálculo, ya que su escasa relevancia a nivel internacional impide obtener los parámetros requeridos para su contabilidad.

- Por otro lado, la agricultura canaria cuenta con rotación de ciertos cultivos en una misma parcela (papa/millo) o asociaciones de cultivos que dificultan la obtención de datos específicos por producto cosechado. La rotación queda en función de las condiciones meteorológicas y del mercado. Los agrupamientos se consideran como combinación de dos o más cultivos ocupando cada uno de ellos al menos el 20% de la superficie del recinto; estando intercalados unos con otros, de tal manera que no es posible la separación física de los mismos en la explotación agrícola. Otra restricción es la existencia de huertas familiares con carácter no comercial, que dificulta la toma de información acerca de la producción de éstas.

- Los terrenos roturados que se encuentran sin cultivar se computan aparte. No distinguimos entre barbecho, abandono reciente o prolongado; en sucesivas huellas anuales se pueden ajustar estos datos con más exactitud, siendo el carácter de este trabajo una foto fija para el año 2005. Se supone que a partir de dos o tres años de abandono se asienta una vegetación espontánea arbustiva correspondiente a la cota y vertiente del terreno, con lo cual el seguimiento periódico de los mapas de cultivos de las islas mejorará la exactitud de estas estimaciones. En este caso tomaremos como superficie no cultivada la denominada "*huerta limpia*", parcelas que durante el trabajo de campo no albergaban ningún cultivo porque se encontraban en un estado de transición de un cultivo estacional a otro. El resto de terreno no cultivado queda catalogado en otras tipologías -pastos, terrenos arbustivos- o queda fuera del cálculo de la biocapacidad territorial -terrenos muy degradados sin sustrato edáfico- por falta de biomasa significativa.

- La organización de los contenidos en el Mapa de Cultivos de las islas se ha realizado sobre una serie de capas de información digital básica:
  - **Ortofoto 2002**, realizada por la empresa pública GRAFCAN (con tamaño de píxel de 1 metro). Esta capa de información es fundamental, ya que permite a los equipos de campo orientarse e identificar sobre el terreno las diferentes parcelas. La no disponibilidad de una ortofoto más reciente ha dificultado notablemente la actualización de datos (identificación de nuevos invernaderos, nuevas infraestructuras, etc.).
  - **Malla catastral SIGPAC**, herramienta para vincular la información de los cultivos al territorio utilizando la malla catastral rústica. Se obtiene una información georreferenciada y además vinculada a una parcela catastral, comportando beneficios a la hora de gestionar y explotar el acopio de datos.
  - **Información cartográfica.** Se han empleado los mapas creados por la empresa pública GRAFCAN. Estos aportan un mapa de carreteras que complementa el aprovechamiento de los anteriores recursos geográficos.
- También se ha empleado una base de datos de la Consejería de Agricultura (2004) que permite aproximar ciertas superficies

no definidas por sus cultivos específicos; aún así, el rendimiento de la producción local no ha sido posible calcularlo al no tenerse datos fiables en la región. Por lo tanto, a partir de las superficies locales y de los rendimientos nacionales se estimará una producción regional aproximada para obtener esta huella.

- Con respecto a las importaciones y exportaciones de productos agrícolas en Canarias, se han utilizado las estadísticas de Comercio Exterior existentes a nivel nacional, combinando las nomenclaturas TARIC y CUCI para obtener partidas lo más homologables posible con las estadísticas FAO utilizadas en la metodología estándar.

3.4.2. Huella del pastoreo.

La huella de tierras de pastoreo evalúa la demanda de territorio para la alimentación tradicional del ganado, así como los pastizales contenidos en las mercancías comercializadas. Esta es lógicamente la sección más compleja de la NFA 2008; estima el cálculo total de todos los requisitos alimentarios del ganado producido y el porcentaje de las necesidades energéticas cubiertas por el uso de diversas formas de alimentación: intensiva, cultivos forrajeros, y restos de la cosecha. La diferencia entre la alimentación total requerida y la superficie total cultivada para este suministro equivale a la demanda de tierras de pastoreo.

Para el cálculo de la apropiación de la producción primaria neta, la sección de tierras de pastoreo de la NFA 2008 depende en gran medida de la metodología y los datos propuestos por Haberl *et al.*

(2007)[85] citado por Kitzes *et al.* (2008). El cálculo se inicia con el número de cabezas de ganado en un país o región y sus necesidades alimentarias. Estos requerimientos son aportados por información obtenida a través del mercado de cultivos específicos para el consumo de animales de granja, los residuos agrícolas suplementarios -restos de cultivos que puedan servir de alimento para el ganado, pero no para los seres humanos-y las cosechas de gramíneas que se cultivan en las tierras de labranza y se cortan específicamente para la actividad pecuaria. La cantidad de tierras de pastoreo requerida se obtiene dividiendo la alimentación contabilizada como pastos entre el rendimiento medio de las praderas.

Por otro lado, las tierras de pastoreo se dividen en dos secciones: la tierra de pastoreo, propiamente dicha y el comercio pecuario. En la primera de ellas se describen todas las hojas de trabajo que contienen los datos relativos a la huella de las tierras de pastoreo. En la segunda sección se incluyen hojas de cálculo para el comercio pecuario y productos derivados. En este último agrupamiento los valores contienen datos provenientes tanto de la huella de pastos como de la huella agrícola, ya que ambos tipos de usos del territorio contribuyen a la alimentación del ganado.

- **Supuestos de partida:**

  - Debido a que la biocapacidad de las tierras de pastoreo representa la cantidad total de la superficie de producción primaria neta disponible anualmente para esta función,

[85] Haberl, H., K.H. Erb, F. Krausmann, V. Gaube, A. Bondeau, C. Plutzar, S. Gingrich, W. Luchtand M. and Fischer-Kowalski (2007): "Quantifying and mapping the human appropriation of net primary production in earth's terrestrial ecosystems". PNAS 104: 12942-12947.

rebasarla de un año a otro es físicamente posible; para reflejar esto, la huella de la producción de las tierras de pastoreo no se permite que supere la biocapacidad disponible.

- Dependiendo de la especie ganadera en cuestión, los requerimientos en piensos podrán calcularse sobre la base de existencias fijas o de la producción de carne anual.

- **Adaptaciones regionales:**

- La estructura y característica de la producción ganadera en Canarias ha experimentado una notable transformación a lo largo de las últimas décadas. Los cambios más sobresalientes han sido los asociados con los siguientes fenómenos:
    - Estabulación de la mayor parte de la actividad ganadera caprina y ovina que tradicionalmente se había venido desarrollando como pastoreo abierto.
    - Relacionado con lo anterior, incremento de la participación de los transformados industriales en la alimentación del ganado.
    - Tecnificación de los procesos de producción derivados de la actividad ganadera, especialmente de la producción lechera y quesera.
- Todo ello ha afectado a la HE asociada al sostén de la ganadería en el archipiélago, al menos en los siguientes aspectos:
    - Un incremento de los requerimientos energéticos necesarios para la producción de leche y quesos, con el consiguiente incremento de la HE asociada.

  - Un desplazamiento de la importancia relativa en la alimentación del ganado, desde los pastos hacia los alimentos transformados, implicando igualmente una mayor HE.

- El desplazamiento del empleo de pastos a alimentos procesados ha supuesto una mayor dependencia de las importaciones en este sector productivo, en detrimento del desarrollo de cultivos forrajeros locales y la transformación de estos.

- Por otro lado, se ha preservado, aunque con menor relevancia, la alimentación de ganado empleando algunos subproductos de la producción agrícola, principalmente el tallo y las hojas de los cultivos de maíz, o el tallo de las plataneras (*rolo*); el primero empleado en la alimentación de diversos tipos de ganado, y el segundo fundamentalmente para el vacuno. La huella de los pastos incluye estos restos agrícolas como una de las tres fuentes de alimentación de ganado alternativas a los pastos naturales, aunque regionalmente no se ha incluido por falta de datos.

- En algunos casos son los subproductos derivados de la producción de transformados ganaderos los empleados en la alimentación animal. En Canarias los sueros constituyen el principal residuo de las queserías y uno de los principales factores de contaminación en el medio rural, cuando son vertidos directamente al medio, o de sobrecarga de los sistemas de depuración, cuando se vierten a la red de recogida de aguas residuales. Este *recurso* residual del queso en ocasiones es complemento de la dieta animal. Los sueros son mezclados con piensos y aplicados como enmienda alimentaria en ganadería porcina. Su alto contenido proteico y la presencia de oligoelementos importantes para la nutrición hacen de este uso una de las vías más eficientes para su valorización. La metodología de la HE contenida en la NFA 2008, nuevamente por razones derivadas de la dificultad de obtención de datos, deja fuera del cálculo las consideraciones acerca del uso de estos subproductos, criterio que aplicaremos igualmente para la estimación de la HE de las tierras de pastoreo en el archipiélago.

- Dada la dificultad para encontrar datos regionales que permitan estimar los requerimientos vinculados a la eficiencia alimentaria, al insumo de alimentos o al porcentaje de materia seca consumida por cada especie ganadera en las islas, estimaremos como adecuados para este trabajo los valores nacionales a falta de un estudio más profundo de la realidad pecuaria de Canarias.

3.4.3. Huella del comercio agropecuario.

El comercio de ganado según la NFA 2008 actúa como un puente entre las huellas de los apartados de tierras de pastoreo y de cultivo, dado que el ganado se alimenta de las dos, tanto de las tierras de pastoreo como de las agrícolas.

Este apartado de comercio pecuario no calcula la huella de la producción, sólo tiene en cuenta las huellas de las tierras agrícolas y de pastoreo que se incorporan en el comercio de productos pecuarios.

- **Adaptaciones regionales:**

En primera instancia se ha aceptado el promedio nacional estimado para la alimentación del ganado. El esfuerzo de promediar las características de cada isla en función de su cabaña ganadera –variedad y extensión- y del tipo de dieta predominante en la producción pecuaria -intensiva o combinada con agricultura-, sería desproporcionado en comparación con el resultado que rendiría en términos de estimación de la HE para el objetivo de este trabajo.

3.4.4. Huella forestal.

La huella de territorio forestal evalúa la demanda humana de este recurso en función de la capacidad de regeneración de los bosques mundiales. La huella de producción de las tierras forestales se compone de dos grandes tipos de producto: la madera utilizada como combustible y la madera utilizada como materia prima para producir bienes secundarios.

La huella del territorio forestal representa el área del territorio boscoso global promedio necesario en el suministro de madera para la construcción, combustible y papel. Las cosechas de madera se comparan con la tasa neta de crecimiento anual de los bosques del mundo para el calcular la huella de los productos forestales.

Los rendimientos forestales mundiales y nacionales específicos (es decir, los incrementos netos anuales) están tomados de una combinación de fuentes, entre ellas la evaluación de los recursos forestales de la zona templada boreal de la FAO, el modelo de suministro mundial de fibras de la FAO, y los cálculos de la GFN basados en una metodología de contabilidad del IPCC (IPCC, 2006[86]). Aunque la huella de carbono tiene una relación indirecta con

[86] Intergovernmental Panel on Climate Change (2006): *2006 IPCC Guidelines for National Greenhouse Gas Inventories Volume 4: Agriculture Forestry and Other Land Use.* http://www.ipccnggipiges.or.jp/public/2006gl/vol4.html (acceso octubre de 2008).

el rendimiento forestal, el carbono y los bosques son huellas totalmente segregadas por la NFA 2008. El cálculo de la huella de carbono se describe en el apartado 3.4.6.

La NFA 2008 realiza un seguimiento de la producción de 16 categorías de productos forestales primarios y 17 productos secundarios creados a partir de estos. Hay 13 categorías de madera en bruto y 3 categorías de leña (como combustible) contabilizadas como productos primarios. La lista completa de productos se ha generado a partir de un compendio de los productos forestales incluidos en la base de datos FAOSTAT de la ONU (FAO, ForesSTAT Base de datos estadísticos[87]); los nombres de los productos y los códigos corresponden a los utilizados en ésta.

- **Supuestos de partida:**

  - A pesar de que la huella ecológica de la madera y la leña han sido tratadas por separado en anteriores ediciones de la NFA, la edición de 2008 combina ambas; sin embargo, la hoja de cálculo "*ef_forest*" muestra las dos subcategorías forestales utilizadas en ediciones anteriores, "*Productos de la madera*" y "*Madera como combustible*", con un cálculo de huella para cada una.
  - Todos los productos forestales primarios se presentan en m^3 de unidades equivalentes de tronco de madera (rwe, roundwood equivalent), ya que éstos se cortan o transforman a partir de la madera bruta talada.
  - Los derivados del papel se pueden considerar como productos terciarios, ya que se fabrican a partir de pulpa, que es un

[87] FAO (2000): Forest Resource Assessment 2000. Rome.

producto secundario; sin embargo, la NFA 2008 los trata como productos secundarios. Las tasas de extracción utilizadas para los productos de papel convierten directamente las toneladas de papel en su equivalente de troncos de madera.

- Las tres categorías de leña se contabilizan como productos secundarios. La leña no tiene un producto base previo contabilizado en otra categoría; así pues, incluyendo el combustible de madera directamente en la HE$_P$ (huella ecológica de la producción) no da lugar a una doble contabilización de éste.

- Varios productos forestales secundarios se presentan en metros cúbicos (m^3) o en toneladas métricas (t). Por esta razón, cada hoja de cálculo que contabiliza productos forestales incluye una columna para las unidades empleadas para cada caso.

- Los productos forestales no maderables, tales como frutos secos, hierbas y cortezas, no están incluidos actualmente en la NFA 2008 debido a la escasez de datos sobre el total nacional de estos productos y la pequeña escala de su relación con la extracción total de productos maderables. Estos recursos no maderables salen de los límites de la contabilidad de la HE y eventualmente serían incluidos por la GFN si mejoraran los datos oficiales.

- **Adaptaciones regionales:**

- La producción silvícola de Canarias se ha reducido notablemente a lo largo de las últimas décadas como consecuencia de los cambios en la estructura económica y el marco institucional de las islas. De una parte, la gestación del sistema de áreas protegidas de Canarias, con la declaración de una parte significativa de la superficie forestal como espacios naturales protegidos, impuso notables restricciones a los aprovechamientos forestales que venían produciéndose. De otra parte, los recursos ligados a la provisión de insumos, como alimentos para la ganadería tradicional o para la mezcla con excretas animales -con el objeto de producir abonos naturales para la agricultura-, también se vieron afectados por el progresivo proceso de industrialización de los modelos productivos, lo que implicaba la sustitución de los productos silvícolas locales por géneros industriales importados.

- Como consecuencia de todo ello, la producción maderera para fines constructivos y de herramientas de trabajo agrícola o el aprovechamiento de ramas y sotobosque para alimentación y camas de ganado, se han reducido drásticamente hasta niveles prácticamente testimoniales. Por otro lado, un examen de los capítulos de exportaciones e importaciones revela la sustitución de la producción silvícola local por productos importados, al tiempo que las exportaciones están constituidas fundamentalmente por papel y cartón para el reciclaje (52,3%) y las cajas y sacos que acompañan a las exportaciones agrícolas (42,3%); en ambos casos se trata de reexportaciones de bienes anteriormente importados.

- En resumen, la producción silvícola canaria se reduce a la pervivencia de algunas pequeñas explotaciones madereras, fundamentalmente de eucaliptos, más algunos aprovechamientos forrajeros y para camas de ganado (esencialmente pinocha). La insignificancia de los aprovechamientos no maderables unido a la falta de datos fiables ha llevado a la NFA a dejarlos fuera del cálculo como apuntamos en las notas específicas para esta huella. Esto nos deja -como ya hemos comentado anteriormente- con la única tarea de estimar la pequeña producción maderera empleada en su mayoría en la agricultura.

3.4.5. Huella pesquera.

La huella de los caladeros de pesca representa las demandas sobre los ecosistemas acuáticos en función de la superficie equivalente necesaria para el mantenimiento sostenible de las capturas de un país.

La huella de la pesca se calcula dividiendo la cantidad de la producción primaria consumida por las especies acuáticas a lo largo de su vida entre una estimación de la explotación de producción primaria por hectárea marina. Esta explotación de la producción primaria se basa en una estimación global del modelo de gestión de capturas de varias especies acuáticas (FAO, 1971[88]). Estas cifras de capturas *sostenibles* se convierten en equivalentes de la producción primaria y se dividen entre la superficie total de la plataforma continental. Este mismo cálculo se utiliza actualmente para la pesca de agua dulce. Los rendimientos del pescado se calculan fuera de la hoja de cálculo "*yf*", basándose en el nivel trófico medio de cada una de las especies. Los peces con un mayor nivel trófico requieren más espacio en la plataforma continental para conseguir su alimento que otros de un menor nivel trófico.

La NFA 2008 realiza un seguimiento de la producción de 1.538 especies de agua dulce y marina, incluyendo peces, invertebrados, mamíferos y plantas acuáticas. La huella pesquera incluye a todos los peces capturados en libertad, pero actualmente no se tiene en cuenta para la producción los peces obtenidos a través de la acuicultura. La lista completa de las especies corresponde al inventario establecido

---

[88] FAO (1971): Report of the Sixth Session of the Committee on Fisheries. Rome: 15-21 April, and Fisheries Report. N° 103. Rome: 44p.

por la base de datos estadísticos FISHSTAT de la ONU (FAO FISHSTAT base de datos estadísticos pesqueros[89]).

- **Supuestos de partida:**

  - Los cálculos del rendimiento para los peces son sensibles a las estimaciones del nivel trófico de cada especie. Estos valores derivan de los promedios de la base de datos Fishbase de la ONU, muchos de los cuales cuentan con múltiples errores de normalización (Fishbase Base de Datos). La incertidumbre en los rendimientos de las especies pesqueras es grande en comparación a otros productos en la NFA 2008.
  - Los rendimientos de las capturas se calculan estimando la cantidad de la producción primaria que puede ser explotada de forma sostenible. Este cálculo sólo considera la producción de materia prima disponible como pienso para consumidores marinos, y no la dinámica particular de las distintas poblaciones de especies marinas. Este análisis puede sobrestimar significativamente la biocapacidad disponible de la pesca de cada año en la medida en que las existencias se degradan o erosionan con el tiempo.
  - La tasa de descarte es la escala utilizada para calcular el rendimiento de cada especie a la baja y reflejar la producción primaria descartada en relación con la captura. Esta ratio se supone constante en todas las especies. Esto tiende a subestimar los rendimientos de las especies que no tienen altos índices de descarte relacionados con su pesca, y sobrevaloran

[89] FAO FishSTAT Base de datos de estadística pesquera: http://www.fao.org/fishery/figis (acceso enero 2008).

el rendimiento de otras que tienen mayores porcentajes de descarte en su pesca.

- En lugar de los peces capturados en las aguas del país, la huella de la producción de especies silvestres de peces se rastrea con el total de capturas desembarcadas en él. Esto difiere de la definición de la HE de la producción para otras categorías de uso de territorial, donde ésta se refiere a todos los productos extraídos de la tierra situándolos físicamente en el país. La huella de la producción de los caladeros calculada de este modo no permite ser comparada con la biocapacidad de los caladeros de un país concreto para determinar si son aguas propias de ese país de acuerdo con los requerimientos de productividad primaria media mundial en materia de pesca.

- **Adaptaciones regionales:**

- El listado de especies catalogadas contiene el nombre científico, para poder confirmar la traducción al castellano se revisaron las taxonomías de la FAO (www.fao.org/fishery/species) y la reconocida oficialmente en España, según la Resolución de 24 de marzo de 2010 de la Secretaría del Mar, por la que se establece y publica el listado de denominaciones comerciales de las especies pesqueras y de acuicultura admitidas en el Estado español (BOE nº82, de 5 de abril de 2010). Quedaron fuera cuatro especies descatalogadas (ver Tabla 3.22), no se han integrado al nivel trófico correspondiente para estimar su contribución en la huella pesquera por capturas marina. En este caso han faltado datos internacionales para normalizar su impacto en la huella pesquera del archipiélago.

Tabla 3.22: Especies pesqueras canarias no computadas en la huella.

Nombre común	Nombre científico
Urta	*Pagrus auriga*
Sama de pluma	*Dentex gibbosus*
Puntillas	*Alleteuthis spp*
Lenguas	*Cynoglossus spp*

Elaboración propia.

3.4.6. Huella de carbono.

La huella de carbono representa la zona de superficie forestal necesaria para asumir las emisiones antropogénicas de dióxido de carbono. Las estimaciones para la huella de emisiones de dióxido de carbono proceden de varias fuentes según la NFA 2008: la quema de combustibles fósiles a nivel nacional, las emisiones de carbono incorporadas en artículos del comercio, la cuota nacional de emisiones globales por transporte internacional, y las fuentes de combustibles no fósiles.

La cantidad total de dióxido de carbono asignado a cada país se convierte en hectáreas globales mediante el uso de la tasa de crecimiento anual de los bosques como referencia del rendimiento de la absorción de carbono. La tasa de absorción de carbono utilizada para convertir las toneladas de dióxido de carbono en hectáreas globales se obtiene a partir de los datos de la tasa de crecimiento anual de los bosques procedentes de la IPCC (2006)[86].

La tasa de absorción se calcula suponiendo que la mitad de carbono emitido se invierte en el aumento neto de biomasa. Este "rendimiento" de la captación de carbono combinado con el factor de equivalencia de los bosques, convierten las toneladas de dióxido de carbono en una huella en hectáreas globales. La metodología de este enfoque sigue siendo debatida, de modo que cualquier cambio podría tener un impacto significativo sobre los cálculos de huella del carbono.

La Agencia Internacional de la Energía (AIE[90]) rastrea las emisiones de dióxido de carbono producidas en la quema de combustibles fósiles a través de 33 diferentes sectores económicos en distintos países. Estos datos se utilizan por la NFA 2008 para calcular la huella de la producción de carbono. Si la AIE no dispone de datos para el país y el año en cuestión, se permite una estimación según el Centro de Análisis Informativo del dióxido de carbono (Marland *et al.* 2007[91] citado por Kitzes *et al.,* 2008). La AIE también publica el total mundial de emisiones en el transporte internacional como "*Combustible*". Estas emisiones se localizan por países de acuerdo con su aportación a la quema neta de combustibles fósiles. Las emisiones distintas de las de los combustibles fósiles (incendios forestales) sólo se incluirán en la HE mundial de carbono.

- **Supuestos de partida:**

    - A diferencia de otros territorios de la NFA 2008, el apartado de la huella de carbono presenta un listado de productos

[90] IEA: Emisiones procedentes de combustibles fósiles. Base de datos, 2007: http://wds.iea.org/wds/(acceso octubre 2008).

[91] Marland, G., T.A. Boden, y R.J. Andres, (2007): "Global, Regional and National Fossil Fuel CO_2 Emissions. In Trends: A Compendium of Data on Global Change". Oak Ridge, TN: Carbon Dioxide Information Analysis Center, Oak Ridge National Laboratory and U.S. Department of Energy.

comercializados con los códigos de la revisión 1 de SITC[92]. Esto es debido a que en este sistema de clasificación están disponibles los datos de las series temporales más largas sobre mercancías distribuidas.

- Las emisiones de carbono incluidas en el comercio de mercancías se calculan multiplicando las emisiones contenidas estimadas por la intensidad de carbono promedio mundial de la electricidad y del calor consumido en su producción.

- La cantidad de energía incorporada en cada categoría de producto representa la suma de todos los consumos de energía para la producción de ese bien hasta el momento en el que se comercializa. Al igual que la intensidad de carbono en la utilización de la energía, las cantidades de emisiones contenidas son los promedios mundiales.

- Las emisiones de carbono agregadas al comercio de los combustibles fósiles son distintas del contenido físico de carbono en los combustibles mercantilizados; por ejemplo, un barril de petróleo exportado por los Emiratos Árabes Unidos y enviado a los Estados Unidos. Las emisiones de carbono asociadas a la extracción del barril de petróleo y su transporte al mercado se aplicarán a los Estados Unidos, se computan como emisiones incorporadas a sus importaciones. Cuando el petróleo es quemado, su contenido físico en carbono se incluirá en el componente de la huella de carbono de la quema de combustibles fósiles nacional de los Estados Unidos.

- La NFA 2008 incluye una categoría de emisiones de dióxido de carbono procedente de fuentes distintas de combustibles fósiles. Ello es a causa de la agregación de emisiones antropogénicas debidas a: los incendios forestales, la producción de cemento, y la producción de biocarburantes no

[92] Standard International Trade Classification (United Nations Statistics Division).

sostenibles[93], que el IPCC estima como el 10% de la combustión del biocombustible. Estas emisiones de carbono no están asignadas a los distintos países debido a la falta de datos actualizados y de metodología adecuada para la estimación de su comercio global (por ejemplo, qué país recibe la huella de carbono liberada en la selva amazónica cuando es deforestada).

- **Adaptaciones regionales:**

▪ El inventario de emisiones de gases de efecto invernadero de Canarias 2005[94] ofrece suficiente detalle como para cumplimentar la información referida a los sectores económicos implicados en el análisis de emisiones de dióxido de carbono. La metodología de cálculo está de acuerdo con los protocolos del Panel Internacional de Cambio Climático (IPPC); permitiendo tomar datos con suficiente fiabilidad avalados por el Gobierno de Canarias. Los principios respetados en la elaboración de estos inventarios se detallan en el documento FCCC/SBSTA/2004/8 de la Secretaría de la Asamblea de Naciones Unidas para el Cambio Climático (United Nations Framework Convention on Climate Change-UNFCCC): homogeneidad temporal, coherencia,

[93] En contraposición a los biocarburantes sostenibles que reducen como mínimo un 35% de GEI respecto al carburante fósil que sustituyen y no son cultivados en tierras con elevada biodiversidad y/o en reservas de carbono como bosques o humedales.

[94] La demanda de biocapacidad resultante de las emisiones de gases de efecto invernadero distintas del dióxido de carbono no se incluye actualmente en los cálculos de la Huella ecológica. El conocimiento científico incompleto a cerca de los requerimientos de biocapacidad necesarios para neutralizar su efecto potencial hace inviable su estimación. (Kitzes *et al.*, 2007: 4).

exhaustividad, transparencia y valoración de la incertidumbre (ISTAC, 2006: 32).

- La cantidad de combustibles utilizados con fines energéticos ha sido extraída de los datos procedentes de la Consejería de Industria, Comercio y Nuevas Tecnologías, los cuales fueron utilizados en la elaboración del Plan Energético de Canarias del año 2006 (PECAN, 2006). Para otros sectores, se ha tratado de contrastar las cifras de Canarias -publicadas por el ISTAC-, con datos a nivel autonómico del INE y datos de otras fuentes públicas y privadas (*Ibíd.*:33).

- Al trabajar la huella energética exclusivamente con emisiones de dióxido de carbono su estimación responde a una reacción química de combustión en la que el cálculo se reduce a una simple relación estequiométrica entre reactivos y productos; aunque conceptualmente sencilla existen pequeñas divergencias debidas al diferente poder calorífico que puede tener un mismo combustible, como puede ser el caso del fuel-oil utilizado en Canarias, para éste el inventario dispone de datos específicos que mejoran la calidad de las estimaciones (*Ibíd.*: 39).

- La desalación de agua está integrada en el sector industrial (Catálogo Nacional de Actividades Económicas - CNAE (1993) 41: Captación, depuración y distribución de agua); por lo tanto, ya aparece contabilizado el total de emisiones vinculado a esta actividad en el inventariado de GEI consultado. Se detraerán las emisiones de carbono de forma indirecta a partir de los datos de producción de agua desalada y sus costes energéticos vinculados al mix-eléctrico del año 2005 en Canarias, así se evita la doble contabilidad de estas cantidades. El ACV -a través de la herramienta informática SimaPro[95]-, permite calcular las emisiones de carbono

[95] SimaPro: www.pre-sustainability.com/**simapro**-lca-software

vinculadas a la tecnología de desalación y al mix eléctrico relacionado con la producción de energía eléctrica -actual o alternativo-; de esta forma podemos estimar el peso de este subsector en el total de las emisiones de la economía regional.

3.4.7. Huella del territorio construido.

La huella de los territorios construidos representa el terreno bioproductivo que ha sido ocupado físicamente por las actividades humanas que demandan suelo para su desarrollo.

La NFA 2008 distingue dos tipos de superficie edificada: la zona de infraestructura necesaria para la vivienda, el transporte y la producción industrial; y el área inundada por las represas, clasificada como área hidroeléctrica. Los cálculos suponen que las infraestructuras ocupan antiguas tierras de cultivo; por lo tanto, se aplica el rendimiento y los factores de equivalencia de los territorios agrícolas para obtener el cálculo de la huella de las infraestructuras. Los embalses hidroeléctricos se supone que ocupan el territorio bioproductivo medio mundial.

Se utilizan los datos de 20 presas de referencia para estimar la intensidad de la generación hidroeléctrica, partiendo de la producción de las centrales hidroeléctricas y del área inundada. Este apartado queda fuera de uso en el caso de este archipiélago pues no existen suficientes datos para evaluar los proyectos de energía minihidráulica[96] implantados en Canarias.

---

[96] Según la legislación española, una central se considera minihidráulica si tiene una potencia instalada menor o igual a 5 MW según el Real Decreto 661/2007, de 25 de mayo, por el que se regula la actividad de producción de energía eléctrica en régimen especial (BOE nº 127, de 28/05/07).

- **Supuestos de partida:**

  - Dado que, como hemos indicado anteriormente, las zonas de infraestructura se supone que ocupan las tierras de cultivo, el rendimiento y los factores de equivalencia de las tierras agrícolas serán aplicados en el cálculo de esta huella. Esta suposición sobreestimará la huella y la biocapacidad del territorio ocupado por infraestructuras situadas en zonas donde existía baja productividad. Sin embargo, en cuanto que la huella y la biocapacidad de los terrenos edificados sean iguales, cualquier inexactitud en este supuesto afectará igualmente a ambos. Particularmente en los países áridos podemos encontrar una sistemática sobrevaloración de la huella de su infraestructura y de su biocapacidad.

  - Las zonas asimilables a una función hidroeléctrica se supone que ocupan el territorio promedio mundial. A partir 20 de represas hidroeléctricas se obtienen datos tanto de la producción como del área inundada ocupada en cada caso, se utilizan estos valores para estimar la superficie utilizada en función de la electricidad producida. Esta suposición sobreestima la huella de la energía hidroeléctrica de los países con tierras improductivas (por ejemplo, la roca estéril) que han sido inundadas, y se subestima en los países en que el territorio era muy productivo (por ejemplo, las tierras de cultivo) pero acabó siendo inundado. En el caso de Canarias sólo se estimarán las superficies con láminas de agua para calcular la biocapacidad real del territorio (presas o embalses), careciendo de producción eléctrica asociada; por otro lado, quedan al margen proyectos experimentales (energía minihidráulica) no significativos a escala regional.

  - La NFA 2008 no realiza un seguimiento de las importaciones y las exportaciones de tierra edificada, aunque ésta se incorpora en las mercancías que se comercializan internacionalmente (por ejemplo, el área física de una fábrica que produce un determinado producto para la exportación), y por tanto, debería ser computada como una huella incorporada en ese producto de exportación. Esta omisión probablemente causa una sobreestimación de la huella de territorio construido en los países exportadores, y una subestimación de ésta en los países importadores.

- Los datos de electricidad utilizados para calcular la huella de la producción de energía hidroeléctrica apuntan la cantidad total de electricidad que se consume dentro de un país, no la cantidad producida. La NFA 2008 asume que no hay comercio de energía hidroeléctrica. Debido a que esta metodología no estima la huella de las importaciones o exportaciones de energía hidroeléctrica, la huella de la producción y el consumo son iguales.
- Dada la baja resolución de las imágenes de satélite, éstas no son capaces de capturar la dispersión de las infraestructuras como carreteras y casas; por lo tanto, estas estimaciones tienen un alto nivel de incertidumbre. Las cifras aportadas por la NFA 2008 probablemente subestiman el alcance real de la superposición de superficies impermeables en tierras productivas.

- **Adaptaciones regionales:**

- El Mapa de Cultivos de las islas y el material aportado por el SIOSE han permitido valorar la superficie vinculada a diversas infraestructuras en las islas: la resolución del visor, la diseminación de poblaciones y viviendas aisladas y los numerosos elementos dispersos construidos en las islas, hacen del cómputo obtenido una estimación bastante apta para las intenciones de la investigación; a su vez deja entrever la disonancia entre los Cabildos insulares y el gobierno autonómico a la hora de poder aportar datos a la ciudadanía: la superficie construida en las islas podría ser un dato de interés a la hora de valorar la necesidad o utilidad de nuevas inversiones que reduzcan el potencial biológico del territorio.

- La malla catastral del SIGPAC codifica el territorio no agrícola como: monte, erial y urbano o viales; por otro lado, la información del SIOSE segrega aún más las tipologías de infraestructuras edificadas, aunque en nuestro caso no sea necesario.

3.4.8. Biocapacidad.

La biocapacidad se refiere a la superficie de tierra biológicamente productiva y área de agua disponible dentro de las fronteras de un país determinado. La biocapacidad se calcula para cada uno de los cinco principales tipos de territorios: las tierras de cultivo, las tierras de pastoreo (que también incluye otras tierras arbustivas), la pesca (área de superficie marina y de aguas continentales), los bosques y los terrenos edificados (infraestructura y energía hidroeléctrica).

La biocapacidad de la tierra construida se incluye aquí, aunque los terrenos edificados no generan recursos biológicos, los edificios y las infraestructuras relacionadas cubren esta superficie. Por el contrario, el territorio equivalente para la fijación de carbono no tiene biocapacidad, en este caso se asume que toda la captación de carbono es una demanda localizada en la biocapacidad de las tierras forestales. Por lo tanto, incluir la biocapacidad del territorio para la fijación del carbono además de la biocapacidad de las tierras forestales, daría lugar a una doble contabilidad.

- **Supuestos de partida:**

  - Los cálculos de la biocapacidad para la categoría de "*otras tierras arbustivas*" se hacen asimilando éstas a las tierras de pastoreo.
  - No se cuantifica la biocapacidad del territorio para absorción de carbono; sin embargo, todos los demás tipos de uso de la tierra tienen su cálculo de biocapacidad correspondiente.
  - La biocapacidad de las tierras de cultivo es igual a su huella, porque su rendimiento está definido por el uso humano de éstas.

- **Adaptaciones regionales:**

  - Como ya comentamos en el primer capítulo, aunque la Comisión Brundtland (1987) propuso preservar un 12% de la superficie bioproductiva para proteger la biodiversidad, la metodología de la NFA no especifica cuánta superficie debe dejar de contabilizarse con este fin (Wackernagel y Rees, 1996: 76). El margen del territorio no computado para consumo antrópico queda abierto a la decisión tomada en cada estudio particular; en este caso, dada la elevada biodiversidad y fragilidad de los ecosistemas canarios, a falta de más información se tomará como referencia la estimación apuntada inicialmente.
  - Aquellas superficies territoriales con escasa o nula producción de biomasa no son computables en el cálculo; por lo tanto, se detraen las zonas de playas y roquedales.

- Con el nivel de desagregación territorial obtenida queda difusa la condición de terreno agrícola al integrar eriales y terrenos con abandono reciente o prolongado (suponemos que el terreno se regenera con vegetación propia de la zona geográfica según altitud y orientación). Por otro lado, los terrenos arbustivos, al limitarse a pastos, dejan a los árboles frutales en la categoría agrícola junto a los almendros o las higueras; estos aunque se abandonaran sí mantendrían una biocapacidad contable.

- La biocapacidad marina se calcula en función de la superficie de plataforma continental vinculada al archipiélago (ver Tabla 3.23). Ésta se caracteriza por ser irregular entre las distintas islas (con edades geológicas diferentes entre sí) y como promedio es bastante escasa.

Tabla 3.23: Superficie de la plataforma continental insular.

Plataforma continental.	**Superficie (km^2)**
Fuerteventura.	695
Lanzarote.	461
Gran Canaria.	324
Tenerife.	315
La Gomera.	216
La Palma.	152
El Hierro.	93
Total.	**2.256**

http://www.geoiberia.com/geo_iberia/margenes/margen_atlantico.htm

Según Fernández-Palacios *et al.* (2004[97]): "*Las condiciones locales de estas islas, que modifican las generales de la Corriente de Canarias, dan lugar a la existencia de comunidades muy diversificadas en el espacio y originales en composición, estructura y funcionamiento, bien diferentes de las costas europeas y africanas próximas y sólo comparables a las de los archipiélagos de Madeira y Salvajes, aunque, en estos últimos la complejidad estructural, la riqueza específica y la diversidad son menores*".

Nos encontramos pues ante una situación típica de muchas islas tropicales y subtropicales, con ecosistemas litorales bastante diversificados, originales y frágiles, fácilmente vulnerables debido a la baja densidad de las especies y las complejas interrelaciones existentes entre ellas. Por lo tanto, el debate sobre la superficie marina vinculada a la región es infructuoso; aún en la actualidad existe conflicto de intereses en la delimitación de las aguas correspondientes al archipiélago, quedando pendiente de aprobación los límites de la ZEE[98] de Canarias (ver Gráfica 3.16). Recientemente se ha tomado la figura de Zona Marítima Especial Sensible (ZMES).

La ZMES canaria entró en vigor en diciembre de 2006, tras haber sido aprobada en julio de 2005 por la Organización Marítima Internacional (OMI[99]); ésta abarca una extensión aproximada de 32.400 millas cuadradas (60.000 km^2) y está limitada exteriormente

---

[97] José María Fernández-Palacios, José Ramón Arévalo, Juan Domingo Delgado, Rudiger Otto (2004). *Canarias, ecología, medio ambiente y desarrollo.* Centro de la Cultura popular de Canarias. La Laguna (ISBN: 84-79264543).

[98] La zona económica exclusiva, también denominada mar patrimonial, es una franja marítima que se extiende desde el límite exterior del mar territorial hasta una distancia de doscientas millas marinas (370,4 km) contadas a partir de la línea de base desde la que se mide la anchura de éste (http://es.wikipedia.org/wiki/Zona_econ%C3%B3mica_exclusiva).

[99] En fecha 24 de octubre de 2003 España presentó ante la Organización Marítima Internacional (OMI) la propuesta contenida en el documento MEPC 51/8 de designación de las aguas de las Islas Canarias como ZMES. El Comité de Protección del Medio Marino (MEPC) de la OMI es el órgano competente para la designación de ZMES.

por una línea poligonal que cubre los extremos del límite exterior de la zona contigua al mar territorial[100], las 12 millas náuticas[101] interiores que rodean el Archipiélago (ver Gráfica 3.17).

Gráfica 3.16: Distancias marítimas a la costa según zonas.

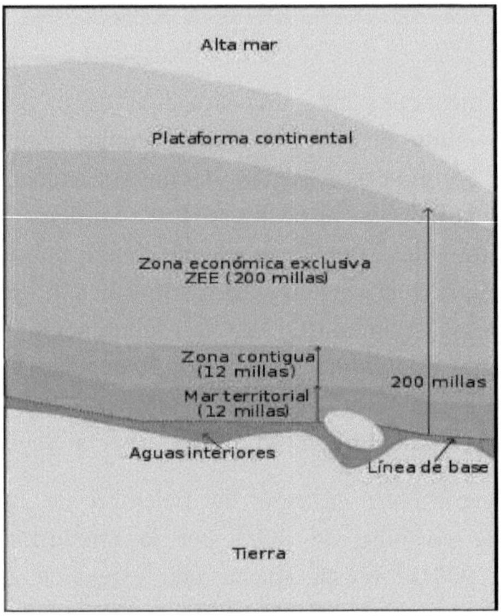

Archivo Wikipedia (Zonmar-es.svg).

[100] El mar territorial es el sector del océano en el que un Estado ejerce plena soberanía, de igual forma que en las aguas internas de su territorio. Según la Convención del Mar, el mar territorial es aquél que se extiende hasta una distancia de doce millas náuticas (22,2 km) contadas a partir de las líneas de base desde las que se mide su anchura.

[101] La milla náutica, también llamada milla marítima, es una unidad de longitud empleada en navegación marítima y aérea. En la actualidad, la definición internacional, adoptada en 1929, es el valor convencional de 1852 m, que es aproximadamente la longitud de un arco de 1' de meridiano terrestre. Se introdujo en la náutica hace siglos, y fue adoptada, con muy ligeras variaciones, por todos los países occidentales. Su uso está admitido en el SI.

Gráfica 3.17: Superficie oceánica vinculada a las islas.

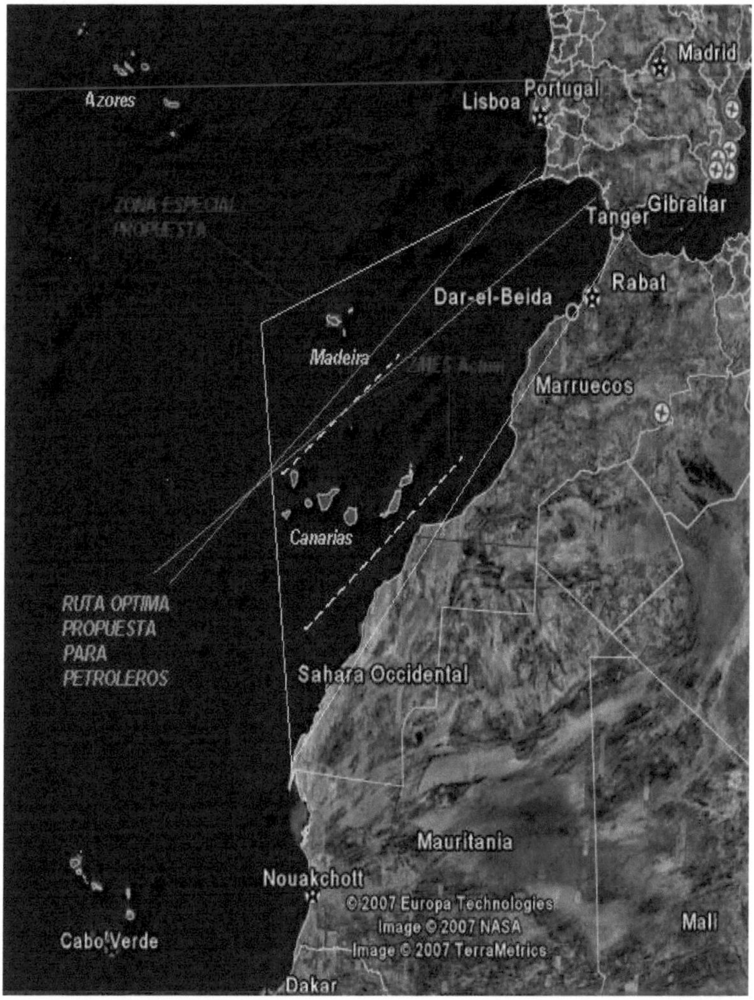

Gobierno de Canarias, 2007: 13.

En cualquier caso, esta reflexión escapa de los objetivos del cálculo de la biocapacidad marina, que como hemos señalado se fundamentará en los datos relativos a la plataforma continental insular.

3.4.9. Factores de rendimiento

Los factores de rendimiento reflejan la productividad relativa nacional (n) y mundial (w) por hectáreas promedio para un determinado tipo de uso del territorio. Cada país, cada año, tiene un factor de rendimiento para cada tipo de territorio. Los factores de rendimiento se utilizan en los cálculos de la biocapacidad cuando ésta es referida en hectáreas globales.

Los factores de rendimiento se calculan utilizando la Ecuación 3.1 para los principales tipos de uso del territorio que produce un único producto primario como referencia. Este algoritmo no sólo se aplica a las áreas agrícolas, también participa en el cálculo de la biocapacidad de las tierras de pastoreo o de las superficies consignadas a los recursos pesqueros y forestales.

Ecuación 3.1: Cálculo Simple de los Factores de Rendimiento.

$$YF_N{}^L = \frac{Y_N^L}{Y_W{}^L}$$

Kitzes *et al.*, 2008: 81.

Donde:

YF_N^L= Factor de Rendimiento de un determinado país y tipo de tierra, nha.wha^{-1}.

Y_N^L = Rendimiento de un determinado país y tipo de tierra, t.nha^{-1}.

Y_W^L = Rendimiento medio mundial para un determinado tipo de tierra, t.wha^{-1}.

Cuando las tierras de cultivo produzcan más de un producto primario, el cálculo del factor de rendimiento será definido por la Ecuación 3.2.

Ecuación 3.2: Cálculo Ampliado de los Factores de Rendimiento.

$$YF_N^L = \frac{\Sigma A_W}{\Sigma A_N}, \text{ siendo } A_W = \frac{P_N}{Y_N} \text{ y } A_N = \frac{P_N}{Y_W} \qquad (\textit{Ibíd.})$$

Donde:

YF_N^L= Factor de Rendimiento de un determinado país y tipo de tierra, wha.nha^{-1}.

A_N = Área cosechada para obtener una cantidad determinada de producto en un país, nha^{-1}.

A_W = Área de que se necesitaría para producir una cantidad determinada de producto utilizando tierras promedio mundiales, wha^{-1}.

P_N = Cantidad de determinado producto extraído o residuo generado en un país, t. año^{-1}.

Y_N = Rendimiento para la extracción de productos nacionales, t.nha^{-1}. año^{-1}.

Y_W = Rendimiento medio mundial para la extracción de productos, t.wha^{-1}. año^{-1}.

- **Adaptaciones regionales:**

  - Se han mantenido los factores de rendimiento estimados a nivel nacional. Los datos obtenidos en el trabajo de campo son insuficientes para calcular valores regionales para todos los tipos de territorio.

3.4.10. Factores de equivalencia.

Los factores de equivalencia reflejan la productividad relativa de las hectáreas promedio mundiales de los diferentes tipos de suelo. Estos son los mismos para todos los países, y cambian ligeramente de un año a otro. Los factores de equivalencia se utilizan en ambos cálculos -HE y biocapacidad-, cuando los resultados se expresan en hectáreas globales.

El cálculo específico de los factores de equivalencia se obtiene en una adenda de NFA 2008. Este documento puede ser consultado en la GFN, su contenido excede de los límites de este trabajo. Se aporta a continuación una breve descripción que pretende proporcionar una visión general de la lógica del cálculo llevado a cabo en el documento de apoyo citado.

Los factores de equivalencia se calculan actualmente usando los índices de sostenibilidad del modelo de zonas agroecológicas mundiales (Global Agro-Ecological Zones-GAEZ), combinado con información sobre las áreas reales de las tierras de cultivo, los bosques y las zonas de pastoreo a partir de FAOSTAT (FAO ResourceSTAT, base de datos estadísticos). El modelo GAEZ divide toda la tierra a nivel mundial en cinco categorías, a cada una de las cuales se le asigna una puntuación en función de su sostenibilidad (Kitzes *et al.*, 2008:84):

• Muy adecuados - 0,9

• Apto - 0,7

• Moderadamente Apto - 0,5

• Marginalmente Conveniente - 0,3

• No Apto - 0,1

El cálculo del factor de equivalencia asume que las tierras más productivas se destinan al uso más rentable. Los cálculos estiman que el mejor terreno disponible es para las tierras de cultivo, el siguiente más adecuado en virtud de este criterio, sería la tierra forestal y las tierras menos aptas serían las zonas de pastoreo. El factor de equivalencia se calcula como el cociente del índice de sostenibilidad promedio para un determinado tipo de tierra dividido entre el índice de sostenibilidad promedio para todos los tipos de tierras.

El factor de equivalencia de la infraestructura es igual al factor de equivalencia de las tierras de cultivo, ya que refleja la hipótesis de que la infraestructura ocupa antiguas tierras de cultivo. El factor de equivalencia de la energía hidroeléctrica es igual a uno, lo que supone que las presas hidroeléctricas inundan tierras promedio mundiales. El factor de equivalencia del área marina se calcula suponiendo que una sola hectárea de pasto mundial producirá una cantidad de calorías de carne de vacuno igual a la cantidad de calorías de salmón que produciría una sola hectárea de superficie marina mundial. El factor de equivalencia de las aguas continentales es igual al factor de equivalencia del mar

- **Adaptaciones regionales:**

  - Al referirse a un dato promedio relativo constante, se aplica sin modificación alguna.

3.5. Conclusiones parciales.

El archipiélago canario sirve de paradigma de las características inherentes a cualquier región insular carente de recursos energéticos convencionales (fósiles) y no conectada a redes continentales: total dependencia energética del exterior, importante peso del sector transporte (tanto marítimo como terrestre o aéreo) en la demanda de energía primaria, suministro de combustibles exclusivamente por vía marítima; por lo tanto, excesiva vulnerabilidad frente a crisis energéticas. También conviene recordar que este contexto insular supone además contar con sistemas eléctricos aislados, que en Canarias son muy difíciles de interconectar debido a las significativas profundidades existentes entre islas.

En el caso particular de los espacios insulares, su caracterización demanda un enfoque resiliente desde los ámbitos económico, social y ambiental. Las perturbaciones externas que incidan en cada una de estas dimensiones dependerán de la combinación de factores que determinen la vulnerabilidad y resiliencia del territorio a riesgos potenciales.

El turismo supone un aumento de población que incrementa la presión sobre los ecosistemas insulares (Hall, 2010: 383); por tanto, su dinámica e interacción con el entorno requieren de un seguimiento para estimar la vulnerabilidad ambiental y los factores que pueden fortalecer su resiliencia ecológica. En ocasiones estos territorios están afectados por un exceso de desarrollo del sector turístico (Arsenis,

2010); aunque el modelo de gestión condiciona los efectos reales de esta potencial amenaza al entorno natural.

El desarrollo de un turismo *sostenible* implica una reformulación del consumo de recursos naturales y energía acorde con las capacidades de absorción y regeneración del capital natural; en este sentido la huella ecológica registra el comportamiento ambiental de esta actividad económica (Gössling *et al.*, 2002).

El agua y la energía son dos recursos naturales clave para el desarrollo sostenible, ambos condicionan decisiones económicas en la agricultura, en el desarrollo urbanístico, en el turismo y en la industria. Los balances hídricos y energéticos en Canarias muestran una realidad bien lejos de la sostenibilidad; por un lado, la escasez de agua dulce en una gran parte de las islas -principalmente en las orientales- y por otro, la elevada dependencia del petróleo y sus derivados para obtener energía.

Cada isla es una Demarcación Hidrológica independiente, pero al igual que con la huella ecológica analizaremos el impacto de la desalación sobre la región globalmente: existen grandes diferencias entre islas, pero el análisis insular escapa de los límites de este estudio. El ACV es un complemento útil para obtener los costes ambientales de estas infraestructuras y analizar las emisiones vinculadas en cada caso; facilitando de algún modo decisiones mejor fundamentadas en el terreno político.

La información y la formación facilitan la implicación ciudadana, colaborando en la reformulación de las políticas que más les afectan; cumpliendo con la máxima de "actuar localmente para cambiar globalmente". La acción horizontal, entre iguales, también es un capital social significativo: el factor sinérgico de la colaboración. El voluntariado enriquece la experiencia humana desarrollando su empatía. Actualmente éste es un sector en aumento, aupado por la globalización de los medios de información y comunicación (el factor insular se difumina con ayuda de las TIC).

La evolución tecnológica está facilitando la metamorfosis hacia una sociedad más empática (Rifkin, 2009). El cambio de siglo nos sitúa en el umbral de un modelo económico post-carbónico enfocado hacia la Tercera Revolución Industrial: "perforar en busca de petróleo no va a sacarnos de la crisis, porque el petróleo mismo *es* la crisis" (Rifkin, 2011: 204). El interés común perseguido de forma colectiva es la mejor ruta para alcanzar el desarrollo económico sostenible (*Ibíd.*: 830).

4. La Huella Ecológica de Canarias, insular y lejana.

"If you can't measure it, you can't manage it". "Si no lo puedes medir, no lo puedes gestionar". (Anónimo).

4.1. Introducción.

En el contexto nacional se ha calculado la Huella Ecológica de España separando por Comunidades Autónomas los recursos consumidos (MINURTIA, 2007). A la hora de estimar los recursos establecidos en el cómputo estándar de esta herramienta el Ministerio de Medio Ambiente español (MMA) no profundizó en las especificidades de cada región. Particularmente la Comunidad Autónoma de Canarias ofrece singularidades que invalidaría un modelo de promedio para la estimación de la huella regional; limitándose, en ese caso, a una estimación gruesa sin reconocer las especificidades naturales y sociales que envuelven a estas islas. Una superficie de 7.447 km^2 con un Padrón Municipal en el año 2005 de 1.968.280 habitantes censados, representa una densidad de población de 264 habitantes/km^2, reconociéndose a su vez 301.335 ha de Espacios Protegidos[102] en el territorio según datos del 2003[103].

[102] Parques Nacionales, Naturales y Rurales, reservas naturales, monumentos naturales y sitios de interés científico (ISTAC, 2006: 4-6).

[103] Ley 12/1994 de 19 de diciembre, de Espacios Naturales de Canarias (BOC 1994/157,de 24 de diciembre)-Decreto 18/2003, de 10 de febrero (BOC 2003/038,de 25 de febrero)-Resolución de 14 de octubre de 1999, de la Secretaría General de Medio Ambiente (BOE 1999/310, de 28 de diciembre)-Ley 2/2000 de 17 de julio (BOC 2000/094, de 28 de julio)-Decreto Legislativo 1/2000 de 8 de mayo, por el que se aprueba el Texto Refundido de las Leyes de Ordenación del Territorio de Canarias y de Espacios Naturales de Canarias (BOC 2000/60, de 15 de mayo).

Existen una serie de condicionantes permanentes en el marco de referencia de este trabajo: gran lejanía, insularidad, superficie reducida, relieve escarpado, fragilidad ecológica y la dependencia económica de un elevado número de productos de consumo; por otro lado, su innegable carácter marítimo viene acentuado por el hecho de estar compuesta por siete islas y 6 islotes, afectando esto no sólo a sus relaciones con el exterior, sino también a las internas, quedando limitadas en ambos casos por el océano que las rodea.

La aplicación de un modelo de cálculo homologable con los estudios internacionales consultados se encuentra con limitaciones vinculadas al uso directo de los datos o referencias oficiales, lo que dificulta la metodología de cálculo. Por otro lado, el organigrama burocrático enmaraña las funciones de normalización de los datos requeridos para la investigación y, a su vez, permite constatar la precariedad de la información y la deficiente transparencia en la transmisión de ésta con garantías.

La posición geográfica como enclave europeo atlántico, situado junto a África, determina parte de las singularidades en la adaptación de la Huella Ecológica Nacional Española a la Comunidad Autónoma Canaria; estos aspectos se tratarán en el desarrollo de este capítulo. El archipiélago por su localización acusa, más intensamente que otras regiones, los problemas de seguridad y aprovisionamiento energético.

Enfocando la atención en los sectores económicos prevalentes en la región, el peso específico de la actividad turística impone un análisis de su efecto en el consumo de recursos naturales del archipiélago. La llegada de turistas extranjeros totales en 2005 fue de 9.276.963 visitantes, una ingente cantidad si la comparamos con la población residente censada, 1.968.280 habitantes (ISTAC, 2006). La HE generada por esta particularidad quedará recogida en el cálculo regional; dado que los consumos de recursos naturales realizados por los foráneos, en este territorio, quedan reflejados en ella.

En términos generales, numerosos destinos turísticos deben su popularidad a la proximidad al mar y dependen directamente de la calidad de su medio ambiente. Si bien la longitud total de la costa española se aproxima a los 8.000 km, la Comunidad Autónoma de Canarias cuenta con 1.583 km de ésta, lo que la convierte en la región con más longitud de litoral del territorio nacional (Gobierno de Canarias, 2007).

El Panel Intergubernamental sobre el Cambio Climático fija una elevación promedio del nivel del mar de 4,2 mm/año en el periodo 2000-2080 (*Ibíd.*: 36). Por ello es imprescindible empezar a tomar medidas que favorezcan la resiliencia del entorno y mitiguen la emisión de gases de efecto invernadero, previniendo sus posibles efectos sobre el clima, uno de los cuales parece ser la inevitable subida del nivel del mar. En este contexto, que depende económicamente del sector turístico, toda la franja costera constituye la zona más vulnerable.

El transporte aéreo movilizó a 16.026.356 personas en vuelos insulares, nacionales e internacionales; mientras que por vía marítima transitaron 4.030.426 más (ISTAC, 2006). El tráfico de mercancías por vía aérea fue de 82.869,5 t; en tanto que las movilizadas por vía marítima sumaron 33.512.000 t (*Ibíd.*). Estos números suponen indirectamente "emisiones de carbono" a la atmósfera que inciden en la huella energética de la región. A medio plazo estos hechos podrían afectar a la biocapacidad de Canarias y, consecuentemente, inducir un aumento relativo del déficit ecológico; éste de por sí ya es relevante si se tienen en cuenta los costes energéticos de los transportes de pasajeros y mercancías.

El Plan Energético de Canarias 2006-2015 (PECAN, 2006) -aprobado por el Parlamento de Canarias- pretendía corregir esta situación fomentando la diversificación energética, promoviendo el uso racional de energía –ahorro y eficiencia energética- e impulsando las energías renovables. En concreto, se proponía la introducción de combustibles fósiles menos contaminantes (gas natural) y un incremento de las fuentes de energía renovables, con el objetivo de cubrir con éstas más del 25% de la demanda eléctrica del archipiélago en el año 2015.

La estimación de los recursos naturales consumidos en las islas se ha vinculado a los datos oficiales existentes en las Administraciones Públicas; para los casos más controvertidos se ha requerido la estimación de expertos a través de entrevistas personales. En este trabajo el cálculo de la HE regional se fundamenta en la HE nacional, sustentando la metodología en la aplicación de las directrices establecidas por la Red de Huellas Ecológicas Mundiales (Global Footprint-Network-GFN), y en la aplicación de las especificidades oportunas para generar resultados consistentes y significativos.

Por ello se han establecido adaptaciones en función de la provisión de datos obtenida, dando lugar a una estimación de consumo de recursos aproximada a partir de los datos existentes (ver Apartado 3.4). Particularmente en el sector energético, la reducción de emisiones de carbono no sólo se plantea a través escenarios con mayor participación de las energías renovables, también implica una política de eficiencia en el consumo y de concienciación de la sociedad en su conjunto.

Como ya se indicó en el primer capítulo, la HE permite visualizar los resultados algebraicos en superficies comparables con la biocapacidad del territorio. A partir de ahí se pueden cuantificar las toneladas de dióxido de carbono evitadas con la implementación de políticas sensibles al cumplimiento de objetivos de reducción de éstas, y evaluar su incidencia en la sostenibilidad del vigente modelo productivo y de consumo.

A grandes rasgos el déficit ecológico canario es previsible dada su dependencia energética, características geográficas, ambientales, poblacionales y de territorio. En el año 2005 en Canarias las importaciones supusieron unas 9.239.993 toneladas, mientras que las exportaciones unas 1.747.438 toneladas (Datacomex, 2005); son cifras que se desglosarán en el desarrollo de capítulo, agregando información complementaria para cuantificar las distintas HE del territorio: agrícola, de pasto (y comercio agropecuario), pesquera, forestal, infraestructura y energética. El cálculo de la HE, podría mostrarse útil a la hora de desvelar datos relevantes en la priorización de medidas correctoras al modelo insostenible en curso.

4.2. Los consumos de recursos naturales en las islas.

Aunque el hecho insular permite delimitar con claridad las fronteras físicas del territorio, existen aspectos vinculados a la realidad socioeconómica que requieren de una mayor revisión para evitar interpretar erróneamente los resultados del cálculo de la huella regional.

Durante los años setenta del siglo pasado las Islas Canarias ya aparecen como un destino turístico consolidado, reconociéndose desde entonces los impactos producidos por las actividades turísticas: **a) impactos medioambientales:** contaminación, uso excesivo de recursos naturales, problemáticas derivadas de la concentración de los visitantes en el tiempo y en el espacio, **b) impactos urbanos:** desaparición y/o abandono de las partes antiguas de las poblaciones, urbanización dispersa, aparición de nuevos núcleos turísticos y la transformación de pueblos emblemáticos en pequeñas ciudades, baja calidad de la construcción y atentados paisajísticos, **c) impactos económicos:** pobre diversificación económica, predominio de un sector terciario que debe adaptarse a una tremenda población flotante, infraestructuras sobredimensionadas para soportar una demanda estacional de larga duración, **d) impactos sociales**: desarrollo de amplios conflictos de intereses, desintegración social por la división del bien común en una amalgama de intereses individuales, **e) impactos culturales:** desaparición de las actividades y costumbres tradicionales, y **f) impactos institucionales**: falta de una visión global sobre el territorio y abandono histórico de la defensa de los intereses comunes de la población. (Sardá *et al.,* 2004: 5).

Este marco de referencia permite reconsiderar la introducción de los principios de sostenibilidad en la gestión territorial, y por ende, en las actividades turísticas, facilitando un modelo más conveniente para su revitalización; éste debiera empezar por asegurar la sostenibilidad de las acciones, bien sean públicas o privadas (*Ibíd.*: 6). La HE, como ya se ha comentado en el primer capítulo, permite caracterizar los consumos de recursos vinculados a un territorio con una población definida, pero en esta región los conceptos, habitante *versus* visitante, requieren una adecuada metodología de aproximación cuantitativa para ajustar la huella real *per cápita* del territorio. Obviar este hecho imprimiría un elevado margen de error, sobreestimando el consumo de la población censada.

4.2.1. Huella ecológica aplicada al turismo.

La mayoría de los cálculos de la HE (relacionados con el consumo medio de la población) excluyen totalmente el turismo (WWF, 2000). Sin embargo, algunas HE fundamentadas en programas informáticos para usos individuales en Internet, permiten a las personas evaluar sus propios impactos. Estas calculadoras pueden estimar, por ejemplo, el número total de horas en transporte aéreo para un año[104]

[104] Ver www.bestfootforward.com, www.earthday.net/footprint/index y también existe la opción de elegir el clima del sitio por parte de los usuarios para identificar la contribución de carbono en sus vuelos (véase www.chooseclimate.org).

dado. La cuota de huella turística en Baleares estimada por Murray Mas (2000) y en Manali –norte de la India– valorada por Cole y Sinclair (2002), aportan dos modelos de aproximación a la participación del consumo turístico en la HE. El estudio de Baleares estima el consumo de energía y agua en hoteles, suponiendo que ambos recursos fueran el principal impacto de los visitantes. En el caso de Manali, se supone que los turistas extranjeros mantienen el consumo promedio local. Ambos estudios excluyen el transporte turístico, y a su vez, ambos se enfrentan con un problema de error por agregación, ya que muchas actividades y consumos de turistas se parecen a las de los residentes locales, por lo que resulta difícil determinar la contribución marginal del turismo a la totalidad de los impactos (Maj Petterson, 2005: 18-19).

Hay cierto desacuerdo acerca de cómo asignar la responsabilidad de la contribución de esta actividad económica a la HE. La Agencia Internacional de Energía (1998) sostiene que la huella del turismo debería ser asignada en su totalidad al país de residencia del visitante. Sin embargo, la dificultad de cuantificar el consumo de los ciudadanos en el extranjero hace que este objetivo sea inviable. Si bien Gössling *et al.* (2002) calcularon una HE de las Islas Seychelles centrada en el transporte (entrada/salida pasajeros), y además hicieron numerosos supuestos sobre el comportamiento de los turistas en el destino que generaron un amplio margen de error. Un modelo de estudio de la huella turística basado en entrevistas y datos específicos de los visitantes permitiría mejorar nuestra comprensión del impacto real de los foráneos en los entornos biofísicos y sistemas sociales locales. Los citados trabajos en las regiones de Manali, Baleares, y Seychelles tratan a cada una de sus correspondientes áreas de estudio como esencialmente aisladas, lo cual simplifica la recopilación de datos y cálculos adicionales (Cole y Sinclair, 2002; Gössling *et al.*, 2002; Murray Mas, 2000). No existen estudios consistentes de la huella del turismo a nivel internacional o en áreas trasnacionales, aunque hay investigaciones inconclusas en referencia a los cálculos entre países colindantes (Maj Petterson, 2005: 18-19).

Una de las razones por las que el turismo ha sido excluido del análisis de la HE en el pasado es debido a la dificultad de la recopilación de datos. Por lo tanto, según Wackernagel (1994), por razones teóricas y prácticas, la HE sólo puede abordar las actividades humanas para las que existen datos cuantificables o pueden obtenerse fácilmente. Los datos sobre los hábitos de los visitantes en los destinos turísticos pocas veces se analizan, con la posible excepción de los trabajos de Becken (2002); por ejemplo en este estudio, la provincia de Siena no cuantificaba parámetros como: el territorio vinculado al transporte; las llegadas al aeropuerto; el modelo de estudio sobre el transporte; las fuentes de información empleadas por los turistas para conocer la región (es decir, si los itinerarios fueron planeados antes de salir de su casa, y si los agentes locales son capaces de influir en la actividad turística, pre o post-llegada); y las proporciones de bienes y servicios tanto locales como importados consumidos por los residentes y los turistas (Maj Petterson, 2005: 18-19).

Un buen número de estudios de HE emplean el Análisis Input-Output, la contabilidad de todos los flujos de materiales y de energía que se promedian para todos los residentes locales. Por ejemplo, hay estudios que usan el total de energía consumida en el hogar mas la de uso civil, dividida entre el total de los residentes (Cole y Sinclair, 2002; Murray Mas, 2000).

Cuando el consumo turístico es omitido, la HE de la comunidad de acogida será sobrestimada; esto es especialmente remarcado en el caso de economías locales con una mayor incidencia del turismo. Comprender mejor la HE del turista es también un modo de profundizar en nuestra comprensión de la HE de los residentes locales (Maj Petterson, 2005: 18-19).

Actualmente, la huella del turismo internacional es asignada al país que el turista visita. Como la huella de una nación se define como la demanda de capacidad regenerativa asociada a los consumos de los residentes de esa nación, la huella de sus actividades turísticas habría de asignarse al lugar de origen de los turistas (Kitzes *et al.,* 2007: 10).

Esta incoherencia podría resultar importante para las pequeñas naciones con una consolidada infraestructura turística. Aunque se ha analizado la huella del turismo en diversas naciones y regiones (Hunter y Shaw, 2007; Patterson *et al.*, 2007a, 2007b 2004; Peeters y Schouten, 2006; Tiezzi *et al.,* 2004; Hunter, 2002; Gössling *et al.,* 2002); estos trabajos no son sistemáticos, aunque en la actualidad se están completando datos para hacer comparables los cálculos de la huella del turismo internacional (Kitzes *et al.,* 2007: 10).

La falta de una organización internacional que avale cifras normalizadas establecidas en informes detallados sobre la actividad turística sigue siendo un gran obstáculo para incluir oficialmente tales cálculos en la contabilidad nacional de la huella. Compilar una serie de referencias manualmente, nación por nación, requeriría una ingente cantidad de tiempo y recursos. Dado que los montantes de gastos relacionados con el turismo son a menudo rastreados con variables monetarias a través de las Tablas Input-Output, esta herramienta puede aportar, actualmente, los mejores datos disponibles para el análisis global de las actividades turísticas (*Ibíd.*).

Por lo tanto, en la metodología estándar de la HE, las actividades turísticas se atribuyen al país en que se producen más que al país de origen del visitante. Este hecho distorsiona el tamaño relativo de las huellas de algunos países, exagera las que albergan turistas y subestima las procedentes de los países de origen de los viajeros (*Ibíd.*: 4). En la revisión bibliográfica se constatan HE regionales que sí han ponderado esta incidencia: dentro de la huella del territorio (el caso de Cataluña por Mayor *et al.,* 2003 o el de Cardiff por Collins y

Flynn 2005) o como huella turística *per se* (el caso de Ontario por Allan, 2003 o el de Val di Merse por Maj Petterson, 2005).

Dado que el objetivo de esta Tesis no está directamente encaminado a profundizar en los hábitos de consumo del turista, además de las dificultades de cálculo señaladas, tomaremos como referencia el modelo catalán (Mayor *et al.*, 2003: 105-107) para estimar la población equivalente en Canarias. A pesar de ello, seguimos creyendo que profundizar en la aplicación de la HE a la actividad turística en el archipiélago, es una cuestión abierta por su importancia.

- **Estimación de la población equivalente en Canarias.**

Uno de los aspectos clave de la HE es considerar los efectos producidos por una población humana concreta. Las estimaciones sobre el número de residentes en un territorio concreto pueden ser diferentes, pero todas buscan valorar -de la manera más precisa y exacta posible- el número de habitantes (*Ibíd.*). Habitualmente se recurre a los datos del censo, un inventario exhaustivo y suficientemente fiable de la población de un territorio determinado. De hecho, para el cálculo de la huella ecológica de Canarias se considera, como punto de referencia, la población censada, la cual es una aproximación bastante actualizada.

La demografía canaria está formada por una *metapoblación*, o sea, compuesta por población residente en las islas, más los emigrantes en otros países, que mantienen su vinculación familiar y nacional con el país de origen (Venezuela es llamada la octava isla). Es un hecho que afecta especialmente en el caso de elecciones a cargos públicos, donde el voto emigrante a veces es determinante. El conjunto del censo está sujeto a las dinámicas de nacimiento y mortalidad, y también a los flujos de inmigración y emigración. Por todo ello, es preciso tener presente que este estudio considera sólo la población que reside en Canarias.

Por lo que se refiere a la inmigración, aquellos residentes que están en situación legal generalmente son incluidos en el censo, mientras que no disponemos de datos fiables del resto de inmigrantes, por tanto, no los podemos contabilizar. Por lo que se refiere al turismo, el número de turistas extranjeros que visitó Canarias el año 2005 fue de 9.276.963 personas (ISTAC, 2006); además, las visitas de españoles no canarios (por vacaciones, viajes de negocios, estudios, etc.) suman un total de 3.487.478 personas más. Por tanto, se estima que, en el año de referencia, el archipiélago recibió la visita de 12.764.441 personas.

Sin embargo, este elevado número de personas (casi 6,5 veces la población censada) no acostumbra a quedarse en el territorio insular durante períodos muy largos. Se puede contabilizar a qué número de habitantes fijos equivaldría esta población, que incrementarían el número de habitantes censados a efectos de nuestro cálculo. Según el ISTAC (2006), la estancia media de los turistas en establecimientos hoteleros fue de 7,9 días en el año 2005. Con estos datos se puede asumir que el total de turistas/visitantes equivale a un promedio de 276.271,5 habitantes equivalentes más.

Así, se puede establecer que la población equivalente de Canarias (incluidos los turistas) sería de unos 2.244.551 habitantes. Por tanto, sobre el cálculo original de la huella ecológica, la aplicación de esta corrección nos da un valor del indicador ambiental ligeramente menor, de 4,76 gha/hab. a 4,17 gha/hab.

Para poder comparar con el resto de España tomaremos los resultados vinculados al censo de población y la información aportada por "La Huella Ecológica de España (1995-2005)" elaborada por el Ministerio de Medio Ambiente; este documento permite observar las tendencias sin profundizar en las diversidades metodológicas de su modelo de cálculo. El propio estudio nacional refleja incertidumbres con respecto a la calidad de los datos empleados para aproximar los resultados en las distintas Comunidades Autónomas.

4.2.2. Huella Ecológica de los recursos consumidos en Canarias.

Para analizar adecuadamente los resultados obtenidos compararemos estos con los aportados por la NFA para España 2005 y los valores promedios mundiales. Como ya hemos expuesto con anterioridad, el desarrollo metodológico propuesto en este trabajo ha partido de los rendimientos nacionales para calcular las hectáreas globales correspondientes a los consumos del archipiélago. Existen aún discordancias, relacionadas sobretodo con la falta de datos locales. Por lo tanto, se considera que el actual valor estimado está por debajo del que se obtendría de un análisis más exhaustivo y profundo de la economía canaria.

Siendo nuestro objetivo otro, más vinculado con los costes energéticos de la desalación y su incidencia en la huella de la región, la valoración relativa de estos cálculos permite estimar *grosso modo* la tendencia del modelo de desarrollo como no-sostenible, completamente dependiente de recursos externos, perdiendo biocapacidad progresivamente y sin compromiso colectivo para su recuperación.

Tanto el consumo de recursos en Canarias (4,76 gha/hab.) como en España (5,74 gha/hab.) superan la media mundial (2,69 gha/hab.). Pero más llamativo es, si cabe, la disponibilidad de recursos naturales para soportar este nivel de consumo (ver Tabla 4.1), la biocapacidad disponible en Canarias (0,5 gha/hab.) está muy por debajo de la de España (1,34 gha/hab.) que también es inferior al promedio mundial (2,06 gha/hab.).

Tabla 4.1: Huella Ecológica y Biocapacidad comparativa por habitante.

	Islas Canarias (1)	**Islas Canarias** (2)	**España**	**Mundial**
	[gha/hab.]	[gha/hab.]	[gha/hab.]	[gha/hab.]
Huella ***per cap.***	4,76	4,17	5,74	2,69
Biocapacidad ***per cap.***	0,50	0,43	1,34	2,06

(1): Censo de población (ISTAC, 2006); (2): Población equivalente incluyendo visitantes.

Elaboración propia a partir de datos de NFA, 2005.

El abandono del suelo agrícola, la falta de políticas de reforestación con gestión sostenible de bosques y la degradación de los suelos (aplicación de agroquímicos, contaminación de aguas) van sustrayendo progresivamente biomasa del balance contable medioambiental. Por lo tanto, el análisis a lo largo del tiempo de la HE permite valorar los avances o retrocesos en las intervenciones propuestas para solventar la situación actual: reducir la HE y aumentar la biocapacidad.

Como ya se indicó en el primer capítulo (Apartado 1.3), el consumo se entiende -a grandes rasgos- como el resultado de sumar la producción e importación y restar la exportación del balance comercial neto de la economía. Una ventaja del uso de la HE, es que permite desagregar esta en los distintos tipos de territorios que la componen y, así, poder parcializar el análisis de los resultados entre el conjunto de España y Canarias.

Las repercusiones en cada tipo de territorio se comentarán por separado en los siguientes apartados. Pero antes conviene señar que una primera aproximación al resultado de la HE es la importancia del terreno para fijación de carbono en ambas economías (ver las Tablas 4.2 y 4.3 con los resultados totales y las Tablas 4.4 y 4.5 con los resultados *per cápita*).

En todo caso, la huella del consumo energético (o huella ecológica para la fijación de carbono) supone en ambos territorios más del 50% de la HE total: concretamente 71% para Canarias y 59% para España (ver la Gráfica 4.1 y la Gráfica 4.2 con la distribución porcentual de los distintos territorios).

Tabla 4.2: Huella Ecológica de España (2005).

Tipos de usos del territorio.	$HE_{Producción}$	$HE_{Importación}$	$HE_{Exportación}$	$HE_{Consumo}$
	[gha]	[gha]	[gha]	[gha]
Agrícola.	39.431.347	30.890.119	14.296.409	56.025.056
Pastoreo.	13.827.653	1.471.825	1.130.142	14.169.337
Bosques.	8.213.837	15.657.126	8.983.341	14.887.622
Pesca.	14.901.136	4.311.925	5.689.436	13.523.624
Fijación de carbon.	97.922.659	128.963.780	80.066.701	146.819.738
Infraestructura.	1.786.444	0	0	1.786.444
TOTAL	**176.083.075**	**181.294.775**	**110.166.029**	**247.211.821**

Nota: se han hecho redondeos de los decimales. NFA, 2005.

Tabla 4.3: Huella Ecológica de Canarias (2005).

Tipos de usos del territorio.	$HE_{Producción}$	$HE_{Importación}$	$HE_{Exportación}$	$HE_{Consumo}$
	[gha]	[gha]	[gha]	[gha]
Agrícola.	407.332	715.559	23.836	1.099.055
Pastoreo.	141.261	215.826	6	357.080
Bosques.	566	332.367	82.157	250.776
Pesca.	421.667	238.227	44.264	615.631
Fijación de carbon.	3.672.383	3.497.224	402.972	6.766.635
Infraestructura.	275.099	0	0	275.099
TOTAL.	**4.918.308**	**4.999.203**	**553.236**	**9.364.275**

Nota: se han hecho redondeos de los decimales.

Elaboración propia a partir de NFA, 200).

Tabla 4.4: Huella Ecológica *per cápita* de España (2005).

Tipos de usos del territorio.	$HE_{Producción}$	$HE_{Importación}$	$HE_{Exportación}$	$HE_{Consumo}$
	[gha/hab.]	[gha/hab.]	[gha/hab.]	[gha/hab.]
Agrícola.	0,92	0,72	0,33	1,30
Pastoreo.	0,32	0,03	0,03	0,33
Bosques.	0,19	0,36	0,21	0,35
Pesca.	0,35	0,10	0,13	0,31
Fijación de carbono.	2,27	2,99	1,86	3,41
Infraestructura.	0,04	0,00	0,00	0,04
TOTAL.	**4,09**	**4,21**	**2,56**	**5,74**

NFA, 2005.

Tabla 4.5: Huella Ecológica *per cápita* de Canarias (2005).

Tipos de usos del territorio.	$HE_{Producción}$	$HE_{Importación}$	$HE_{Exportación}$	$HE_{Consumo}$
	[gha/hab.]	[gha/hab.]	[gha/hab.]	[gha/hab.]
Agrícola.	0,21	0,36	0,01	0,56
Pastoreo.	0,07	0,11	0,00	0,18
Bosques.	0,00	0,17	0,04	0,13
Pesca.	0,21	0,12	0,02	0,31
Fijación de carbono.	1,87	1,78	0,20	3,44
Infraestructura.	0,14	0,00	0,00	0,14
TOTAL.	**2,50**	**2,54**	**0,28**	**4,76**

Elaboración propia a partir de NFA, 2005.

En esta visión de conjunto es de destacar la huella de la exportación de recursos en Canarias (0,28 gha/hab.), bastante más baja que la de España (2,56 gha/hab.), siendo además la producción y la importación inferiores al promedio nacional. En el análisis de cada tipo de territorio se comentarán los supuestos en los que se basan los cálculos obtenidos.

Por otro lado, las huellas, agrícola, de pasto y forestal son bastante más bajas en Canarias que en España; y la huella de la infraestructura *destaca* en la huella canaria con un 3% del total, mientras que en España representa un escaso 1%.

Gráfica 4.1: Huella Ecológica por componentes de Canarias (2005).

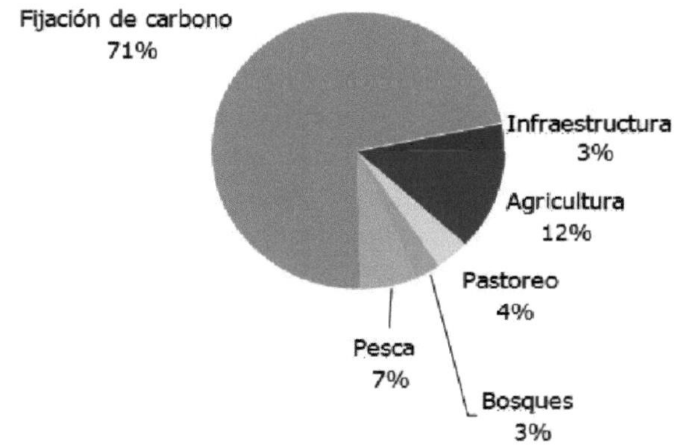

Elaboración propia a partir de NFA, 2005.

Gráfica 4.2: Huella Ecológica por componentes de España (2005).

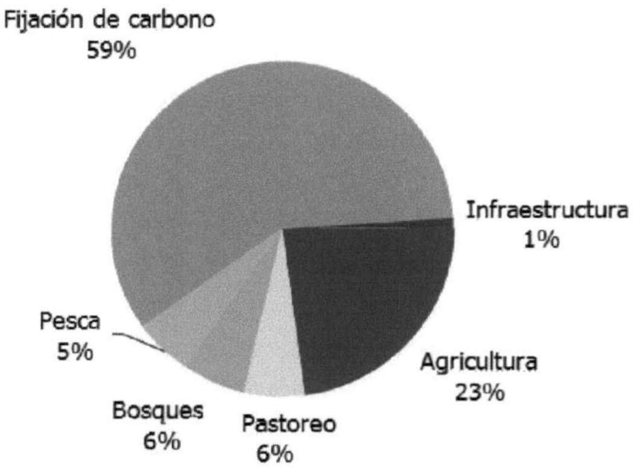

NFA (2005).

Aunque la huella energética sea aproximadamente igual en ambos territorios –si se estima globalmente– faltan datos para aportar un completo análisis de los sectores económicos y sus emisiones en el archipiélago canario. El inventario de Gases de Efecto Invernadero del Gobierno de Canarias no profundiza en las emisiones de carbono de cada tipología de industria, más bien estima las emisiones preferentes según los productos elaborados en la Comunidad Autónoma, no existiendo una base de datos exhaustiva de todos los sectores económicos implicados en la actividad económica insular.

En la metodología de la HE se toma como referencia el inventario de la Agencia Internacional de la Energía[105] (IEA); en este contexto regional aprovechamos la base de datos aportada por la Administración Autonómica, a pesar de las dificultades para poder segregar información operativa. Estos limitantes añaden incertidumbre a las estimaciones, sin dejar por ello de ser reveladoras de una realidad económica dependiente no sólo energéticamente, sino además avituallada, casi por completo, mediante importaciones. Lo que implica el abandonando de su potencial productivo en favor del consumo de recursos naturales procesados en otras regiones o países (incorporando una elevada huella energética en su transporte al archipiélago).

Uno de los rasgos de la economía canaria es su balanza comercial; en el año 2005 exportó por un valor de 1.747.438,04 toneladas, frente a un total de 9.239.993,36 toneladas en importaciones, cantidad casi 5,3 veces superior; un 84,10% de su comercio estuvo vinculado a las importaciones, mientras que el 15,90% restante se consignó a la exportación. Si agregamos a esta referencia el *bajo nivel de producción de la región,* los efectos del déficit ecológico en el archipiélago son comparativamente elevados.

La reserva ecológica es negativa, ya que la biocapacidad menos la huella ecológica del consumo dan un valor que alerta del

[105] http://wds.iea.org/wds/

desequilibrio ecológico en el que se desenvuelve la economía canaria. El comercio neto, importaciones menos exportaciones, también tiene un impacto significativo en ambas economías (ver Tabla 4.6). Los dos territorios dependen del comercio internacional para abastecer sus requerimientos de recursos naturales.

Tabla 4.6: Comparativa de indicadores de reserva ecológica y comercio neto.

	Islas Canarias.	**España.**	**Mundial.**
	[gha]	[gha]	[gha]
Reserva Ecológica.	-8.389.297,50	-189.613.163,16	-4.082.670.718,31
Comercio Neto (Exportaciones negativas).	4.445.966,73	71.128.745,84	N/A

Elaboración propia a partir de NFA, 2005.

Estas cifras puestas en relación aportan un elevado déficit ecológico, muy por encima del promedio mundial. Tanto España como Canarias están en entredicho ante estos resultados; sería necesario más de un nuevo planeta para satisfacer las necesidades de recursos naturales si todos los habitantes del planeta consumieran con esa intensidad (ver Tabla 4.7).

Si tomamos los resultados de la Huella Ecológica *per cápita* y los dividimos entre la Biocapacidad *per cápita* mundial disponible en el planeta, obtenemos el número de planetas necesarios para distribuir ese nivel de consumo entre toda la población mundial: 2,31 planetas serían necesarios si el patrón de consumo de Canarias se extrapolara mundialmente, mientras que 2,78 planetas supondrían la demanda equiparable a la huella ecológica de la población española. Para realizar estas estimaciones se ha tomado como referencia el censo en ambas regiones, dado que la población equivalente nacional por la actividad turística no se ha calculado.

Tabla 4.7: Comparativa de demanda de recursos y planetas equivalentes.

	Islas Canarias.	**España.**	**Mundial.**
	[gha]	[gha]	[gha]
Huella Ecológica ***per cápita.***	4,76	5,74	2,69
Biocapacidad ***per cápita.***	0,43	1,34	2,06
Relación Recursos y Demanda	9,60	4,29	1,31
Nº de planetas para vivir así.	2,31	2,78	N/A

Elaboración propia a partir de NFA, 2005.

4.2.2.1. Consumo de recursos agrícolas.

El consumo de recursos agrícolas supone tanto en España como en Canarias el segundo componente de su huella (en ambos territorios después de la huella energética): a la producción agraria se dedica un 12% del territorio en Canarias, y 23% en España.

El valor obtenido para Canarias es aproximado ya que hay productos que no ha sido posible computar, porque no aparecen en el programa Excel de los datos internacionales que permitan una transformación en hectáreas globales comparables (Aloe Vera, azafrán, cultivo de flores o plantas forrajeras como el tagasaste, entre otros). Como subrayamos en las adaptaciones metodológicas, los datos de la producción agrícola canaria se han estimado a partir de los rendimientos nacionales ya que no había suficiente información local, ni por parte del ISTAC, ni de las Consejerías competentes. Habría que estimar la producción regional de 2005 para obtener resultados más adecuados.

Es relevante mencionar la importancia del terreno no cosechado en el archipiélago, en su caso habría que llevar un seguimiento de la actividad productiva en el tiempo, dado que puede favorecer la pérdida de biocapacidad y acabar siendo una superficie detraída del balance ambiental anual (aspecto tratado en el capítulo primero). Mientras en España el 73,30% de las hectáreas globales de la producción agrícola están dedicadas al cultivo activo, sólo 26,70% están técnicamente en barbecho.

Para Canarias las cifras son más extremas: un 40,82% de las hectáreas globales de la producción agrícola están dedicadas al cultivo activo y un 59,18 % permanecen en un "descanso" difícil de delimitar. La huella agrícola de la importación en Canarias es casi 2,5 veces mayor que la de su producción, un resultado más desequilibrado que en el caso de España. La huella agrícola de la exportación en Canarias es sensiblemente inferior a la producción, lo que invita a inferir que esta variación se destina a consumo local. Las Tablas 4.8 y 4.9 muestran los componentes de la huella agrícola en España y en Canarias.

La Tabla 4.10 muestra la huella agrícola *per cápita*. Los resultados no son del todo satisfactorios porque, como se ha indicado, parte de las importaciones y exportaciones reales no han sido transformadas en hectáreas globales por falta de datos internacionales; productos como el Aloe Vera, el azafrán, las flores cortadas, los esquejes o las plantas forrajeras locales, como el tagasaste, no se han computado por ese motivo.

Tabla 4.8: Huella agrícola de España (2005).

Concepto.	HE_P	HE_I	HE_E	HE_C
	[gha]	[gha]	[gha]	[gha]
Productos cultivados.	28.904.386	29.084.081	10.590.592	47.397.876
Cultivos en ganadería.	0	1.806.037	3.705.818	0
Terrenos no cosechados.	**10.526.961**	**0**	**0**	**10.526.961**
Total.	**39.431.347**	**30.890.119**	**14.296.409**	**56.025.056**

Nota: Se han redondeado los decimales. NFA, 2005.

Tabla 4.9: Huella agrícola de Canarias (2005).

Concepto.	HE_P	HE_I	HE_E	HE_C
	[gha]	[gha]	[gha]	[gha]
Productos cultivados.	166.293	413.763	23.689	556.366
Cultivos en ganadería.	0	301.796	147	0
Terrenos no cosechados.	**241.039**	**0**	**0**	**241.039**
Total.	**407.332**	**715.559**	**23.836**	**1.099.055**

Nota: Se han redondeado los decimales.

Elaboración propia a partir de NFA, 2005.

La falta de información arroja incertidumbre, pero no minusvalora la relevancia de lo contabilizado: una completa dependencia de las importaciones para abastecer el consumo.

Tabla 4.10: Huella agrícola *per cápita.*

Huella agrícola	**HE$_P$**	**HE$_I$**	**HE$_E$**	**HE$_C$**
2005	[gha/hab.]	[gha/hab.]	[gha/hab.]	[gha/hab.]
España.	0,92	0,72	0,33	1,30
Canarias.	0,21	0,36	**0,01**	0,56

Elaboración propia a partir de datos de NFA, 2005.

La tendencia de la huella ecológica agrícola en el contexto nacional puede visualizarse en la Gráfica 4.3, dándose una ligera disminución –poco significativa– en estos diez años. Habría que analizar detalladamente los hábitos alimenticios para desgranar más información de la evolución de este parámetro; la evolución de los patrones dietéticos está estrechamente vinculada a esta huella.

La alimentación a base de productos procesados, envasados, y preferentemente importados, puede haber condicionado la reducción de la huella agrícola a favor de la energética; pero en cualquier caso la dependencia de las importaciones para satisfacer los consumos es bastante evidente se requiere una mayor reflexión para compensar la huella agrícola

Para superar la limitación de la escasez de datos sobre la producción agrícola en Canarias (2005), utilizamos los datos obtenidos de la NFA de los rendimientos nacionales para España como valores de referencia [en $t.nha^{-1}$. $año^{-1}$], computando un valor del territorio vinculado para cada cultivo en el archipiélago según la SIGPAC. De acuerdo con esta fuente, 638.174,84 toneladas fueron producidas en las islas (hoja Excel, huella producción agrícola).

Gráfica 4.3: Evolución de la Huella Ecológica Agrícola de España (1995-2005).

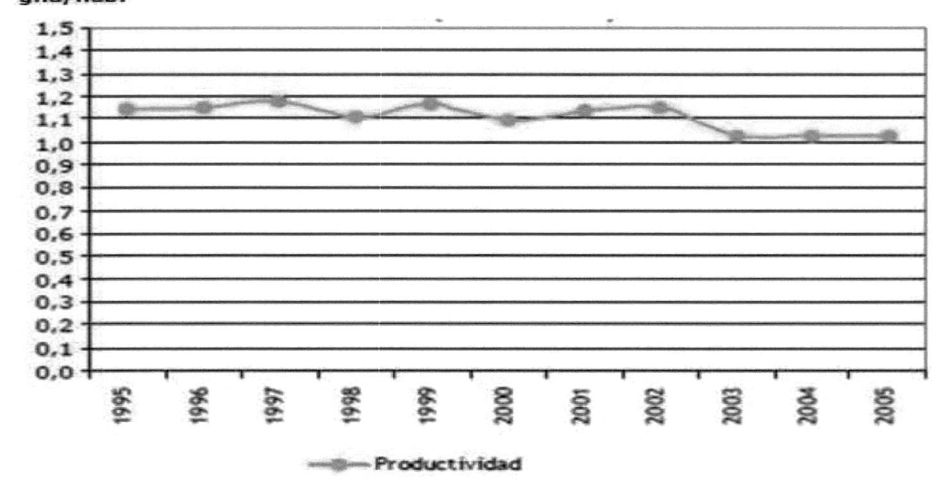

Pon et al., 2007: 27.

Pero también en este sector económico el balance entre las importaciones y las exportaciones está en un acusado desequilibro hacia las primeras, 633.391,27 toneladas importadas frente a 221.451,07 toneladas exportadas (Datacomex, 2005); sin olvidar que finalmente la comparativa se presenta en hectáreas globales según las características promedio de cada producto agrícola comercializado.

Estos antecedentes conducen a contabilizar 1.050.115,04 toneladas de consumo de productos agrícolas, sin perder de vista la relación enunciada anteriormente entre producción, exportación e importación para calcular el consumo final.

Como ya hemos constatado, existe una clara dependencia de las importaciones; con un alarmante 59,18% del terreno agrícola sin cultivar, manteniéndose productivo un escaso 40,82% del total de la biocapacidad agrícola. Ante estas cifras alguna acción se hace necesaria, bien dirigida a recuperar el suelo agrícola o simplemente aportar recursos edáficos que permitan retoñar especies propias de la vegetación local (revegetación).

La huella del consumo agrícola en Canarias se estima en 1.099.054,55 gha, con un valor *per cápita* de 0,56 gha/hab.; la importación de productos (0,36 gha/hab.) es más relevante que la exportación (**0,01** gha/hab.); por un conjunto de circunstancias estratégicas, ambientales y políticas, ésta última se ha centrado en cultivos muy concretos, considerados rentables para su comercialización.

Aunque pueda existir alguna inconsistencia en la calidad de estos datos de exportación, en un contexto más amplio los resultados sirven como marco de referencia para la validación de un análisis de los factores que definen el consumo de recursos agrícolas en el archipiélago.

4.2.2.2. Consumo de pastos y comercio pecuario.

La HE vinculada a la ganadería representa un 6% de la HE española y un 4% de la canaria. También aquí existe alguna incertidumbre en la calidad de los datos. La información sobre el tipo de dieta del ganado y sus rendimientos está vinculada con los valores nacionales; como adelantamos en la adaptación metodológica, las especificidades de la ganadería local no han sido ponderables en este estudio. Con un análisis más profundo de la realidad ganadera canaria, se obtendrían valores mejor imbricados en la economía regional.

La huella de los consumos vinculados a los pastos en Canarias se estima en 357.080,28 gha, con un valor *per cápita* de 0,18 gha/hab. La huella de las exportaciones ganaderas es extremadamente baja, no sólo en comparación con España sino también dentro del contexto canario (ver Tabla 4.11 y Tabla 4.12).

Tabla 4.11: Huella ganadera de España (2005).

Nombre.	**HE_P**	**HE_I**	**HE_E**	**HE_C**
	[gha]	[gha]	[gha]	[gha]
Pasto territoriales.	13.827.653	0	0	13.827.653
Pastos vinculados al ganado.	0	1.471.825	1.130.141	0
TOTAL.	**13.827.653**	**1.471.825**	**1.130.142**	**14.169.337**

Nota: Se han redondeado los decimales. NFA (2005).

Según la base de datos del Comercio Exterior Español (Datacomex) las partidas de carne en 2005 para comercio exterior fueron de sólo 499,05 toneladas de exportación (0,69%) y de 72.106,51 toneladas de productos cárnicos de importación (99,31%); el desequilibrio es evidente. Mientras los pastos territoriales suponen un 40% de la huella ganadera de Canarias, el 60% de esta es debida a pastos virtuales, procedentes de los países productores de ganado.

Tabla 4.12: Huella ganadera de Canarias (2005).

Nombre.	**HE_P**	**HE_I**	**HE_E**	**HE_C**
	[gha]	[gha]	[gha]	[gha]
Pasto territoriales.	141.261	0	0,00	141.261
Pastos vinculados al ganado.	0	215.826	**6,35**	0
TOTAL.	**141.261**	**215.826**	**6,35**	**357.080**

Nota: Se han redondeado los decimales.

Elaboración propia a partir de NFA (2005).

Con los datos obtenidos sólo podemos reconocer una ganadería de autoconsumo con una simbólica exportación de productos poco demandantes de biocapacidad. Las importaciones también destacan por su peso específico frente a la producción, lejos del paradigma de un balance sostenible.

En un análisis de la huella ganadera por habitante, constatamos que la huella del consumo ganadero canario es bastante menor que la del español (ver Tabla 4.13). Quedando pendiente un cálculo más pormenorizado de las características de la economía ganadera en las islas, dado que las exportaciones parecen injustificadamente bajas.

Tabla 4.13: Huella ganadera *per cápita.*

Huella Pastoreo.	**HE_P**	**HE_I**	**HE_E**	**HE_C**
2005	[gha/hab.]	[gha/hab.]	[gha/hab.]	[gha/hab.]
España	0,32	0,03	0,03	0,33
Canarias	0,07	0,11	**0,00**	0,18

Elaboración propia a partir de NFA, 2005.

La tendencia en el contexto nacional es mostrada en la Gráfica 4.4, notándose una ligera fluctuación en estos diez años, no muy significativa. Al igual que en el caso de la huella ecológica agrícola, habría que profundizar en el análisis de los hábitos alimenticios para alumbrar más información sobre la evolución de este parámetro.

Las características de la propia gestión ganadera en la región también afectan al resultado de su huella ecológica. El tipo de estabulación o el origen de la alimentación merecen una atención detallada para ajustar los resultados obtenidos.

Las cifras de la Tabla 4.14 distan mucho del valor obtenido para Canarias (0,18 gha/hab.) y sí se acercan al valor de España según la NFA (0,33 gha/hab.). Aunque la superficie real dedicada a pastizal es de 12.981,05 ha en Canarias (SIOSE, 2005); la superficie dedicada a pastos se incrementa notablemente con la importación de productos cárnicos, que aumentan las emisiones de carbono vinculadas al transporte y a la cadena de frío.

Gráfica 4.4: Evolución de la huella ecológica ganadera española (1995-2005).

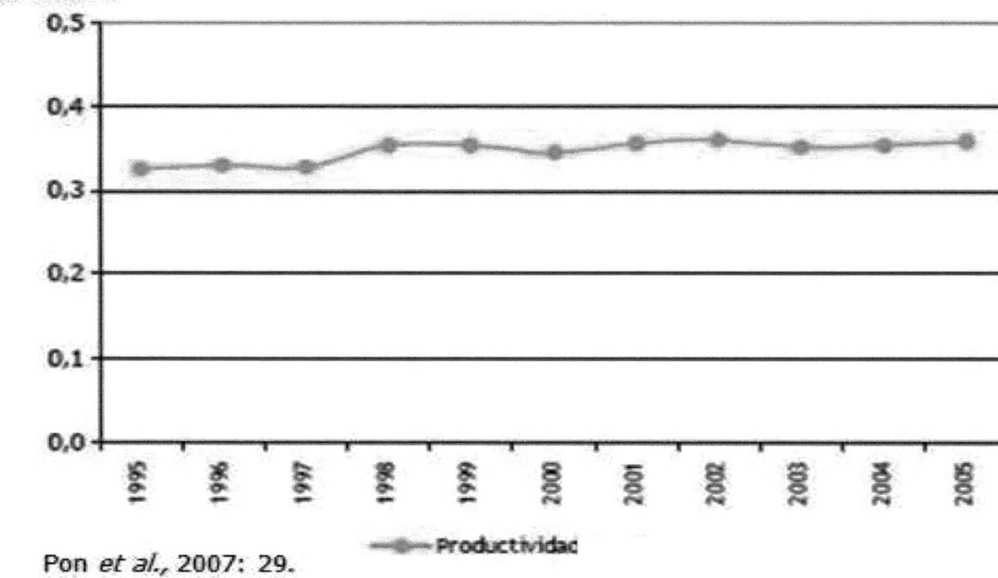

Pon *et al.*, 2007: 29.

Tabla 4.14: Evolución huella ganadera española (1995-2005).

Año	Huella (ha/hab.)	Huella (gha/hab.)
1995	0,68	0,33
1996	0,69	0,33
1997	0,69	0,33
1998	0,74	0,36
1999	0,74	0,36
2000	0,72	0,35
2001	0,74	0,36
2002	0,74	0,36
2003	0,72	0,35
2004	0,72	0,36
2005	0,73	0,36

Pon *et al.*, 2007: 30.

Por otro lado, existen distintas superficies con funcionalidad para pastos: erial, cultivo de abandono prolongado, pasto, cultivo forrajero; dando más solvencia al inconveniente de la búsqueda de datos homologables a nivel regional.

4.2.2.3. Consumo de recursos forestales.

La huella vinculada al consumo de productos derivados de la madera en Canarias fue de un 3%; mientras que España correspondió a un 6%. Analizando las Tablas de resultados (4.15 y 4.16) se deduce incertidumbre en la calidad de los datos de producción maderera a nivel regional, que pudiera ser debida a la estructura de agregación de la información demandada en la hoja de cálculo y las partidas obtenidas a través de las fuentes consultadas.

Tabla 4.15: Huella forestal España (2005).

Concepto.	**HE_P**	**HE_I**	**HE_E**	**HE_C**
	[gha]	[gha]	[gha]	[gha]
Productos madereros.	7.544.310	15.644.202	8.946.891	14.241.621
Leña.	669.527	12.924	36.450	646.001
TOTAL.	**8.213.837**	**15.657.126**	**8.983.341**	**14.887.622**

Nota: Se han redondeado los decimales. NFA, 2005.

Tabla 4.16: Huella forestal Canarias (2005).

Concepto.	**HE_P**	**HE_I**	**HE_E**	**HE_C**
	[gha]	[gha]	[gha]	[gha]
Productos madereros.	565	332.298	82.157	250.706
Leña.	1	68	0	69
TOTAL.	**566**	**332.367**	**82.157**	**250.776**

Nota: Se han redondeado los decimales.

Elaboración propia a partir de NFA, 2005.

La huella forestal de la producción y exportación en Canarias se alejan bastante de los nacionales, pudiendo inferirse una ausencia de aprovechamiento sostenible de la madera en el territorio. Un estudio más exhaustivo de la gestión forestal insular daría información solvente, pero escapa al objetivo de este trabajo.

En todo caso, la huella del consumo forestal *per cápita* del archipiélago constata el bajo valor de todos los parámetros analizados en comparación con la huella del consumo forestal *per cápita* de España (ver Tabla 4.17). Los bosques canarios son un sector económico deficientemente gestionado, demandando recursos madereros casi exclusivamente del exterior.

Tabla 4.17: Huella forestal *per cápita.*

Huella Forestal.	**HE_P**	**HE_I**	**HE_E**	**HE_C**
2005	[gha/hab.]	[gha/hab.]	[gha/hab.]	[gha/hab.]
España.	0,19	0,36	0,21	0,35
Canarias.	0,00	0,17	0,04	0,13

Elaboración propia a partir de NFA, 2005.

La tendencia en el contexto nacional puede visualizarse en la Gráfica 4.5, una ligera fluctuación en estos diez años, no muy significativa. Habría que profundizar en los datos de producción local para matizar más la información sobre la evolución de este parámetro.

Los resultados publicados por el MMA (Tabla 4.18) se alejan un poco del valor obtenido por la NFA para España (0,35 gha/hab.) y el obtenido en nuestra estimación regional (0,13 gha/hab.).

Gráfica 4.5: Evolución de la huella ecológica forestal española (1995-2005).

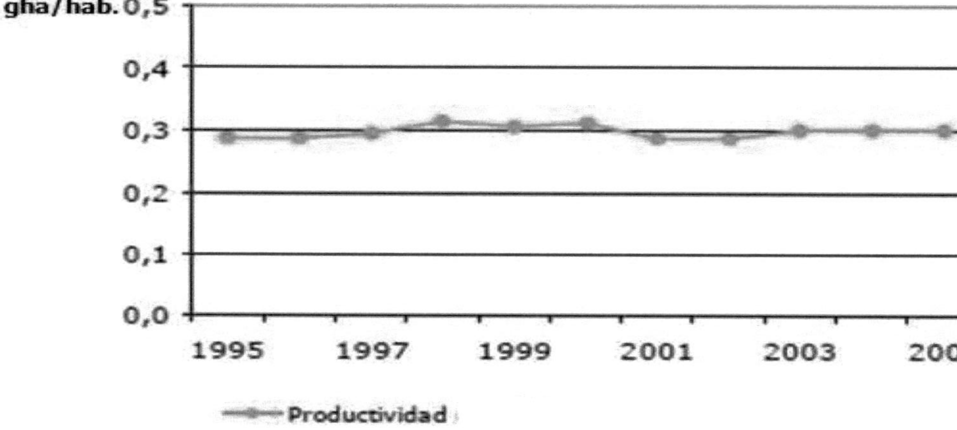

Pon *et al.,* 2007: 34.

El promedio español estaría en 0,23 gha/hab. según la metodología del MMA, un valor que se aproxima al obtenido por la metodología estándar de la HE, pero que resulta sustancialmente mayor que la huella maderera del archipiélago. Aunque, comparativamente, la huella maderera canaria es sensiblemente menor, no deja de ser cierto que un análisis más profundo de los bosques canarios permitiría clarificar esta realidad.

Tabla 4.18: Huella ecológica forestal española (1995-2005).

Año	Huella (ha/hab.)	Huella (gha/hab.)
1995	0,21	0,29
1996	0,21	0,29
1997	0,21	0,30
1998	0,23	0,31
1999	0,22	0,31
2000	0,23	0,31
2001	0,21	0,29
2002	0,21	0,29
2003	0,23	0,30
2004	0,23	0,30
2005	0,23	0,30

Pon *et al.*, 2007: 34.

La capacidad de fijación de dióxido de carbono de la superficie forestal, el incremento de la capacidad de fijación de dióxido de la superficie forestal y la superficie arbolada forestal son parámetros que están muy por debajo de la media española. Ambas provincias destacan por tener valores bajos, particularmente la provincia de Las Palmas frente a la de Santa Cruz; quedando esta diferencia plasmada en información obtenida del MMA a nivel nacional.

La Tabla 4.19 presenta un extracto de las exportaciones e importaciones de productos madereros para corroborar el elevado valor de las importaciones en el balance comercial neto del sector (Datacomex, 2005). Se observa que la práctica totalidad de nuestras exportaciones son precisamente desperdicios de papel, cartón o maderas; con una producción casi testimonial, la región depende casi en exclusiva de las importaciones.

Las estadísticas de producción de silvicultura consultadas, coníferas y otras frondosas, se encuentran poco segregadas, por lo que la gestión estadística de la producción forestal del archipiélago resulta insuficiente -tanto la referida al INE como al Anuario de Estadística Forestal-. De hecho, éste último (AEF) los datos para Canarias 2005 ("DESTINO DEL TOTAL DE LA MADERA EN ROLLO Y DE LA LEÑA, POR PROVINCIA") no estaban disponibles, aunque sí aparecen registradas 999,41 toneladas de leña, según la clasificación apuntada en el Anuario Forestal del 2006.

El consumo de recursos forestales es casi completamente de importación, con una producción y exportación de productos derivados de la madera más bien simbólica.

Estas grandes cifras pueden segregar al archipiélago en dos zonas diferenciadas, casualmente coincidentes con la limitación provincial: Santa Cruz y Las Palmas agrupan islas con características similares en cuanto a la relación entre el volumen de leña y la superficie arbolada o entre el volumen maderable y la superficie arbolada. La Palma, El Hierro, Gomera y Tenerife definen el territorio con más superficie arbolada; mientras Gran Canaria, Lanzarote y Fuerteventura representan las islas con menos.

Tabla 4.19: Importaciones-Exportaciones de productos madereros.

Productos vinculados a la madera Cuci 5	IMPORT	EXPORT
Total seleccionado	62.954,43	21.939,58
24402 CORCHO NATURAL, CON EL LIBER D	0,09	
24404 DESPERDICIOS DE CORCHO; CORCHO	0,02	
24501 LEÑA, EN TRONCOS, VARILLAS, HA	156,10	
24502 CARBON VEGETAL (INCLUSO CARBON	3.930,53	
24615 MADERA DE OTRAS ESPECIES NO CO	8,29	
24620 ASERRIN Y DESPERDICIOS Y DESEC	58,19	
24730 MADERA EN BRUTO O SOLO ESCUADR	23,50	
24740 MADERA DE CONIFERAS, EN BRUTO O	211,50	
24751 MADERA DE MADERAS TROPICALES:M	174,93	
24752 MADERAS EN BRUTO DE OTRAS ESPE	55,32	
24819 TRAVIESAS (DURMIENTES) DE MADE	24,00	
24820 MADERA DE CONIFERAS, ASERRADA	39.761,18	1,40
24830 MADERA DE CONÌFERAS, CON LIBRAD	938,38	
24840 MADERA DE ESPECIES NO CONIFERA	16.420,19	
24850 MADERA DE ESPECIES NO CONIFERA	1.189,32	
25111 DESPERDICIOS DE PAPEL O CARTON		13.168,39
25112 DESPERDICIOS DE OTROS PAPELES		95,11
25113 DESPERDICIOS DE PAPELES O CART	2,35	2.481,85
25119 OTROS DESPERDICIOS DE PAPEL (I	0,55	6.192,83

Datacomex, 2005.

4.2.2.4. Consumo de recursos pesqueros.

La huella vinculada a la pesca supone en Canarias el 7% de su HE total, mientras que en España corresponde a un 5%. La acuicultura no se computa por falta de datos mundiales para estimar las hectáreas globales; aunque su contribución a la producción pesquera nacional y regional es cada vez más significativa.

En las Tablas 4.20 y 4.21 se recogen los valores obtenidos para las huellas vinculadas al consumo de productos pesqueros para Canarias y España: marinos y fluviales (estos últimos no existen en Canarias). La huella del consumo pesquero es de 615.630,59 gha, con un valor por habitante de 0,31 gha/hab. La balanza comercial por peso es de 77.488,35 t para las importaciones (un 88,20%) y 10.371,11 t para las exportaciones (un 11,80%), lo que muestra, también en este caso, que la región es importadora neta (Datacomex, 2005).

Tabla 4.20: Huella pesquera de España (2005).

Concepto.	**HE_P**	**HE_I**	**HE_E**	**HE_C**
	[gha]	[gha]	[gha]	[gha]
Capturas marinas.	14.887.569	0	0	14.887.569
Capturas fluviales.	13.566	0	0	13.566
Productos consume.	0	4.311.925	5.689.436	0
TOTAL.	**14.901.136**	**4.311.925**	**5.689.436**	**13.523.624**

Nota: Se han redondeado los decimales. NFA, 2005.

Tabla 4.21: Huella pesquera de Canarias (2005).

Concepto.	**HE_P**	**HE_I**	**HE_E**	**HE_C**
	[gha]	[gha]	[gha]	[gha]
Capturas marinas.	421.667	0	0	**615.631**
Capturas fluviales.	0	0	0	0
Productos consume.	0	238.227	44.264	0
TOTAL.	**421.667**	**238.227**	**44.264**	**615.631**

Nota: Se han redondeado los decimales.

Elaboración propia a partir de NFA, 2005.

La producción pesquera de Canarias (2005) fue de 17.675,44 toneladas, sin tener en cuenta las especies de acuicultura (aún no computadas en el diseño metodológico de la NFA); por lo tanto, el consumo de recursos pesqueros fue de 84.792,68 toneladas, casi cinco veces más de lo que se pesca en el archipiélago.

La huella pesquera *per cápita* nacional y regional, aunque en esta ocasión coinciden en el resultado final (ver Tabla 4.22), muestra valores intermedios que señalan a Canarias con una producción baja (0,21 gha/hab. frente a 0,35 gha/hab.) y una exportación muy baja (0,02 gha/hab. frente a 0,13 gha/hab.), mientras las importaciones (0,12 gha/hab.) sí son más semejantes a las de España (0,10 gha/hab.).

Tabla 4.22: Huella pesquera *per cápita.*

Huella Pesquera.	**HE_P**	**HE_I**	**HE_E**	**HE_C**
2005	[gha/hab.]	[gha/hab.]	[gha/hab.]	[gha/hab.]
España.	0,35	0,10	0,13	0,31
Canarias.	0,21	0,12	0,02	0,31

Elaboración propia a partir de NFA, 2005.

Las huellas pesqueras nacional y regional con la NFA (0,31 gha/hab.) se acercan bastante al valor estimado por el MMA (0,34 gha/hab.). Como se comentó en el apartado de las adaptaciones metodológicas hubo algunas especies locales para las que no aparecían referenciados sus nombres científicos en las listas FAO de la NFA: urta, sama de pluma, puntillas o lenguas; aún así los datos de producción provienen de la propia Consejería y excepto las omisiones anteriores, el resto de la producción ha podido ser convertida en hectáreas globales.

La tendencia en el contexto nacional puede visualizarse en la Gráfica 4.6 y la Tabla 4.23, con un ligero crecimiento en estos diez años. Habría que desgranar los datos de producción local para profundizar más en la evolución de este parámetro y obtener así un análisis más completo de las implicaciones de estos resultados.

La evaluación real de la economía pesquera regional queda para un futuro análisis en profundidad. El POSEICAN aporta datos sobre una acuicultura incipiente consolidada; aunque no hay información sobre la sostenibilidad de esta industria: procedencia de los piensos y efectos en el entorno próximo.

Gráfica 4.6: Evolución de la huella ecológica pesquera española (1995-2005).

gha/hab.

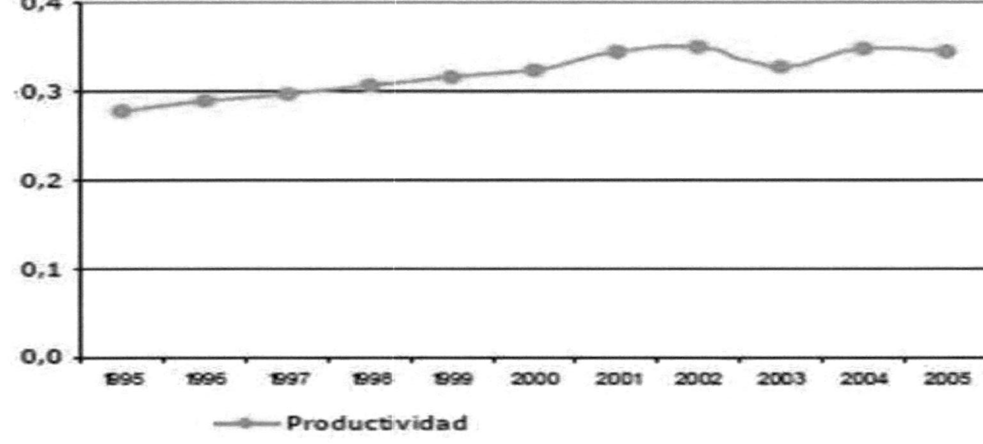

Pon *et al.*, 2007: 32.

Tabla 4.23: Evolución huella pesquera española.

Año	Huella (ha/hab.)	Huella (gha/hab.)
1995	0,77	0,28
1996	0,80	0,29
1997	0,82	0,30
1998	0,85	0,31
1999	0,88	0,32
2000	0,90	0,32
2001	0,96	0,34
2002	0,97	0,35
2003	0,91	0,33
2004	0,97	0,35
2005	0,96	0,34

Pon *et al.*, 2007: 33.

Como ya hemos comentado, este vacío metodológico supone un campo muy atractivo para profundizar en las aplicaciones de la HE. Concretamente en la producción para el mercado de exportación, la Tabla 4.24 pone de manifiesto el importante papel que poco a poco comienza a tener en las costas canarias esta actividad económica; en el año 2005 lideró la producción de dorada y lubina española (POSEICAN, 2006).

Tabla 4.24: Producción acuicultura para mercado exterior (toneladas) 2005.

Por provincias.		Por especies.	LP	SC
Las Palmas.	2.227	Dorada.	1.549	507
Sta. Cruz.	827	Lubina.	677	318
Total	3.054	Total.	2.226	825

POSEICAN, 2006.

4.2.2.5. Consumo de recursos energéticos.

La huella vinculada a la fijación de dióxido de carbono procedente de los recursos energéticos consumidos es la más importante en ambos estudios: Canarias invierte en ello el 71% de su HE total, mientras que España alcanza un 59%. También se supone cierta incertidumbre dado que los datos del inventario de emisiones de efecto invernadero del Gobierno de Canarias no contabilizan los resultados como la estadística empleada por la AIE, computando los gases de efecto invernadero relevantes por sector económico con más detalle. Para nosotros sólo es válido el montante de emisiones de dióxido de carbono, los restantes gases de efecto invernadero no están aún integrados en el cálculo de la NFA.

Las Tablas 4.25 y 4.26 muestran los resultados de la huella energética de España y Canarias. Los valores en el caso de de Canarias indican una estimación demasiado dispar en la balanza comercial y en la propia producción (los datos del inventario del Gobierno de Canarias no completan los requerimientos de emisiones del método de cálculo).

Tabla 4.25: Huella energética de España (2005).

Concepto	**HE$_P$**	**HE$_I$**	**HE$_E$**	**HE$_C$**
	[gha]	[gha]	[gha]	[gha]
Emisiones combustible fósil.	94.819.230	128.963.780	80.066.701	143.716.309
Emisiones combustible no fósil.	0	0	0	0
Combustible carbonera.	3.103.429	0	0	3.103.429
TOTAL	97.922.659	128.963.780	80.066.701	146.819.738

Nota: Se han redondeado los decimales. NFA, 2005.

Tabla 4.26: Huella energética de Canarias (2005).

Concepto.	**HE$_P$**	**HE$_I$**	**HE$_E$**	**HE$_C$**
	[gha]	[gha]	[gha]	[gha]
Emisiones combustible fósil.	3.555.995	3.490	**403**	3.559.082
Emisiones combustible no fósil.	0	0	0	0
Combustible carbonera.	116.388	0	0	116.388
TOTAL	3.672.383	3.490	403	3.675.470

Nota: Se han redondeado los decimales. Elaboración propia a partir de NFA, 2005.

Aunque la huella energética por habitante es prácticamente semejante (ver Tabla 4.27), las huellas intermedias sí arrojan diferencias: una producción energética ligeramente superior en España (2,27 gha/hab. frente a 1,87 gha/hab.), mientras que la importación canaria es inferior a la española (1,78 gha/hab. frente a 2,99 gha/hab.), la exportación es francamente inferior en Canarias (0,20 gha/hab. frente a 1,86 gha/hab.).

Tabla 4.27: Huella energética *per cápita.*

Huella Energética	**HE_P**	**HE_I**	**HE_E**	**HE_C**
2005	[gha/hab.]	[gha/hab.]	[gha/hab.]	[gha/hab.]
España	2,27	2,99	1,86	3,41
Canarias	1,87	1,78	0,20	3,44

Elaboración propia a partir de NFA, 2005.

La tendencia en el contexto nacional puede verse en la Gráfica 4.7, con un incremento continuado en estos diez años. En todo caso habría que profundizar en los datos de producción local y recabar más información de la evolución de este parámetro.

Aunque el estudio del MMA sobre la huella ecológica de España modificó sustancialmente la metodología de cálculo para poder analizar datos por Comunidades Autónomas con las fuentes de información que contaban, sus resultados permiten reflexionar sobre los vectores que inciden en el valor de la huella energética: los bienes de consumo, el transporte y la movilidad tienen mayor peso frente a servicios, vivienda y agricultura. En la Gráfica 4.8 observamos la evolución de la huella energética española en función de sus componentes.

Gráfica 4.7: Evolución de la huella energética española por consumo energético.

gha/hab.

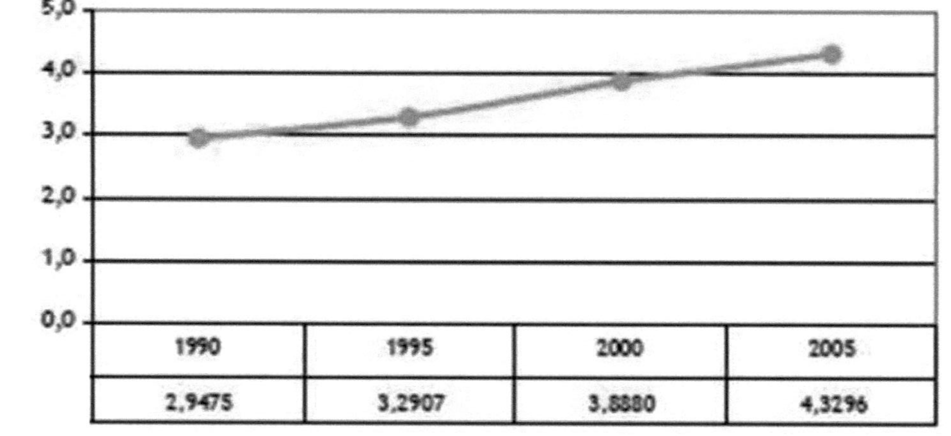

MINUARTIA, 2007: 10.

La huella energética de Canarias queda infravalorada al no estimar en el cálculo el diferencial de distancia con respecto al resto del territorio nacional. Todos los bienes importados y exportados requieren de un consumo extra de combustible en el tráfico marítimo y aéreo para poder equiparar las condiciones comerciales a las regiones dentro del territorio peninsular.

Gráfica 4.8: HE del consumo energético en España por componentes.

gha/hab.

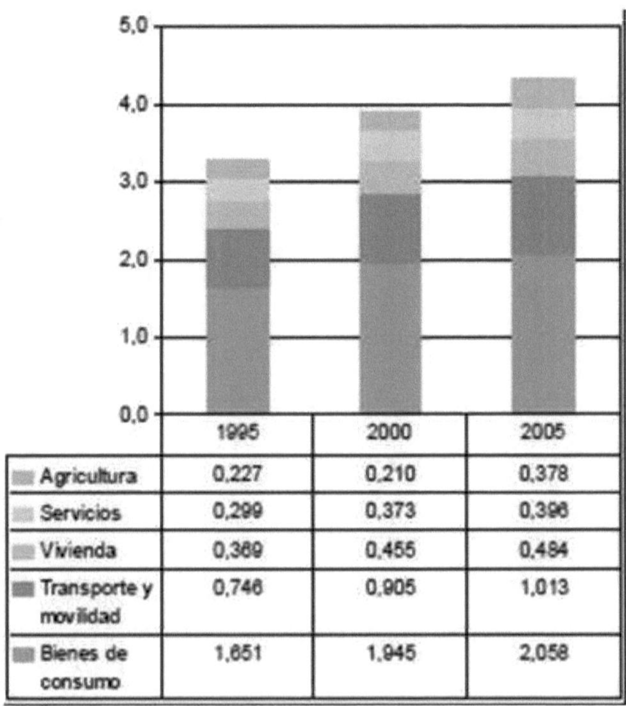

	1995	2000	2005
Agricultura	0,227	0,210	0,378
Servicios	0,299	0,373	0,398
Vivienda	0,369	0,455	0,484
Transporte y movilidad	0,746	0,905	1,013
Bienes de consumo	1,651	1,945	2,058

MINUARTIA, 2007: 10.

En 2005 el tráfico de mercancías en los puertos canarios fue de 44.778.995 toneladas; mientras que 82.869,496 toneladas se comercializaron a través de los aeropuertos. La distancia a los mercados de origen y destino supone un incremento en emisiones por transporte que no recoge este cálculo adaptado de los rendimientos nacionales.

4.2.2.6. Territorio construido.

La huella asociada al territorio construido supone un 1% en España, mientras que en Canarias asciende a un 3% de la huella ecológica del consumo. Concretamente el valor de ésta en el archipiélago se estima globalmente en 275.098,80 gha, este resultado *per cápita* alcanza 0,14 gha/hab.

Las Tablas 4.28 y 4.29 aportan los resultados segregados de los componentes de las huellas de la superficie construida en España y Canarias respectivamente, aunque el valor *per cápita* de estos datos es más ilustrativo (ver Tabla 4.30).

Tabla 4.28: La Huella de la infraestructura en España (2005).

Concepto.	**HE_P**	**HE_I**	**HE_E**	**HE_C**
	[gha]	[gha]	[gha]	[gha]
Infraestructura.	1.786.195	0	0	1.786.195
Área Hidroeléctrica.	249	0	0	249
TOTAL.	**1.786.444**	**0**	**0**	**1.786.444**

Nota: Se han redondeado los decimales. NFA, 2005.

Tabla 4.29: La Huella de la infraestructura en Canarias (2005).

Concepto.	**HE_P**	**HE_I**	**HE_E**	**HE_C**
	[gha]	[gha]	[gha]	[gha]
Infraestructura.	275.099	0	0	275.099
Área Hidroeléctrica.	0	0	0	0
TOTAL.	**275.099**	**0**	**0**	**275.099**

Nota: Se han redondeado los decimales.

Elaboración propia a partir de NFA, 2005.

Tabla 4.30: Huella de la infraestructura *per cápita.*

Huella Infraestructura.	**HE_P**	**HE_I**	**HE_E**	**HE_C**
2005	[gha/hab.]	[gha/hab.]	[gha/hab.]	[gha/hab.]
España.	0,04	0,00	0,00	0,04
Canarias.	0,14	0,00	0,00	0,14

Elaboración propia a partir de NFA, 2005.

En Canarias el área dedicada a la energía hidroeléctrica es poco significativa, aspecto tratado en las adaptaciones metodológicas del Apartado 3.4. Con respecto a la huella dedicada a la construcción en el archipiélago (0,14 gha/hab.), ésta supera el triple del consumo territorial en España (0,04 gha/hab.). Este dato invita a la reflexión si ponemos en contexto las numerosas modalidades de protección del paisaje insular y la pérdida progresiva de biocapacidad del territorio.

La densidad de población en la región es de 264 habitantes por kilómetro cuadrado (ISTAC), este valor se encuentra muy por encima de los 85,8 habitantes por kilómetro cuadrado de España (INE). La constatada presión demográfica sobre el territorio demanda atención para que las consecuencias del deterioro ambiental no sean irreversibles, buscando fortalecer la resiliencia del entorno ante este hecho.

El estudio del MMA (Gráfica 4.9) permite comparar la HE *per cápita* del suelo artificializado: mientras que en las islas el terreno construido por habitante ha disminuido, en España ha aumentado; esta aparente discordancia puede estar más relacionada con un aumento de población censada en el archipiélago, lo cual reduce la huella *per cápita*.

La tendencia en el contexto nacional puede visualizarse en la Gráfica 4.10, con un incremento continuado en estos quince años. A nivel regional, la información sobre la superficie ocupada por infraestructuras es muy deficiente, siendo poco comprensible que una variable como el territorio tenga un seguimiento tan poco riguroso.

Cabe destacar también que una parte importante de los impactos de la artificialización del suelo tiene una componente cualitativa que no se refleja en la HE (paisaje, biodiversidad y fragmentación de hábitats, ciclo del agua, etc.). La combinación con otros indicadores ambientales sería requerida para ilustrar mejor las condiciones del entorno físico y biológico.

Finalmente es preciso recalcar nuevamente que los valores en los que se basa la huella construida son aportados por datos del SIOSE. Considerando su aún baja resolución, puede existir un porcentaje relevante de superficie urbanizada en la región que no quede reflejada en los datos, tal y como se ha podido comprobar con la información del catastro urbano y la estadística de infraestructuras. Por tanto, los datos aquí presentados infravaloran la dimensión del proceso de edificación real producido del territorio.

Gráfica 4.9: La Huella Ecológica del suelo artificializado (gha/hab.).

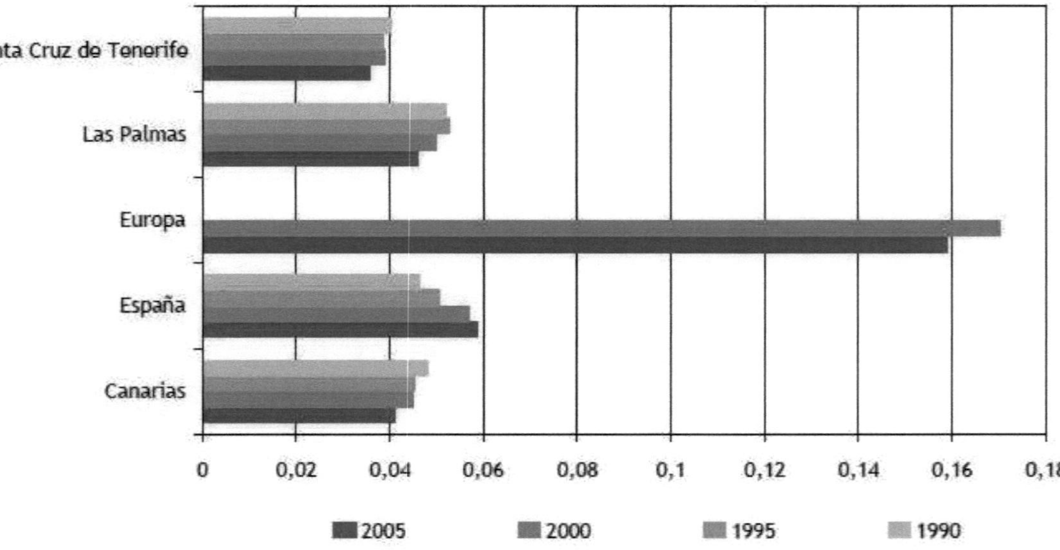

Pon *et al.*, 2007: 121

Gráfica 4.10: Evolución de la huella por suelo artificializado de España.

gha/hab.

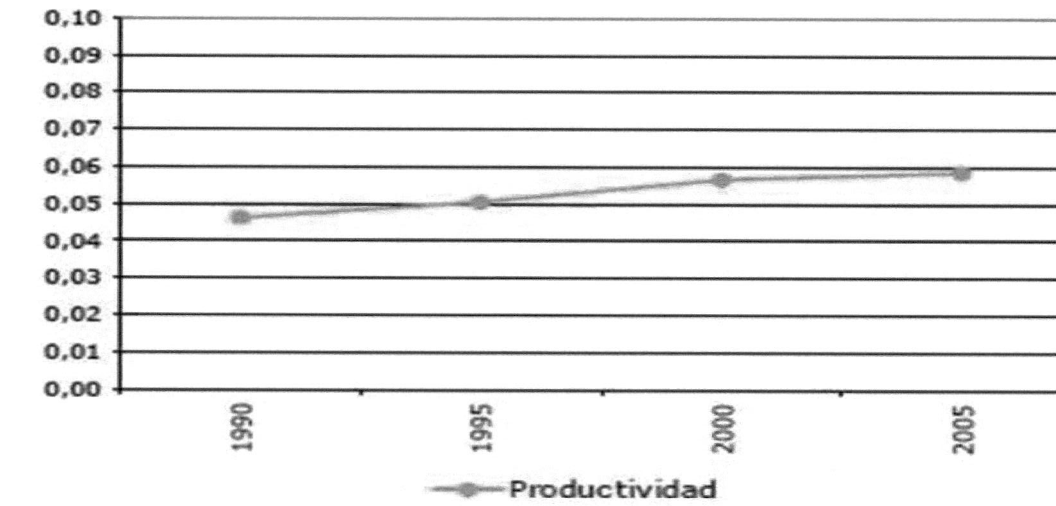

Pon *et al.*, 2007: 37.

El tipo de proceso urbanizador que se ha manifestado en determinadas zonas de la geografía canaria -caracterizado por la baja densidad y dispersión territorial- ha contribuido sin duda al incremento de la huella ecológica energética debido a la movilidad e infraestructuras complementarias requeridas para ello. Los distintos modelos poblacionales existentes en el territorio pueden dar juego para analizar la huella que generan directa e indirectamente (huella construida *versus* huella energética); incluso sopesar diversos escenarios futuros: diseño urbanístico e implicaciones ambientales de estos.

4.3. La Biocapacidad del archipiélago.

Los cálculos de la HE serían incompletos sin una referencia que permita valorar el balance entre consumos de capital natural y reservas de éste en la región de estudio. Por lo tanto, como ya hemos comentado anteriormente, la contabilidad de la biomasa productiva se establece con parámetros antrópicos, priorizando su funcionalidad para abastecer los recursos naturales demandados por las economías.

La relación entre biocapacidad y biodiversidad no se pone en valor en la metodología de la huella. Existen indicadores de biodiversidad que pueden aportar información sobre las relaciones entre la biocenosis de los ecosistemas, pero su desarrollo se aleja del objeto de este trabajo. Puede darse la paradoja de un aumento de biocapacidad en un territorio a costa de una pérdida de biodiversidad (por ejemplo, formas intensivas de agricultura); con la HE estimamos la presión sobre los recursos bióticos sin profundizar en su diversidad.

Normalmente se reserva un 12% de productividad biológica para la conservación de la biodiversidad[106], esta cifra corresponde aproximadamente a la superficie terrestre preservada a nivel global (Chape *et al.*, 2003[107]; citado por Vackar, 2007: 2); pero no existe una técnica cuantitativa que asigne la *correcta* proporción de superficie terrestre para este fin. De hecho, la metodología estándar de la NFA no establece este parámetro como regla y lo deja a estimación de cada analista (ver Apartado 1.3).

La biodiversidad no está distribuida de forma uniforme en el planeta, con lo cual, la presión antrópica sobre los ecosistemas varía según las regiones. El prestigioso biólogo, E.O. Wilson, profesor emérito de la Universidad de Harvard, propone al menos un 50% de territorio para las especies salvajes (Amed *et al.*, 2010: 30). Pero incluso estas cifras no evitan la pérdida de biodiversidad, terrestre y marina, agravada por los efectos del cambio climático.

Tanto el estudio de la biocapacidad española realizado por el MMA como el realizado en este trabajo detraen la estimación del 12% de superficie bioproductiva; aunque las particularidades de los ecosistemas canarios pudieran requerir una mayor proporción de territorio, esta estimación excede de los objetivos de esta Tesis.

Como ya hemos comentado anteriormente, el Gobierno de Canarias cuenta con 301.335 ha de Espacios Protegidos en el archipiélago según datos del 2003, esto supone un 40,46% del territorio tomando como referencia las cifras aportadas por las estadísticas canarias (ISTAC). También es de interés recalcar que 322.021,27 ha del

---

[106] La Comisión Brundtland estimó en 1987 el 12% de la superficie terrestre para preservar la biodiversidad. En 1970, el ecologista Eugene Odum propuso un 40% como más apropiado. Más actualmente, en 1994, Reed Noss y Allen Cooperrider aproximaron un rango entre un mínimo del 25% y un máximo del 75%. (Best Foot Forward, 2000: 33).

[107] Chape S, Blyth S, Fish L, Fox P, Spalding M. 2003. *2003 United Nations List of Protected Areas*. IUCN and UNEP-WCMC: Gland and Cambridge.

archipiélago, un 43,24%, son sustraídas del cómputo global por corresponder a terrenos sin vegetación: playas, dunas y arenales, roquedales, acantilados, coladas de lava, suelo desnudo o zonas quemadas; en la Tabla 4.31 y la Gráfica 4.11 se muestra la segregación de la biocapacidad por islas.

Analizando los porcentajes de tipos de territorios por islas (ver Tabla 4.32), destaca Fuerteventura con un 80,45 % de su territorio sin bioproductividad útil, seguida de Lanzarote con un 55,46 % de su superficie sin contabilizar como reserva biológica productiva para la economía; en el otro extremo se encuentran La Palma con sólo el 14,48 % de superficie detraída, seguida de Tenerife con un 20,72%.

Las islas con mayor superficie vinculada a la infraestructura coinciden con las que han desarrollado más el sector turístico: Gran Canaria (17,38%), Tenerife (15,38%), Lanzarote (14,42%) y Fuerteventura (11,34%). Por otro lado, la reserva forestal del archipiélago queda concentrada en las islas occidentales: La Palma (26,93%), La Gomera (22,52%), El Hierro (17,02%) y Tenerife (13,60%), hecho constatado en el análisis de la producción maderera del archipiélago (Apartado 4.2.3).

La región no cuenta con ríos o lagos que puedan computarse como láminas de agua dulce, los datos agregan presas y estanques al nivel de la resolución del programa de información geográfica; cierto número de pequeñas láminas de agua han quedado fuera de la contabilidad al ser diseminadas y/o poco significativas (Lanzarote y La Palma son las islas con menos superficie de agua dulce estimada, asumiendo esta omisión por el escaso dimensionado de los depósitos).

La superficie finalmente contabilizada en la biocapacidad canaria supone un 52,03% del territorio hábil (Tabla 4.33), 55.905,41 ha quedan para preservar la biodiversidad insular (el 12% de la biocapacidad productiva del archipiélago), por lo tanto, no se computan para comparar con la huella ecológica y se reservan a favor del mantenimiento de los ecosistemas canarios. Las hectáreas obtenidas se transforman en hectáreas globales a partir de la conversión de unidades expuesta en la Tabla 4.34. Los factores de rendimiento y de equivalencia son valores estimados por la NFA para poder normalizar las unidades (ver Apartado 3.4) y se asumen sin modificaciones.

Particularmente en el caso de las tierras arbustivas, éstas se incluyen en el territorio dedicado a pastos; mientras que la biocapacidad vinculada a la pesca engloba el sumatorio de las aguas interiores y oceánicas (en ambos casos con el mismo factor de equivalencia).

En relación con la población, los datos son más reveladores (Tabla 4.35); la biocapacidad *per cápita* canaria es bastante menor que la española, concretamente menos de la tercera parte de ésta.

Si tenemos en cuenta que el promedio de la biocapacidad mundial por habitante es de 2,06 gha para el año 2005 según la NFA, tanto España (1,34 gha/hab.) como Canarias (0,43 gha/hab.), mantienen una reserva de superficie bioproductiva por debajo de aquélla.

El capital natural en ambos casos es insuficiente para cubrir las demandas de recursos, pero particularmente en Canarias, se deja entrever un alto déficit ecológico (aspecto que trataremos en el Apartado 4.4.). Este hecho pone también en cuestión la sostenibilidad del modelo de consumo vigente.

Como ya hemos comentado anteriormente, queda pendiente un estudio más exhaustivo de la ganadería isleña para ajustar los datos estimados a la realidad local. La gestión de este sector económico dista mucho de ser extrapolable en ambos territorios. La insularidad condiciona las técnicas de explotación agropecuaria del archipiélago (aspecto valorado en el Apartado 3.4)

Gráfica 4.11: Biocapacidad Canarias (2005).

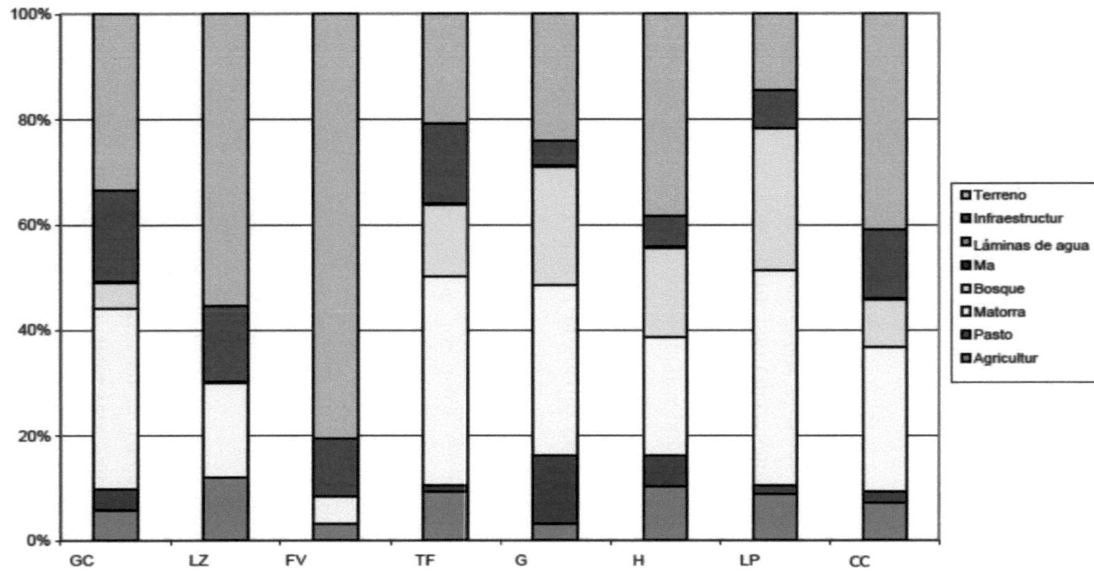

Elaboración propia a partir de datos del SIOSE, 2005.

Tabla 4.31: Biocapacidad canaria (2005).

	Gran Canaria	Lanzarote	Fuerteventura	Tenerife	La Gomera	El Hierro	La Palma	Canarias
SIOSE	ha	ha	ha	ha	ha	ha	ha	ha
Agricultura	9.460,13	10.658,00	5.413,21	20.154,98	1.140,01	2.758,28	6.239,52	55.824,13
Pastos	6.516,14	36,84	82,21	2.333,86	4.903,66	1.693,94	1.321,85	16.888,50
Matorral	57.731,42	16.266,59	8.782,53	86.759,90	12.107,46	6.231,56	29.774,83	217.654,30
Bosques	8.513,23	9,40	10,66	29.579,71	8.424,46	4.697,78	19.544,23	70.779,48
Mar	21,95	136,53	9,27	26,46	0,62	6,47	4,71	206,00
Láminas de agua	374,60	1,06	155,07	104,23	48,19	6,49	0,00	689,64
Infraestructura	29.129,56	12.910,63	19.920,29	33.447,35	1.808,17	1.651,20	5.175,13	104.042,33
Terreno detraído	55.883,09	49.655,72	141.370,81	45.048,08	8.983,24	10.569,55	10.510,80	322.021,27
Total biocapacidad (1)	111.747,04	40.019,06	34.373,24	172.406,51	28.432,57	17.045,71	62.060,26	466.084,39

12% biodiversidad (2)	13.409,64	4.802,29	4.124,79	20.688,78	3.411,91	2.045,49	7.447,23	55.930,13
Superficie SIOSE	167.608,18	89.538,25	175.734,78	217.428,12	37.415,19	27.608,79	72.566,35	787.899,66
Superficie ISTAC	156.010,00	84.594,00	165.974,00	203.438,00	36.976,00	26.871,00	70.832,00	744.695,00
Diferencia superficie	7,43%	5,84%	5,88%	6,88%	1,19%	2,75%	2,45%	5,80%
Biocapacidad hábil	98.337,40	35.216,77	30.248,45	151.717,73	25.020,66	15.000,23	54.613,03	410.154,26
(1): Sustrae el terreno yermo sin biomasa: roquedales, playas, dunas, coladas de lava.								
(2): Superficie preservada para el consumo de los ecosistemas naturales								

Elaboración propia a partir de datos del SIOSE, 2005.

Tabla 4.32: % de tipo de territorio según la superficie estimada a través de SIOSE.

SIOSE	Gran Canaria	Lanzarote	Fuerteventura	Tenerife	La Gomera	El Hierro	La Palma	**Canarias**
Agricultura	5,64%	11,90%	3,08%	9,27%	3,05%	9,99%	8,60%	7,09%
Pastos	3,89%	0,04%	0,05%	1,07%	13,11%	6,14%	1,82%	2,14%
Matorral	34,44%	18,17%	5,00%	39,90%	32,36%	22,57%	41,03%	27,62%
Bosques	5,08%	0,01%	0,01%	13,60%	22,52%	17,02%	26,93%	8,98%
Mar	0,01%	0,15%	0,01%	0,01%	0,00%	0,02%	0,01%	0,03%
Láminas de agua	0,22%	0,00%	0,09%	0,05%	0,13%	0,02%	0,00%	0,09%
Infraestructura	17,38%	14,42%	11,34%	15,38%	4,83%	5,98%	7,13%	13,21%
Terreno detraído	33,34%	55,46%	80,45%	20,72%	24,01%	38,28%	14,48%	40,87%

Elaboración propia a partir de datos del SIOSE, 2005.

Tabla 4.33: Análisis de la biocapacidad (ha) de Canarias (2005).

	Gran Canaria	**Lanzarote**	**Fuerteventura**	**Tenerife**	**La Gomera**	**El Hierro**	**La Palma**	**Canarias**
Superficie SIOSE	167.608,18	89.538,25	175.734,78	217.428,12	37.415,19	27.608,79	72.566,35	787.899,66
Terreno detraído	55.883,09	49.655,72	141.370,81	45.048,08	8.983,24	10.569,55	10.510,80	322.021,27
Territorio computable	111.725,09	39.882,53	34.363,97	172.380,04	28.431,95	17.039,24	62.055,55	465.878,39
12% biodiversidad	13.407,01	4.785,90	4.123,68	20.685,61	3.411,83	2.044,71	7.446,67	55.905,41
Territorio hábil	98.318,08	35.096,62	30.240,30	151.694,44	25.020,12	14.994,54	54.608,89	409.972,98
% Territorio hábil	58,66%	39,20%	17,21%	69,77%	66,87%	54,31%	75,25%	52,03%
% Territorio detraído	33,34%	55,46%	80,45%	20,72%	24,01%	38,28%	14,48%	40,87%

Elaboración propia a partir de datos del SIOSE, 2005.

Tabla 4.34: Cálculo de la biocapacidad canaria (2005).

Tipos de uso del territorio. Canarias 2005	Area	YF	EQF	BC
	[nha]	[wha. nha-1]	[gha. wha-1]	[gha]
Agrícola.	152.036,46	1,00	2,64	402.000,29
Pastos.	16.888,50	1,21	0,50	10.171,65
Otras tierras arbustivas.	217.654,30	1,21	0,50	131.089,40
Bosques.	70.779,48	0,64	1,33	60.492,52
Mar.	225.600,00	1,07	0,40	95.850,59
Agua dulce.	689,64	1,00	0,40	273,91
Infraestructura.	104.042,33	1,00	2,64	275.098,80

Elaboración propia a partir de NFA, 2005.

Tabla 4.35: Comparativa de la biocapacidad *per cápita*.

Tipos de usos del territorio	Biocapacidad España	Biocapacidad Canarias
2005	**[gha/hab.]**	**[gha/hab.]**
Agrícola	0,73	0,18
Pastoreo	0,32	0,06
Bosques	0,18	0,03
Pesca	0,06	0,04
Fijación de carbono	0,00	0,00
Infraestructura	0,04	0,12
TOTAL	**1,34**	**0,43**

Elaboración propia a partir de NFA, 2005.

La biocapacidad forestal española es más del doble de la canaria, mientras que la biocapacidad pesquera canaria es justamente el doble de la española, dado que la plataforma continental en la que se sustentan las islas es pequeña pero el perímetro total de costa es significativo.

El territorio para la fijación de carbono no se computa como tal para evitar la doble contabilidad con la superficie forestal, ya que se supone que será a través de la actividad fotosintética en este suelo como se capte el dióxido de carbono de la atmósfera.

Si observamos las Gráficas 4.12 y 4.13 podemos comparar la importancia relativa de los tipos de uso de la biocapacidad total del territorio. Llama la atención que la agricultura sea en ambos casos el tipo de suelo de mayor extensión, pero mientras que en España la superficie dedicada a pastos es la segundo en importancia, en Canarias es el dedicado a la infraestructura el que ocupa ese lugar.

Gráfica 4.12: % Biocapacidad en Canarias (2005).

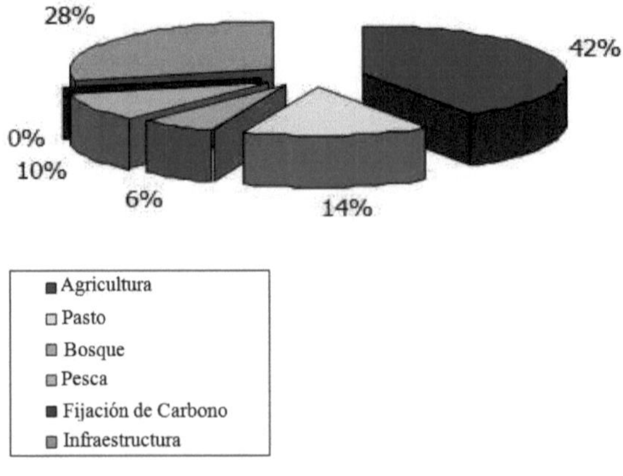

Elaboración propia a partir de NFA, 2005.

Gráfica 4.13: % Biocapacidad en España (2005).

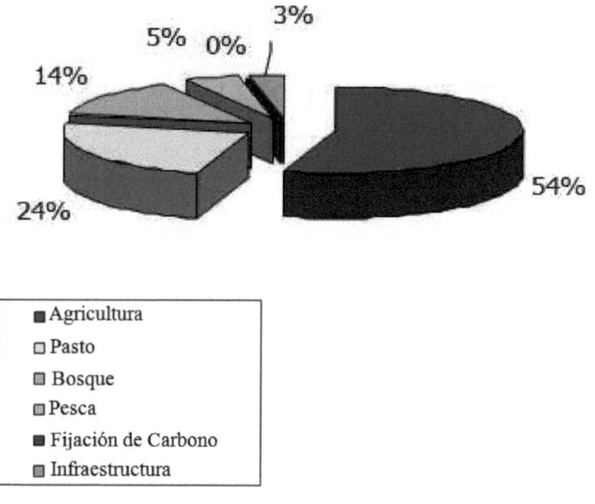

NFA, 2005.

Para poder ver estos datos en un contexto temporal aprovechamos el informe sobre la huella ecológica española realizado por el MMA (Tablas 4.36 y 4.37). La tendencia es a una progresiva pérdida de biocapacidad tanto en España como en Canarias, siendo en esta última más acusada.

Cabe añadir, sin ánimo de ser alarmista, que el cambio climático acelerará esta tendencia si no se toman medidas urgentes: preservar la biocapacidad actual y regenerar las superficies degradadas en lo posible (enmiendas de suelo, reforestación); son líneas de actuación imprescindibles para mejorar el balance insostenible que Canarias exhibe. El incremento de población también reduce la biocapacidad *per cápita*, no sólo el censo oficial sino los turistas o visitantes, ellos también consumen recursos naturales como habitantes equivalentes, aunque no se haya tenido en cuenta en estas tablas elaboradas por el MMA.

Tabla 4.36: Biocapacidad canaria (gha/hab.).

	1990	**1995**	**2000**	**2005**
Agricultura y ganadería.	0,325	0,300	0,298	0,237
Pesca.	0,114	0,114	0,114	0,114
Forestal.	0,223	0,196	0,183	0,151
Artificializado.	0,064	0,062	0,065	0,053
Total.	**0,725**	**0,672**	**0,659**	**0,555**
12% Biodiversidad.	**0,087**	**0,081**	**0,079**	**0,067**
Total disponible.	**0,638**	**0,591**	**0,580**	**0,488**

Pon *et al.*, 2007: 121.

Tabla 4.37: Biocapacidad española (gha/hab.).

	1990	**1995**	**2000**	**2005**
Agricultura y ganadería.	1,964	1,918	2,005	1,676
Pesca.	0,114	0,114	0,114	0,114
Forestal.	0,727	0,800	0.904	0,899
Artificializado.	0,062	0,070	0,082	0,076
Total.	**2,866**	**2,900**	**3,105**	**2,765**
12% Biodiversidad.	**0,344**	**0,348**	**0,373**	**0,332**
Total disponible.	**2,522**	**2,522**	**2,733**	**2,433**

Pon *et al.*, 2007: 121.

La pérdida de suelo agrícola en Canarias (91.167,12 ha) por abandono de la actividad frente al suelo cultivado (60.862,89 ha) es casi de un 60% del terreno roturado. En algunos casos -según la orientación y altitud-, estos suelos serán recolonizados por la vegetación autóctona, pero en otros, la degradación –principalmente por erosión- puede llegar a ser irreversible engrosando el montante de terreno baldío. El consumo de productos de kilómetro cero (locales) no sólo reduce la huella energética del transporte sino incentiva la recuperación de la actividad económica en este sector. Dejar la alimentación solo en manos de las importaciones es una dependencia poco sostenible, que aleja al archipiélago de la seguridad alimentaria.

No podemos aportar datos sobre el uso real de los pastos canarios, pero su mantenimiento como cubierta vegetal también es importante. Los bosques canarios requieren de una dinamización de su productividad, aumentando la reforestación con especies autóctonas y favoreciendo la gestión de la producción maderera sostenible, aumentando así las tasas de fijación de carbono sin poner en peligro la inestimable herencia biológica enraizada.

Si bien es técnicamente plausible aumentar la producción primaria bruta (PPB[108]) de las tierras de cultivo en comparación con los sistemas naturales existentes anteriormente (sobre todo mediante la irrigación en regiones áridas), numerosos biotopos antropogénicos, como los campos de maíz o los huertos, son menos productivos que los biotopos naturales que dominarían en la misma región, como los bosques naturales (Fischer-Kowalski y Haberl, 2007: 10). La pérdida de biocapacidad agrícola es inquietante y puede compensarse con una reconversión en territorio forestal o pastizal. La erosión acelera definitivamente la pérdida del suelo no fijado por la cubierta vegetal.

[108] Cantidad de energía solar que las plantas pueden incorporar anualmente como biomasa. Es la base nutricional de todos los organismos heterótrofos; depende del clima y la calidad de los suelos (Fischer-Kowalski y Haberl, 2007: 10).

En Canarias, la mayoría de los recursos pesqueros se encuentran actualmente sobreexplotados, motivo por el cual el ecosistema marino canario presenta algunos desequilibrios, como muestra la superpoblación del erizo de lima (*Diadema antillarum*) en las zonas submareales del archipiélago. Esta especie ha podido colonizar espacios al suprimirse sus predadores naturales, principalmente especies de alto interés pesquero como el mero (*Epinephelus marginatus*), el tamboril (*Chylomycterus agringa*), el pejeperro (*Bodianus scrofa*) o la langosta canaria (*Scyllarides latus*). En la situación actual, existe una baja densidad de población de las especies sobreexplotadas, por lo que la capacidad productiva global del ecosistema marino es muy limitada, lo mismo que su capacidad de recuperación, aún más si no se establecen medidas de gestión adecuadas (Contribución de Canarias al Libro Verde de Política Marítima, 2010). En el próximo capítulo abordaremos los efectos de las salmueras de la desalación en los hábitats costeros.

Finalmente, la biocapacidad dedicada a la construcción en Canarias es relativamente alta si tenemos en cuenta las superficies protegidas con figuras legales y las altas densidades de población. El sector turístico es demandante de territorio, pero es responsabilidad de las instituciones públicas buscar modelos de regeneración urbanística antes que abandonar al deterioro las zonas turísticas obsoletas, para crear nuevos complejos hoteleros que seguirán degradando el territorio y el paisaje.

4.4. El Déficit Ecológico insular y sus potenciales compensaciones.

El valor de la huella ecológica y la biocapacidad de la región no son en sí mimos los resultados buscados en este trabajo. La relación entre ambos nos permite discriminar entre un superávit ecológico, en los casos en que la biocapacidad supere a la huella de los consumos; y un déficit ecológico, en los casos en que la biocapacidad sea insuficiente para aportar los recursos necesarios para satisfacer los consumos imputados en la huella.

Consumimos más de lo que producimos en todos los niveles: regional, nacional y mundial; en este caso en particular la reserva ecológica es para ambos negativa (Canarias y España). La huella del comercio internacional, establecido como la diferencia entre importación y exportación, deja clara la importancia de las importaciones en la balanza comercial internacional de ambas economías (ver Tabla 4.38). En cualquier caso, la vulnerabilidad insular ante cualquier desabastecimiento hace de la dependencia exterior un factor de riesgo.

En el marco de la sostenibilidad, y desde la perspectiva nacional o regional, el objetivo final de una sociedad tendría que ser el de disponer de una huella ecológica que no sobrepasara su biocapacidad, y por tanto que el déficit ecológico fuera cero. La proporción entre consumo de recursos y biocapacidad disponible revela cierta disonancia, se consume más de lo disponible (hacen falta casi diez archipiélagos para cubrir las demandas de recursos de éste).

La región requiere de planetas extra para satisfacer las necesidades de sus residentes. Si todos los habitantes del planeta consumieran como los canarios, dos planetas se harían insuficientes; un resultado que nos permite reflexionar sobre hábitos y consumos insostenibles en la vida diaria de cualquier isleño.

De forma complementaria, desde la perspectiva internacional, un objetivo sostenible sería el de disponer de una huella ecológica por habitante que no sobrepasara la biocapacidad *per cápita* disponible a escala del planeta (MINUARTIA, 2007: 3); garantizándose así la equidad en el reparto de recursos naturales.

Las diferencias relativas entre los valores de Canarias y España quedan desfiguradas si tenemos en cuenta las incertidumbres que rodean las estimaciones regionales (las Gráficas 4.14 y 4.15 muestran la evolución temporal del déficit ecológico en los últimos quince años según el MMA).

En este trabajo las productividades nacionales han prevalecido sobre otros valores más acordes con la realidad de los sectores económicos canarios debido a la falta de datos o la inaccesibilidad de estos. Particularmente merece la pena recalcar que el sector ganadero mantiene cierta desviación; la alimentación del ganado en Canarias se aleja bastante del patrón promedio nacional, con más producción intensiva. Aún así, la investigación realizada aporta datos consistentes que invitan a un debate sobre las vías para invertir estas tendencias: reducir la huella y aumentar la biocapacidad isleña.

La HE de España es elevada, ocupando según datos internacionales, los primeros puestos entre los países europeos. La tendencia se manifiesta claramente hacia una evolución muy negativa de este indicador sintético y aún más del déficit ecológico correspondiente, que se ha incrementado desde las 2,5 gha a aproximadamente las 4 gha en un período de tan sólo 15 años, lo que supone un incremento superior al 60% (MINUARTIA, 2007: 20).

Canarias, con una huella considerablemente alta, carece de biocapacidad suficiente para satisfacer su demanda de recursos naturales, siendo su déficit ecológico más elevado que en el Estado español.

Tabla 4.38: Comparativa de indicadores ambientales.

	Islas Canarias	**Islas Canarias**	**España**	**Mundial**
	[gha] (1)	[gha] (2)	[gha]	[gha]
Reserva Ecológica.	-8.389.297,50	-8.389.297,50	-189.613.163,16	-4.082.670.718,31
Comercio Neto (exportaciones negativas).	4.445.966,73	4.445.966,73	71.128.745,84	N/A
Huella por persona.	4,76	4,17	5,74	2,69
Biocapacidad por persona.	0,50	0,43	1,34	2,06
Huella por persona/Biocapacidad por persona.	9,60	9,60	4,29	1,31
Número de planetas necesarios si todos consumimos así.	2,31	2,02	2,78	N/A

*(1): Censo 2005 (ISTAC, 2006); (2): población equivalente, incluyendo visitantes. Elaboración propia a partir de NFA, 2005.

Gráfica 4.14: Evolución del déficit ecológico en Canarias (gha/hab).

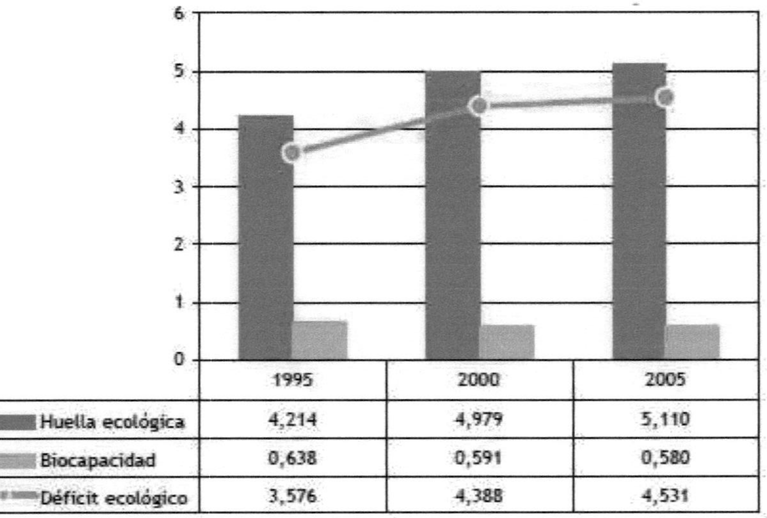

Pon *et al.,* 2007: 121.

Gráfica 4.15: Evolución del déficit ecológico en España (gha/hab.).

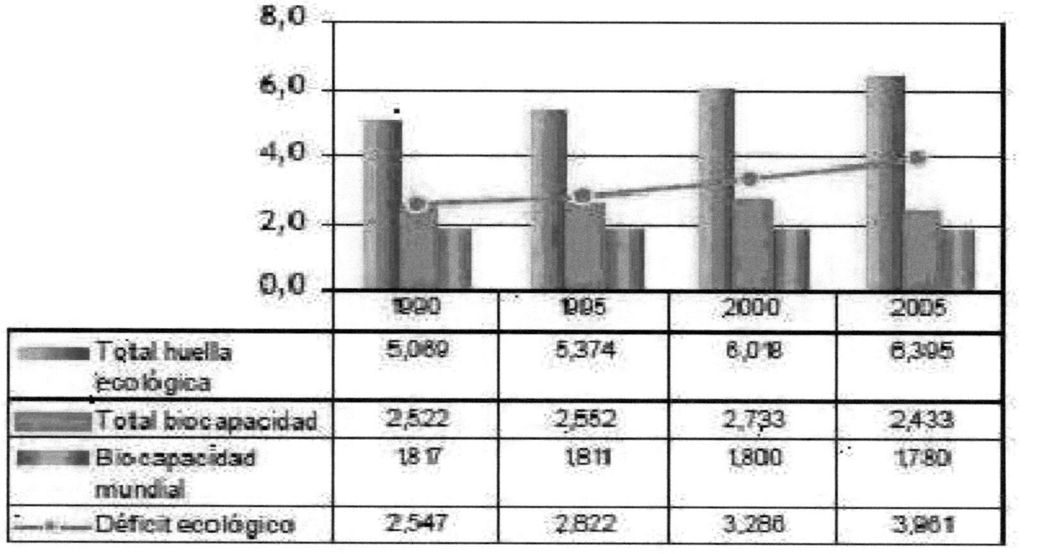

	1990	1995	2000	2005
Total huella ecológica	5,069	5,374	6,018	6,395
Total biocapacidad	2,522	2,552	2,733	2,433
Biocapacidad mundial	1,817	1,811	1,800	1,780
Déficit ecológico	2,547	2,822	3,286	3,961

MINUARTIA, 2007: 15.

Por otro lado, conviene recordar que la biocapacidad por sí sola no preserva la biodiversidad, afectada también por las consecuencias del cambio climático. Aunque la metodología de la HE no participe de esta información, es importante reseñar las características de la flora y fauna de Canarias: endemismos insulares, especies amenazadas o en peligro de extinción, especies invasivas, etc. Caujapé-Castells *et al.* (2010), aportan información sobre la pérdida de biodiversidad vegetal en islas oceánicas, apuntando a un conjunto de factores interrelacionados que reducen la biodiversidad de la flora endémica en los archipiélagos (ver Gráfica 4.16).

En este mapa conceptual se muestran algunas de las principales interacciones entre los factores considerados en la disminución de diversidad endémica vegetal del archipiélago. Para mayor claridad, no están vinculadas todas las posibles relaciones entre los factores. Las flechas indican la dirección predominante de la relación que exacerba la tendencia; por ejemplo, una educación deficiente podría desembocar en una disminución de la eficacia de las leyes para proteger la biodiversidad o su aplicación, y también podría conducir a un aumento del crecimiento demográfico. En la gráfica las flechas no están vinculas a "El cambio climático y la contaminación" porque la interacción entre este factor y los otros probablemente son múltiples, pero aún no es muy conocido, y por tanto, resulta difícil de cuantificar. La graduación de grises de las casillas se relaciona con la incidencia de los factores que fueron identificados como los principales impulsores de la pérdida de diversidad vegetal en el estudio realizado por Caujapé-Castells *et al.* (2010: 121) en nueve archipiélagos oceánicos (el canario uno de ellos): en cinco o más de los archipiélagos (gris oscuro), de entre dos y cuatro de ellos (gris claro), y en uno o ninguno de ellos (blanco) (*Ibíd.*:111).

Gráfica 4.16. Factores vinculados a la pérdida de diversidad vegetal en islas oceánicas.

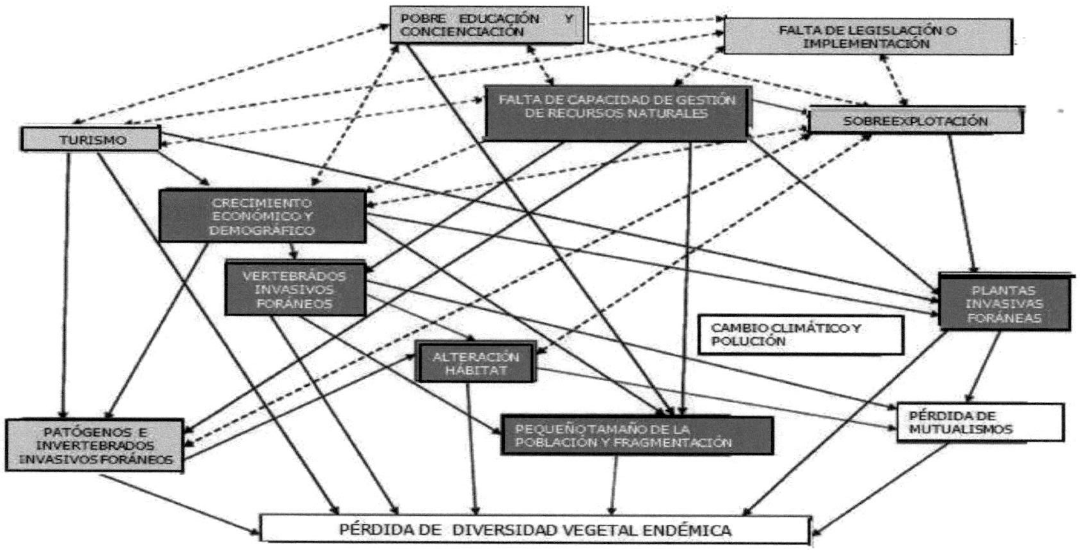

POBRE EDUCACIÓN Y CONCIENCIACIÓN

FALTA DE LEGISLACIÓN O IMPLEMENTACIÓN

FALTA DE CAPACIDAD DE GESTIÓN DE RECURSOS NATURALES

SOBREEXPLOTACIÓN

TURISMO

CRECIMIENTO ECONÓMICO Y DEMOGRÁFICO

VERTEBRADOS INVASIVOS FORÁNEOS

PLANTAS INVASIVAS FORÁNEAS

CAMBIO CLIMÁTICO Y POLUCIÓN

ALTERACIÓN HÁBITAT

PATÓGENOS E INVERTEBRADOS INVASIVOS FORÁNEOS

PEQUEÑO TAMAÑO DE LA POBLACIÓN Y FRAGMENTACIÓN

PÉRDIDA DE MUTUALISMOS

PÉRDIDA DE DIVERSIDAD VEGETAL ENDÉMICA

Caujapé-Castells *et al.*, 2010:111.

En todo caso, estas variables también están vinculadas con los vectores que definen la HE y la biocapacidad, lo cual permite matizar las interrelaciones que tienden a invertir el déficit ecológico actual en el territorio. El objetivo de sostenibilidad es consumir lo equivalente a nuestra biocapacidad para tener un balance ecológico equilibrado o buscar un balance más global en función de la biocapacidad mundial.

Reducir las emisiones de dióxido de carbono es compatible con un modelo de desarrollo sin crecimiento; en cualquier caso, la huella ecológica nos permite reconocer en qué recursos hay una gestión menos eficiente y proponer alternativas que compensen dicha tendencia.

En el caso concreto de estas islas es irrefutable revitalizar la actividad forestal y agrícola o la combinación agroforestal (dejando abierto el modelo de implementación de esta demanda). Concretamente la reforestación –replicando la biodiversidad del entorno con técnicas que respeten la sinergia de las redes biológicas en cada biotopo– es una alternativa real. Imitar en lo posible los procesos naturales es una garantía de integración en el medioambiente resiliente.

Masanobu Fukuoka aporta una brillante reflexión sobre el uso de la técnica del Nendo Dango[109] tanto en agricultura como en

[109] Nendo Dango significa bolas de arcilla en japonés. Este método de reforestación, que permite sembrar millones de semillas a bajo coste, fue ideado por Masanobu Fukuoka en los años 60. También se le conoce con el nombre de pildorización. El padre de la agricultura natural, y uno de los máximos inspiradores de la permacultura, lo creó para "mejorar la naturaleza y convertir los desiertos en bosques". Se trata de hacer bolas pequeñas de arcilla, con semillas de diferentes especies de árboles y arbustos, y esparcirlas sobre el terreno. La capa de arcilla, una vez seca, evita que las semillas se conviertan en alimento de pájaros, roedores y otros animales, y es la lluvia la que libera a los futuros árboles de su cascarón y les ayuda a germinar. El Nendo Dango es mucho más eficiente que los métodos tradicionales de reforestación, porque alrededor de 2% de las semillas plantadas con Nendo Dango germinan, frente al 0,2% que lo hace mediante

reforestación natural. Es necesario poner en valor la biocapacidad agrícola canaria, con un alto porcentaje de territorio abandonado (60%) y con riesgo de perder su potencial biológico por erosión irreversible de sus cualidades edáficas.

En términos de ecoeficiencia del sistema socioeconómico, España y Canarias han sido y son aún un ejemplo de evolución negativa; en general necesitan muchos más recursos naturales que sus vecinos europeos para proveer a la población de un mismo nivel de vida (MINUARTIA, 2007: 20).

4.5. Conclusiones parciales.

El crecimiento económico experimentado en el archipiélago durante los últimos años ha ocasionado importantes incrementos en la demanda de energía (fundamentalmente eléctrica[110]) con el consiguiente aumento en las emisiones de gases de efecto invernadero, agravando la situación de dependencia energética y dificultando el cumplimiento de objetivos medioambientales internacionales.

Tanto la introducción del gas natural como el impulso a las energías renovables encuentran importantes obstáculos. En ambos casos, una de las principales razones la constituye la escasez institucionalizada de suelo. En las Islas Canarias, más del 42% del territorio posee algún tipo de protección, y cualquier actividad de tipo industrial -en este caso de índole

otros sistemas. Y es mucho más barato que la plantación con arbolitos obtenidos en un vivero (www.nendodango.org).

[110] Datos de Energía eléctrica (2005): Producción bruta: 8.444.663 Mwh, Consumo neto: 7.925.846 Mwh y Energía disponible: 8.548.209 Mwh; con una producción eólica de 329.513 Mwh (ISTAC, 2006: 18).

energética- puede colisionar con lo prescrito en las normas de conservación. El uso de la HE y el ACV pueden sopesar la sostenibilidad de estos escenarios, facilitando la comunicación social de los retos para la consecución de la diversificación energética y dando transparencia a la evaluación de los estadios intermedios de estos desafíos.

En lo que respecta a la introducción masiva de sistemas de energías renovables, la energía eólica se presenta a corto plazo como la fuente energética renovable con mayor potencial para lograr las metas marcadas, ya que los niveles de velocidad del viento en Canarias se sitúan entre los más elevados del mundo; si se persiguen mayores cuotas de contribución de esta fuente renovable al mix energético canario, la disponibilidad de suelo supone una limitación importante. En este sentido, ya comienzan a aparecer escenarios en los que los aerogeneradores podrían situarse en el mar a medio plazo (energía eólica *off shore*); también ante una hipótesis como ésta se hace oportuna una evaluación ambiental exhaustiva, poniendo en valor los impactos vinculados a esta alternativa.

No es objeto de este trabajo buscar los límites de la energía eólica en Canarias; pero como en todo, hace falta una planificación, seguimiento y evaluación de las distintas etapas de consolidación de los objetivos ambientales para reducir el protagonismo de las energías fósiles en las islas. La ralentización de los trámites legales para incentivar las fuentes renovables no tiene parangón en ninguna Comunidad Autónoma española, máxime con las condiciones climáticas isleñas, garantes de sol y viento; la dependencia casi exclusiva de los productos petrolíferos es una prueba de la estrechez de miras ante el reto de liderar un cambio de la producción energética en las islas (aún se propone el gas natural en la política energética del PECAN). La vigente ordenación territorial supone una limitación importante y un obstáculo si se persiguen mayores cuotas de contribución de esta fuente renovable al mix energético canario.

La huella energética es más susceptible de reducirse si implementamos modelos de demanda sensibles con el ahorro en emisiones de dióxido de carbono: sustitución de energías fósiles por renovables, compostaje, biodigestión anaerobia o depuración biológica de agua a media y pequeña escala (aspecto tratado en el capítulo sexto). Mantener el ciclo del carbono en su estructura orgánica, garantiza su no degradación a dióxido de carbono atmosférico, uno de los gases de efecto invernadero más comunes y único elemento que contabilizamos en la huella energética según la metodología estandarizada.

La Huella Ecológica sería una herramienta inútil si quedara en una foto fija. La interdependencia de los vectores que conducen hacia el equilibrio ecológico facilita el análisis de diversos escenarios de futuro, tomando como referencia la biocapacidad con la que contamos. Se puede intervenir en la regeneración forestal y agrícola; por ejemplo, mediante la revegetación[111] de terrenos roturados abandonados. Devolver las propiedades edáficas al suelo regeneraría la cobertura vegetal; y el compostaje de residuos orgánicos coadyuvaría a esta reflexión. En todo caso la evolución en el tiempo de la HE permitiría la trazabilidad de los cambios implementados.

En términos de biocapacidad, puede decirse que el valor ecológico y de bioproductividad de la tierra de cultivo es más

---

[111] La revegetación es una práctica que consiste en devolver el equilibrio o restaurar la cubierta vegetal de una zona donde sus formaciones vegetales originales están degradadas o alteradas.

que considerable, dado que constituye el 54% del territorio español y el 42% del canario. Por ello, las políticas agropecuarias deben tener en cuenta que gestionan gran parte del capital natural del territorio nacional y regional, más allá del enfoque sectorial que produce rentas y productos. En ese sentido, preservar la salud edáfica del territorio no es cuestión baladí; el suelo agrícola es también interesante desde el punto de vista ambiental, el hecho de no albergar ecosistemas apreciados tradicionalmente como valiosos no es óbice para soslayar su potencial generador de biocapacidad.

El reto está en la integración de razonamientos basados en la HE. La evolución del actual modelo socioeconómico insostenible no es únicamente responsabilidad de los gestores -políticas sectoriales, ordenación del territorio y políticas urbanas- los ciudadanos pueden participar del cambio de hábitos de consumo y operar una transformación donde progreso y desarrollo puedan desacoplarse.

5. La Huella Ecológica del agua desalada en Canarias.

"La tecnología no es buena, ni mala, ni neutral" (1ª Ley de Melvin Kranzberg, 1917-1995).

5.1. Introducción.

La tecnología de la desalación entra como elemento clave en el ajuste de las necesidades de energía y agua en la Comunidad Canaria. Convertir el petróleo en agua, cuando el calentamiento global del Planeta demanda reducir emisiones, representa la solución de una dificultad local contribuyendo a la exacerbación de un problema global. Por lo tanto, la fuente de energía desempeña un papel fundamental al comprometer el nivel de sostenibilidad de la obtención de este recurso. Existen unos costes energéticos asociados a la potabilización, desalación, regeneración, reutilización o tratamiento; incluso su transporte sería susceptible de evaluación en término de emisiones de dióxido de carbono vinculadas al protocolo establecido para minimizar el impacto de esta variable ambiental.

Por otro lado, hay que tener en cuenta la dependencia extrema que Canarias tiene de la energía fósil; sólo un 5,6% de la producción energética procede de fuentes renovables (EEC, 2005: 30). Por tanto, la cuestión es si la demanda energética de la desalación puede compensarse con un incremento en el aprovechamiento de las energías renovables, por descontado abundantes en la región (principalmente sol y viento). En este trabajo nos centramos en proponer escenarios donde la energía eólica tenga una mayor presencia en el mix-eléctrico canario.

Es preciso recalcar que la contribución de la desalación a las emisiones de gases de efecto invernadero no se debe al proceso propio de desalar, sino que está ligado a las emisiones de estos gases por la generación de la electricidad necesaria; de ahí el gran interés de vincular la producción de agua desalada con el incremento de la producción de energías renovables. Éstas tienen un gran potencial para satisfacer parte de las actuales demandas a un menor coste ambiental (Meerganz, 2008: 136)

La *Nueva Cultura del Agua*[112] en España propone estrategias alternativas en esta dirección: eficiencia energética, gestión de pérdidas o regeneración; soluciones más acordes con la Directiva Marco del Agua (DMA) comentada en el capítulo segundo. En líneas generales, este compromiso comunitario establece que en el año 2015 debe conseguirse un buen estado ecológico para todas las aguas europeas, fija el principio de que "quien contamina paga" y plantea la recuperación adecuada de los costes de los servicios relacionados con el ciclo integral del agua.

Los impactos asociados a la descarga de salmuera y la emisión de gases efecto invernadero no se contabilizan con parámetros monetarios; necesitan ser estimados en una valoración completa de la tecnología y sus consecuencias en el entorno natural. En Canarias la disponibilidad de agua está directamente relacionada con la industria turística, pero también este sector económico demanda unos estándares de calidad ambiental que la producción industrial de agua puede deteriorar si no hay un control exhaustivo de los efluentes vertidos al entorno. La degradación del paisaje tiene dudosa reversibilidad, máxime en los fondos costeros donde la compleja interrelación de la biodiversidad está oculta bajo el agua. La pérdida de praderas marinas puede acarrear elevados costes

---

[112] La denominación *Nueva Cultura del Agua* surgió a mediados de los años 90 del siglo XX como un movimiento social al trasvase del Ebro en España, si bien poco a poco fue refiriéndose a toda una forma diferente de tratar los temas relacionados con la gestión del agua.

ecológicos que acabarán redundando en la economía regional: el menoscabo de algún eslabón en las redes tróficas desestabiliza la resiliencia biológica natural.

La pérdida de biocapacidad relacionada con los vertidos de salmuera, tanto en los fondos litorales como en los barrancos, afecta directamente a los recursos bióticos de la región (con pérdida de biodiversidad en las costas ante la modificación de las características fisicoquímicas del entorno marino) o indirectamente al contabilizar los consumos de la biocapacidad local en los años sucesivos (reducción de capturas, disminución de redes tróficas en los ecosistemas marinos sensibles).

En el desarrollo del capítulo se estimará la huella energética del agua desalada en el archipiélago. El ACV permite cuantificar las emisiones vinculadas a cada tipo de tecnología según el mix-eléctrico regional existente (cada isla tiene su propia distribución como se constató en el capítulo tercero); los resultados del capítulo anterior sirven de referencia para poder calcular la HE energética vinculada a la producción industrial de agua en las islas.

5.2. El mix-eléctrico asociado a la desalación. Energía fósil versus energía eólica.

Los procesos de desalinización consumen demasiada energía en comparación con la explotación de los recursos naturales de agua donde la energía es sólo necesaria para bombear ésta desde la fuente hasta el consumidor. Tomando como referencia las distintas tecnologías presentes en la región (tratadas en el Apartado 3.3) destaca la ósmosis inversa (OI): el 77% de las plantas desaladoras en Canarias la emplean y el 71% del agua desalada ha pasado por estas membranas (Dirección General de Aguas del Gobierno de Canarias,

2006). Para facilitar el análisis se asume globalmente este diseño como prevalente.

En la desalación por OI, la energía se consume en: el sistema de admisión, el sistema de bombeo, la operación antes del tratamiento y, lo más importante, para generar presión necesaria para la etapa de OI propiamente dicha. Además de los elevados costos como consecuencia de la necesaria demanda energética, el consumo de energía conlleva un impacto ambiental asociado a la emisión de gases de efecto invernadero.

Desde la introducción de la desalación por membranas de ósmosis inversa en la década de 1970, los costos han disminuido de manera constante. En el pasado, la desalinización por OI sólo se había aplicado en zonas con limitada disponibilidad de agua natural. Principalmente debido a la reducción del consumo de energía de esta tecnología, hoy en día la OI puede ser vista como una alternativa a los recursos hídricos naturales, ofreciendo ventajas en cuanto a la fiabilidad del agua producida y su *independencia de factores externos* (J. Díaz-Caneja, 2005[113] citado por Fritzmann *et al.*, 2007: 65).

A finales de 1970 las primeras plantas de SWRO consumían hasta 20 kWh/m³. A través del desarrollo de membranas más eficientes, los nuevos materiales de membrana y el uso de dispositivos de recuperación de energía, el consumo de energía se redujo a alrededor de 3,5 kWh/m³ a finales de la década de 1990. Hoy en día, el consumo de energía por debajo de 2,0 kWh/m³ es técnicamente posible (J. MacHarg y R. Truby, 2004[114] citados por Fritzmann *et al.*, 2007:65).

---

[113] J. Díaz-Caneja, M. Farinas and A. Jiménez, (2005): "Spanish cost data illustrate RO's competitiveness", Desalination Water Reuse Q., 15(1) 10–17.

[114] J. MacHarg and R. Truby, (2004): "West Coast researchers seek to demonstrate SWRO affordability", Desalination & Water Reuse Q., 14(3) 1–18.

No obstante, para el archipiélago canario tomaremos un rango entre 3 y 5 kWh/m^3 con la intención de incluir tecnologías más eficientes con diversos dispositivos de recuperación energética y otras instalaciones más obsoletas que carecen de los mismos. Se ha tenido en cuenta la investigación realizada al respecto por parte de la ULPGC y el ITC (Calero *et al.,* 2010: 5). En algunas islas como Gran Canaria se bombea agua desalada de mar hasta 600 ó 900 metros sobre el nivel del mar, lo que supone duplicar el coste energético (García *et al.*, 2008: 48).

Debido a la reducida salinidad del agua de alimentación en la BWRO, las necesidades de energía son menores que en la SWRO. Las plantas de desalinización de agua salobre demandan un consumo de energía por debajo de 1 kWh/m^3 (M. Wilf, 2004[115] citado por Fritzmann *et al.*, 2007: 65). En el contexto de este estudio tomaremos también un rango entre 1 y 2 kWh/m^3 fundamentando esta estimación a partir de referencias bibliográficas que abarcan este intervalo como representativo para la desalación de aguas salobres insulares (De la Cruz, 2006: 21).

En resumen, la energía es el componente singular de mayor coste en la operación de una planta de desalinización de OI y ofrece al mismo tiempo el mayor potencial de reducción de costes. La cantidad de energía en el cómputo global de una planta de OI varía según sus parámetros de funcionamiento y ubicación.

La Gráfica 5.1 representa una distribución típica del coste energético total en las plantas desalinizadoras de SWRO; en estos casos la mayor contribución (84,40%) está directamente vinculada con el bombeo a alta presión requerido por esta tecnología.

[115] M. Wilf, (2004): "Fundamentals of RO–NF technology", International Conference on Desalination Costing, Limassol.

Gráfica 5.1: Consumos energéticos de las diferentes etapas de la OI.

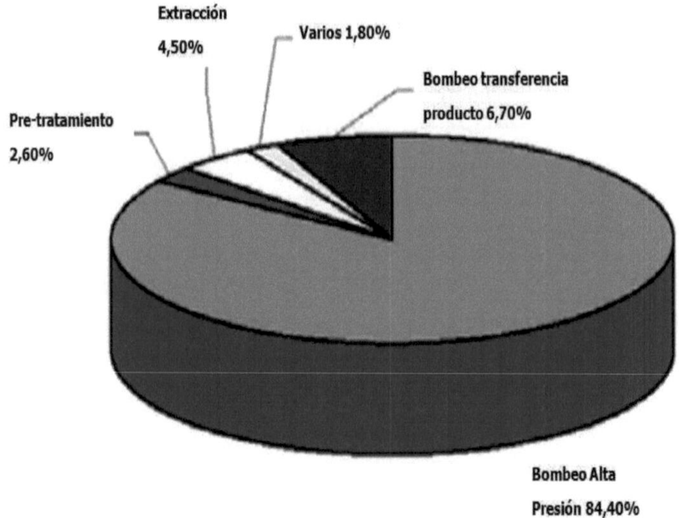

M. Wilf, (2004): Fundamentals of RO–NF technology, International Conference on Desalination Costing, Limassol, citado por Fritzmann *et al.*, 2007: 66.

Desde el punto de vista económico, los costes de producción de un metro cúbico de agua desalada están condicionados por distintos factores (ver Gráfica 5.2): amortización, mantenimiento, productos químicos, personal, impuestos, cambio de membranas o energía; esta última partida es el factor más determinante en el análisis global de la inversión en la producción industrial de agua en Canarias: supone un 41% (Calero *et al.*, 2010: 5).

El modelo de producción eléctrica condiciona los resultados y en nuestro caso sí podemos estimar en casi un 100% la energía procedente de combustibles fósiles, dada la insignificante presencia de las energías renovables en el mix-eléctrico canario en su conjunto. Por otro lado, la implantación de la energía eólica es desigual en las islas. En el caso del parque generador convencional se estima un rendimiento comprendido entre el 32% y el 36% (EEC, 2005: 66); mientras las emisiones vinculadas a una central térmica-promedio de estas características están estimadas por la administración pública en 0,420 kg CO_2/kWh (Sadhwani *et al.*, 2005: 3).

Gráfica 5.2: Costes de producción agua desalada en Canarias.

Calero *et al.*, 2010: 5.

La realidad energética del archipiélago es un mix-eléctrico casi exclusivamente constituido por combustibles fósiles con una presencia testimonial de fuentes renovables. Conviene recalcar de nuevo que, aunque la energía eólica es la fuente de referencia, ésta cuenta con presencia dispar en el conjunto del territorio. Ante esta perspectiva nació el proyecto AQUAMAC del ITC; estableciendo el objetivo de mejorar la autosuficiencia energética de los ciclos del agua en las islas como factor clave para la sostenibilidad; en este contexto se emprendieron trabajos prácticos para mejorar la eficiencia energética y el aprovechamiento de las energías renovables en las instalaciones relacionadas con el tratamiento y transporte del agua (ITC, 2005: 21-60).

Como se ha señalado anteriormente, el territorio del archipiélago se encuentra fragmentado en redes eléctricas insulares independientes (exceptuando Lanzarote y Fuerteventura que constituyen un único sistema). El análisis del consumo eléctrico relativo a la desalación requiere de una profundización en el mix-eléctrico vinculado a cada isla. Las emisiones relativas a distintos escenarios energéticos propuestos por Gemma Raluy en los ACV de las distintas tecnologías de desalación se alejan bastante de las condiciones de Canarias (Raluy *et al.*, 2006; Raluy *et al.*, 2005a; Raluy *et al.*, 2004).

La falta de datos técnicos para estimar los consumos energéticos reales de las 331 desaladoras inventariadas en 2005 -incluyendo las plantas de agua salobre- obliga a aproximar un intervalo estimativo que permita evaluar el coste energético de la desalación en la región y proponer escenarios alternativos menos demandantes de combustibles fósiles. Con una mayor implicación de las instituciones competentes podría establecerse un seguimiento de cada planta desaladora, pública o privada; pero la realidad refleja un vacío informativo. Por esta razón, en este trabajo se han tenido en cuenta los datos disponibles procedentes de la Dirección General de Aguas; convirtiendo la capacidad nominal (m^3/día) en producción anual, tomando 341 días hábiles como cómputo de referencia (Calero, 2010: comunicación oral). Esta producción total sí puede analizarse a nivel insular, comparando las emisiones estimadas en cada isla según los escenarios propuestos.

No hay que olvidar que el agua marina desalada se produce en la costa, con lo que hay que bombearla y almacenarla, para luego distribuirla hasta los lugares de consumo (la factura energética se incrementa en 1 ó 2 kWh más para cada 1.000 litros). Si además, añadimos la posterior depuración para su reaprovechamiento o para su vertido al mar, la energía necesaria en el ciclo completo puede llegar a los 10 kWh por cada 1.000 litros, todo ello sin considerar las pérdidas de agua que tienen lugar en las redes de transporte, distribución y saneamiento, además del almacenamiento; llegando a suponer en algunos casos un 30% (García *et al.*, 2008: 49). Estas estimaciones quedan fuera del análisis actual, pero son una referencia para ajustar más los resultados en futuros trabajos.

Por lo tanto, acotando el consumo energético de la desalación marina en los dos supuestos[116] establecidos: uno con un consumo de 3 kWh/m^3, mayoritariamente con recuperación energética y otro con consumo de 5 kWh/m^3, que podría estimarse sin recuperación energética; constatamos un consumo energético de 420.538,01 MWh en el caso más eficiente (un 4,93% del consumo energético total) y 700.896,69 MWh en el caso menos eficiente (un 8,21% del consumo energético total), según se recoge en la Tabla 5.1.

En el contexto insular las islas orientales presentan un mayor porcentaje de consumo de energía vinculado a la desalación (7%-9%, en un caso y 12%-15% en el otro). Es notable que la isla de El Hierro sea la que destaca con mayor porcentaje entre las otras. Por otra parte, Gran Canaria es la isla con mayor consumo eléctrico dedicado al agua desalada y, por ello, es la que genera mayor cantidad de emisiones de dióxido de carbono vinculadas a esta actividad.

[116] La bibliografía consultada, con la mejor tecnología disponible mantiene un rango de consumo energético menor (2,5 kWh/m^3-3,5 kWh/m^3); pero las estimaciones propuestas están basadas en la realidad de las islas para el año 2005.

Tabla 5.1: Consumos energéticos de la desalación con OI por islas y región.

	Energía en red total	Desalación mar con consumo 3 kWh/m^3	%E total	Desalación mar con consumo 5 kWh/m^3	%E total
2005	MWh	MWh		MWh	
GC	3.439.840,00	252.765,20	7,35%	421.275,33	12,25%
TF	3.358.470,00	52.405,78	1,56%	87.342,97	2,60%
LZ	807.950,00	57.538,90	7,12%	95.898,17	11,87%
FV	591.020,00	52.784,56	8,93%	87.974,27	14,89%
LP	237.680,00	0,00	0,00%	0,00	0,00%
G	63.930,00	2.058,60	3,22%	3.431,00	5,37%
H	35.240,00	2.984,97	8,47%	4.974,95	14,12%
CC	**8.534.140,00**	**420.538,01**	**4,93%**	**700.896,69**	**8,21%**

Elaboración propia a partir de datos de EEC (2005) y del Gobierno de Canarias.

Las emisiones de dióxido de carbono asignadas a los dos supuestos establecidos quedan reflejadas en la Tabla 5.2. En el ámbito regional el total aproximado de 140.179.337,70 m^3 de agua marina desalada generarían 169.056,28 toneladas de CO_2 en el primer caso considerado (columna 2) y 281.760,47 toneladas de CO_2 en el segundo caso (columna 3), asumiendo un parque generador convencional con un rendimiento comprendido entre el 32% y el 36% (EEC, 2005: 66) y unas emisiones de 0,420 kg CO_2/kWh (Sadhwani *et al.*, 2005: 3).

El análisis de la gestión de las aguas salobres de Canarias (comentado en el capítulo tercero) es una temática compleja, en la que intervienen aspectos ambientales, políticos, socioeconómicos e incluso históricos. Aunque queden al margen de los límites de este trabajo -centrado en la desalación marina- las emisiones vinculadas a la desalobración por OI se estiman – como ya señalamos – en el rango de 1-2 kWh/m^3 (ver Tabla 5.3). En cualquier caso, la desalación de agua salobre tiene una relevancia desigual entre las islas, como vimos en el capítulo tercero, destacando la isla de Tenerife, en la que el agua salobre es aproximadamente el 52% de agua total desalada.

En este caso las toneladas de dióxido de carbono calculadas se hacen suponiendo un rendimiento similar a las centrales térmicas convencionales: entre 10.954,79 toneladas de CO_2 para un consumo de 1 kWh/m^3 y 21.909,58 toneladas de CO_2 para un consumo de 2 kWh/m^3. Sin duda esta aproximación requiere de un estudio más profundo, valorando los combustibles fósiles empleados, los rendimientos estimados y las emisiones reales producidas.

Tabla 5.2: Emisiones por la desalación con energía fósil en islas y región.

2005	Agua desalada m^3	Emisiones de CO_2 Toneladas (1)	Emisiones de CO_2 Toneladas (2)
Gran Canaria	84.255.067,00	101.611,61	169.352,68
Lanzarote	19.179.633,10	23.130,64	38.551,06
Fuerteventura	17.594.854,20	21.219,39	35.365,66
Tenerife	17.468.593,40	21.067,12	35.111,87
La Palma		0,00	0,00
La Gomera	686.200,00	827,56	1.379,26
El Hierro	994.990,00	1.199,96	1.999,93
Canarias	**140.179.337,70**	**169.056,28**	**281.760,47**

(1): Consumo de 3 kWh/m^3. (2): Consumo de 5 kWh/m^3.

Elaboración propia a partir de datos de EEC (2005) y del Gobierno de Canarias.

Dada la elevada incertidumbre que acompaña a este supuesto no ha sido tenido en cuenta en el desarrollo de este trabajo, aunque deja abierta una vía de investigación complementaria. La explotación de pozos y galerías en el archipiélago podría aprovechar el marco metodológico que se propone aquí, analizando tanto su HE como su impacto en la biocapacidad regional.

La transferencia de "petróleo por agua" contribuye a aclarar cómo la desalinización desplaza sus costes y externalidades ambientales. Teniendo en cuenta el techo ya rebasado por el petróleo como recurso prevalente, la tecnología desalinizadora supone una incómoda vinculación entre las necesidades de energía y agua

(Meerganz, 2008: 144). En esta aproximación a la situación energética de la desalación en Canarias hemos estimado una producción eléctrica exclusivamente basada en combustibles fósiles dada la poca participación de las fuentes renovables en el mix-eléctrico insular. Entre los posibles escenarios alternativos que se proponen, nos centraremos en dos: uno que cumpla las expectativas del PECAN y otro que aproveche el potencial eólico insular para la desalación.

Tabla 5.3: Emisiones por desalobración con energía fósil por islas y región.

	Consumo OI (kWh)	Toneladas de CO_2 producidas	Consumo OI (kWh)	Toneladas de CO_2 producidas
2005	1 kWh/m^3		2 kWh/m^3	
Gran Canaria	20.271.034,20	8.148,96	40.542.068,40	16.297,91
Lanzarote	8.234,40	3,31	16.468,80	6,62
Fuerteventura	3.297.191,00	1.325,47	6.594.382,00	2.650,94
Tenerife	3.674.257,90	1.477,05	7.348.515,80	2.954,10
Gomera	0,00	0,00	0,00	0,00
Hierro	0,00	0,00	0,00	0,00
Canarias	**27.250.717,50**	**10.954,79**	**54.501.435,00**	**21.909,58**

Elaboración propia a partir de datos del Gobierno de Canarias.

➢ **Escenario PECAN**: Supone cumplir con lo establecido en el Plan Energético de Canarias, respecto al uso de energía eólica.

La Tabla 5.4 presenta los datos tomados del PECAN para estimar el consumo energético vinculado a la potencia instalable. Para analizar este supuesto nos hemos basado en estudios eólicos desarrollados en las islas que ajustan 4.500 horas equivalentes[117] como promedio en el archipiélago (Calero, 2010: comunicación oral). Los 1.025 MW de potencia propuestos para el año 2015 distan bastante del techo eólico de las islas, 3.600 MW para la Comunidad Autónoma (trabajo de investigación de la ULPGC en el marco del proyecto Canarias Eólica 2000).

Tabla 5.4: Escenario PECAN.

	Potencia eólica instalable	4.500 horas equivalentes	Potencia eólica instalable
2005	PECAN 2015 MW	MWh	PECAN 2015 kW
GC	411,0	1.849.500,0	411.000,0
LZ-FV	162,0	729.000,0	162.000,0
TF	402,0	1.809.000,0	402.000,0
LP	28,0	126.000,0	28.000,0
G	8,0	36.000,0	8.000,0
H	14,0	63.000,0	14.000,0
CC	**1.025,0**	**4.612.500,0**	**1.025.000,0**

Elaboración propia a partir de datos de PECAN (2007).

[117] La hora equivalente es el parámetro usado en la caracterización del aprovechamiento de la energía eólica. Constituye la relación equivalente entre el tiempo de funcionamiento de la maquina y su potencia nominal. Los mejores emplazamientos eólicos ocupados en España registran una media de funcionamiento de 2.530 horas equivalentes anuales.

Tomando como referencia el potencial eólico estimado por el PECAN (MWh) y comparándolo con la energía eléctrica consumida por la desalación en el año 2005, ésta podría cubrirse en buena parte asumiendo un consumo energético eminentemente eólico. Como refleja la Tabla 5.5, el peor supuesto -asumiendo un consumo de 5 kWh/m^3- equivaldría a un 15,20% de la producción potencial de energía eólica del archipiélago, en base a la propuesta del Plan Energético de Canarias.

Tabla 5.5: Consumos energéticos en desalación según el PECAN.

	Desalación 3 kWh/m^3	Desalación 5 kWh/m^3	Desalación 3 kWh/m^3	Desalación 5 kWh/m^3
2005	MWh	MWh	% PECAN	% PECAN
GC	252.765,20	421.275,34	13,67%	22,78%
LZ-FV	110.323,46	183.872,44	15,13%	25,22%
TF	52.405,78	87.342,97	2,90%	4,83%
LP	0,00	0,00	0,00%	0,00%
G	2.058,60	3.431,00	5,72%	9,53%
H	2.984,97	4.974,95	4,74%	7,90%
CC	**420.538,01**	**700.896,69**	**9,12%**	**15,20%**

Elaboración propia a partir de datos de la DG de Aguas del Gobierno de Canarias, 2005.

En cualquier caso, este escenario asume un cómputo global de penetración eólica sin valorar específicamente la desalación autónoma o independiente basada en esta energía. Además, la producción autónoma de agua desalada con energía eólica no demanda necesariamente conexión a la red y, por tanto, no es determinante la contribución de energías renovables al mix-electrico.

Las horas equivalentes estimadas para el cálculo son un promedio insular, existiendo diversidad de rendimientos condicionados por factores geográficos y climatológicos. En todo caso el régimen de vientos en Canarias manifiesta una clara variación estacional y una marcada componente direccional: la combinación sinérgica de los vientos Alisios, la orografía de las islas y la corriente fría de Canarias hacen de esta región un lugar óptimo para desarrollar ampliamente su potencial eólico.

Cumpliendo las previsiones de penetración eólica del PECAN se evitaría emitir a la atmósfera 3.625.425 Mt de CO_2 (ver Tabla 5.6); para estimar esta cantidad hemos tomado como referencia las 0,786 Tm de CO_2 evitadas por cada MWh de energía eólica producido (De la Cruz, 2006: 37; EEC, 2005: 66).

Tabla 5.6: Emisiones de CO_2 evitadas por el cumplimiento del PECAN.

2005	Tm de emisiones CO_2 evitadas
Gran Canaria	1.453.707.000
Lanzarote-Fuerteventura	572.994.000
Tenerife	1.421.874.000
La Palma	99.036.000
La Gomera	28.296.000
El Hierro	49.518.000
Canarias	**3.625.425.000**

Elaboración propia a partir de datos del PECAN, 2006.

Tanto Gran Canaria –con 1.453.707.000 toneladas de CO_2 evitadas– como Tenerife –con 1.421.874.000 toneladas de CO_2 evitadas– serían las islas más beneficiadas ante este escenario; en el otro extremo estaría la isla de La Gomera con 28.296.000 toneladas de CO_2 evitadas. En cualquier caso, este escenario no abarca todo el potencial eólico del archipiélago.

- **Escenario Eólico**: Supone estimar un máximo de penetración eólica en las islas, superando las previsiones conservadoras basadas en limitantes institucionales. En este caso enfatizamos la producción eólica vinculada a la desalación, bien aislada de la red o asociada al concepto de micro redes eléctricas[118].

La desalación con energías renovables tiene una gran consolidación tecnológica (Mathiouslakis *et al.*, 2007; Kalogirou, 2005; Thomson e Infield, 2005), aunque en Canarias su desarrollo es incipiente (Subiela *et al.*, 2004; Carta *et al.*, 2003), debido principalmente a trabas institucionales, que además han impedido desarrollar su potencial.

La legislación canaria que afecta directamente a las instalaciones eólicas se resume en los siguientes puntos (ITC, 2005: 46):

- Decreto 53/2003 de 30 de abril, por el que se regula la instalación y explotación de los parques eólicos en el ámbito de la Comunidad Autónoma de Canarias.
- Orden de 9 de septiembre de 2004 por la que se regulan las condiciones técnico-administrativas de las instalaciones eólicas en Canarias.

[118] La micro red eléctrica es un término que se menciona cada vez más en las publicaciones sobre la generación distribuida. Por lo general supone un conjunto de consumidores, generadores y potenciales entidades de almacenamiento de energía conectados entre sí y que funcionan como una pequeña red conectada a la red principal, pero capaz de operar de forma autosuficiente.

Una de las formas de explotación de las instalaciones eólicas, para el caso particular de su asociación con instalaciones de tratamiento de aguas, es la de consumos asociados. En este sentido, el Decreto 53/2003 limita la potencia eólica instalable a dos veces la potencia contratada e instalada en receptores propios. Por otro lado, las instalaciones eólicas con consumos asociados no pueden tener un excedente de energía eléctrica anual (producción menos demanda), relativo a la producción, superior al 50%. Otro aspecto de interés se refiere a la Orden de 9 de septiembre, donde se establecen las normas administrativas, técnicas y condiciones relativas a la red eléctrica que deben cumplirse en las instalaciones eólicas para poder acceder al sistema eléctrico insular y poder inyectar en él la energía excedentaria.

La propuesta de este escenario eólico[119] requiere de la estimación de la potencia eólica necesaria para cubrir las demandas ocasionadas por el ciclo del agua y emprender proyectos de parques eólicos con propósito comercial que sean capaces de cubrir con la energía generada la demanda global.

Los ingresos por venta de energía, de alguna forma, sirven para equilibrar los costes asociados a la producción, transporte y tratamiento de agua y apoyan la sostenibilidad financiera de los sistemas. Esta práctica ya se lleva a cabo en las islas; ejemplos son el caso de Insular de Aguas de Lanzarote S.A. y el Consorcio de Abastecimiento de Aguas de Fuerteventura (ITC, 2005: 47).

Las Islas Canarias se han convertido en un laboratorio en tecnologías de desalación mediante energías renovables[120] (Carta *et al.,* 2003), se

---

[119] Se ha calculado con ayuda de la metodología de ACV el tiempo necesario para compensar el impacto ambiental causado por la fabricación, puesta en marcha y operación de un aerogenerador tipo, mediante la reducción de las necesidades de producción de energía eléctrica convencional; estimándose para el mix-eléctrico español en 141 días (Martínez, 2009:58; basado en Martínez et al., 2009).

[120] Exportando sus experiencias a los países del sur Mediterráneo, como el caso de Turquía (Papapetrou *et al.*, 2005).

han puesto en marcha distintos proyectos que demuestran la viabilidad de sistemas aislados de la red (De la Cruz, 2006: 46):

- El proyecto AERODESA I contempló un aerogenerador de 15 kW con acoplamiento mecánico a una planta de ósmosis inversa de 10 m^3/día, con funcionamiento en régimen variable; una variante, AERODESA II, integró dos módulos de OI de 20 m^3/día. En el proyecto AEROGEDESA, una planta de OI de 17 m^3/día está conectada eléctricamente a un aerogenerador, conectado a un banco de baterías de almacenamiento de energías.

- El proyecto PRODESAL introduce el estudio del comportamiento discontinuo de una planta de ósmosis inversa alimentada con energía renovable. Un aerogenerador de 200 kW suministra energía a una planta de OI de 200 m^3/día.

- El SDAWES (Seawater Desalination with an Autonomus Wind System) compara diversas técnicas de desalación con generación eólica, concluyendo que la OI es la tecnología de desalación más adecuada para ello (Subiela *et al.*, 2004).

Conviene advertir en relación con estas aplicaciones que, en el caso habitual de plantas desaladoras impulsadas por energía eléctrica, el mero hecho de estar conectada a la red con una cierta potencia eléctrica renovable no implica que la planta trabaje con energía renovable. Simplemente se habrá añadido cierta proporción de energía renovable al sistema eléctrico del cual se alimenta la planta. Ésta será sin duda una iniciativa positiva, pero no equivalente a una "desalación con energías renovables" como se propone en este escenario.

Para que se puedan considerar las operaciones de desalación como realizadas con energía renovable es necesario que la producción de tales energías esté directamente vinculada a la producción de agua desalada, formando parte del mismo proyecto. Para ello hay que asociar formalmente a la planta de desalación –a nivel de proyecto, de operación industrial y de gestión económica- una determinada potencia renovable, que deberá ser posteriormente gestionada de forma conjunta con la planta de desalación.

El ITC (2004) elaboró una guía para la realización de estudios de viabilidad técnico-económica de instalaciones de aprovechamiento de la energía eólica en los ciclos del agua; esto ha permitido establecer metodologías y especificaciones técnicas para los estudios de potencial y auditorías energéticas.

Si la potencia renovable es eólica, normalmente la ubicación de la central eólica será distinta a la de la central desaladora y la energía producida será transportada hasta ella a través de la red eléctrica general. La sustitución del consumo eléctrico por energía renovable podrá ser total o parcial. Como referencia orientativa, muy variable en función de la calidad de la localización de los aerogeneradores, para abastecer una capacidad de desalación de 1 hm^3/año se requiere una potencia instalada entre 1,2 y 1,5 MW eólicos (Estevan, 2008: 34).

Para resolver la irregularidad del suministro eólico se puede prever una compensación a través del sistema eléctrico. En momentos de baja producción energética, el sistema toma energía de la red, y en momentos de excedente de producción energética el sistema devuelve a la red la energía prestada. El inconveniente de esta opción es que el potencial eólico de un determinado sistema eléctrico viene determinado por:

• La disponibilidad de ubicaciones favorables y ecológicamente viables para la implantación de parques eólicos.

• El llamado "techo eólico" de un sistema eléctrico[121], es decir, la máxima potencia eólica que el sistema puede asumir sin comprometer la estabilidad de la red eléctrica general.

Al instalar potencia eólica en un sistema eléctrico, cualquiera que sea su finalidad, se consume tanto una parte del territorio viable como, sobre todo, una parte del techo eólico, con lo que se comprometen opciones posteriores de utilización de esta energía. No obstante, en la medida en que las plantas de desalación constituyen una demanda estable y perfectamente previsible, su presencia en un sistema contribuye a estabilizarlo.

5.3. La huella ecológica del agua desalada.

Tomando como referencia la HE de Canarias (calculada en el capítulo cuarto) obtenida a partir de la HE española y el ACV de la tecnología de la desalación (Apartado 2.4.1), podemos inferir una HE para la producción de agua desalada en la región. La estimación de las emisiones contenidas en un metro cúbico de agua desalada promedio requiere de ciertas suposiciones que faciliten la aproximación necesaria para obtener su huella energética; pero también existen impactos ambientales vinculados a la gestión del rechazo y a la propia infraestructura que afectan globalmente a su HE.

[121] Dada la inestabilidad e imprevisibilidad inherentes a la energía eólica, un determinado sistema eléctrico sólo admite una cierta proporción de ésta sin comprometer su estabilidad. A la potencia máxima instalable con garantía de estabilidad se le denomina "techo eólico del sistema" (Estevan, 2008:34).

Con respecto a los resultados obtenidos en el análisis de la HE regional (ver Apartado 4.2), nos centraremos en las hectáreas globales (gha) vinculadas a la desalación dentro de la partida correspondiente a la huella energética producida en el archipiélago (ver Apartado 4.2.5). Dado que existe agua desalada que acaba contenida en los productos de exportación -principalmente procedentes del sector agrícola-, sólo podemos calcular la huella energética de la producción de agua desalada; para un cómputo más completo -huella energética del consumo- habría que estimar cuánta agua producida con esta tecnología se sustraería como huella energética de exportación; la huella del agua (ver Apartado 1.3) sería una herramienta complementaria apropiada para estimar el agua implicada en la exportación de bienes y servicios.

La Tabla 5.7 y Gráfica 5.3 muestran los datos globales de la huella ecológica de la producción en Canarias (2005). Para evitar solapamientos, se han segregado las hectáreas globales vinculadas a la desalación para los escenarios propuestos en el apartado anterior.

Tabla 5.7: Huella ecológica producción Canarias (2005).

	gha
Terreno agrícola.	407.331,90
Pastos.	141.261,05
Terreno forestal.	566,13
Terreno pesquero.	421.667,24
Territorio fijación de carbono.	3.672.382,81
Terreno construido.	275.098,80

Elaboración propia a partir de la NFA (2005).

Las emisiones de dióxido de carbono relativas a la producción de agua desalada se convierten en hectáreas globales para los dos supuestos planteados: 3 y 5 kWh/m^3; abarcando así el rango de consumo energético del inventario de desaladoras analizado en el archipiélago (como ya hemos apuntado la actualización constante de mejoras en el rendimiento de las plantas es desigual y requiere de un análisis complementario que escapa del alcance de este trabajo).

Gráfica 5.3: Huella ecológica producción (gha) Canarias (2005).

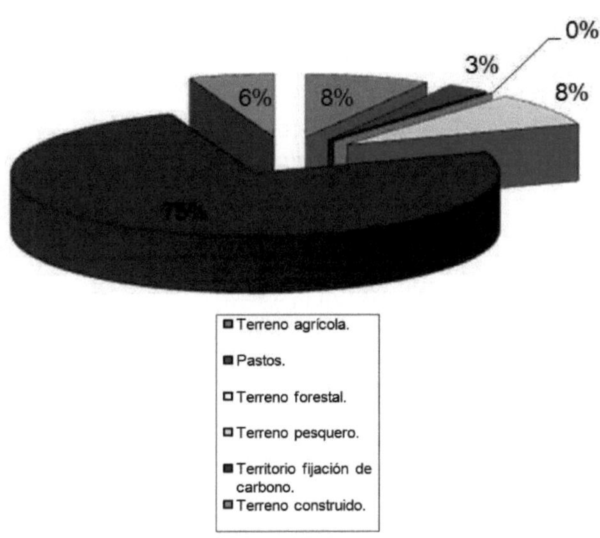

Elaboración propia a partir de la NFA (2005).

Como se señaló en el apartado anterior, en el supuesto de una desalación exclusivamente con combustible fósil, se asume la emisión de 0,402 kg CO_2/kWh (Sadhwani *et al.,* 2005: 3) generados en una central térmica convencional con un rendimiento comprendido entre el 32% y el 36% (EEC, 2005: 66).

La Tabla 5.8 y la Gráfica 5.4 muestran los resultados de segregar las 78.175,01 gha asignadas a la desalación con un consumo energético de 5 kWh/m^3, según el escenario de partida establecido.

Del mismo modo, la Tabla 5.9 y la Gráfica 5.5 muestran los resultados de segregar las 46.906,01 gha asignadas a la desalación con un consumo energético de 3 kWh/m^3, según la hipótesis planteada como referencia.

Dado que la huella de la producción energética representa las emisiones relativas a todos los sectores económicos implicados en el Inventario de Emisiones de Canarias; la desalación es poco significativa si la comparamos, por ejemplo, con el transporte que supone 1.239.951 gha del montante global.

Tabla 5.8: Huella ecológica producción (con desalación a 5kWh/m^3).

	gha
Desalación a 5 kWh/m^3.	**78.175,01**
Terreno agrícola.	407.331,90
Pastos.	141.261,05
Terreno forestal.	566,13
Terreno pesquero.	421.667,24
Territorio fijación de carbono.	3.594.207,79
Terreno construido.	275.098,80

Elaboración propia a partir de la NFA (2005).

Gráfica 5.4: Huella ecológica producción (gha) con desalación a 5kWh/m^3.

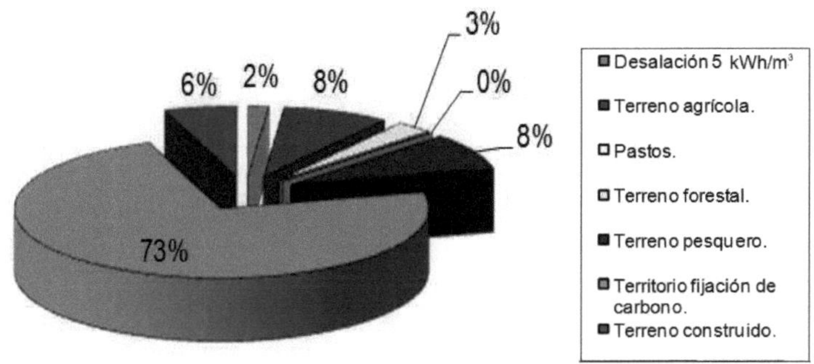

Elaboración propia a partir de la NFA (2005).

Tabla 5.9: Huella ecológica producción (con desalación a 3 kWh/m^3).

	gha.
Desalación a 3 kWh/m^3	**46.905,01**
Terreno agrícola.	407.331,90
Pastos.	141.261,05
Terreno forestal.	566,13
Terreno pesquero.	421.667,24
Territorio fijación de carbono.	3.625.477,80
Terreno construido.	275.098,80

Elaboración propia a partir de la NFA (2005).

Gráfica 5.5: Huella ecológica producción (gha) con desalación a 3 kWh/m³.

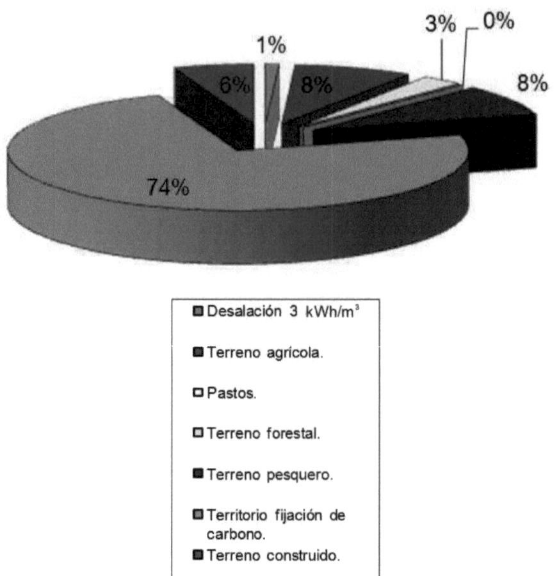

Elaboración propia a partir de la NFA (2005).

El rango de consumos energéticos supuestos (5-3 kWh/m³) no supera el 2% de todas las emisiones relativas a la producción de recursos en el archipiélago (ver Gráficas 5.6 y 5.7).

Gráfica 5.6: Huella producción energética (gha) con desalación a 5 kWh/m^3.

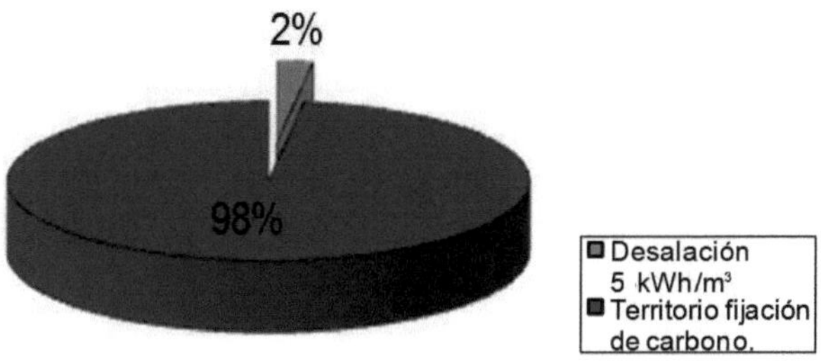

Elaboración propia a partir de la NFA (2005).

Gráfica 5.7: Huella producción energética (gha) con desalación a 3 kWh/m^3.

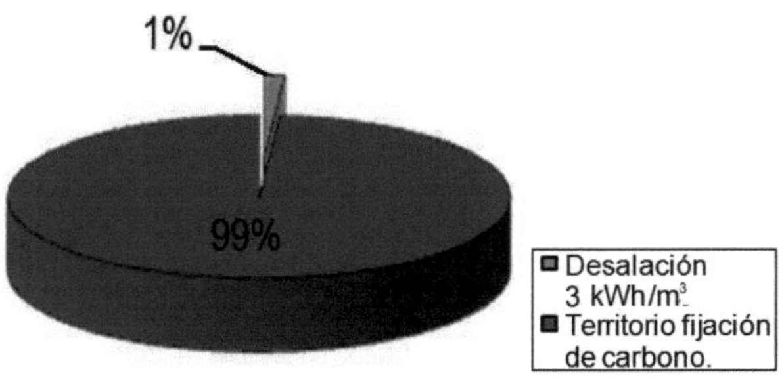

Elaboración propia a partir de la NFA (2005).

Si segregamos las huellas energéticas de la producción eléctrica (2.039.247 gha) y del transporte (1.239.951 gha), podemos poner en relación la huella energética de la producción de agua desalada con la energía convencional en el contexto de los consumos energéticos de los sectores económicos del archipiélago (276.797 gha). Tomando un promedio del rango de consumos energéticos supuestos para la desalación, las 62.540 gha supondrían un 22% del total de emisiones.

Aún así, el objetivo de reducir la dependencia del combustible fósil y el reto de reforzar la presencia de fuentes renovables inducen a plantear un escenario con producción de agua desalada mediante energía eólica. Como ya se calculó en el Apartado 5.2 de este capítulo, esta alternativa implica una reducción de emisiones suficiente, teniendo en cuenta el potencial eólico del archipiélago y las mejoras en el rendimiento de los aerogeneradores.

En el rango de consumos energéticos estimados para la desalación se reduciría la extensión del terreno para la fijación de carbono: 152.849,65 gha. (en el caso de la desalación eólica con un consumo de 5 kWh/m^3) y 91.709,79 gha. (en el caso de la desalación eólica con un consumo de 3 kWh/m^3). El promedio de este rango (122.280 gha) puesto en relación con las emisiones computadas en la huella de la producción energética, segregando transporte y producción eléctrica (276.797 gha) supone reducir en un 44,2% la huella de la producción energética en las islas.

Las Tablas 5.10 y 5.11, junto con las Gráficas 5.8 y 5.9, muestran los resultados en contexto dentro de la distribución de los diversos tipos de territorio que conforman la huella ecológica de la producción de recursos naturales en la región, permitiendo apreciar el alcance de la contribución de la desalación con energía eólica en la huella ecológica de la producción energética. Las hectáreas globales evitadas por la desalación con energía eólica en cada caso se sustraen a la partida de territorio para la fijación de carbono (huella ecológica de la producción energética).

Tabla 5.10: HE Producción (gha) con desalación eólica a 3 kWh/m^3.

	gha
Desalación eólica 3 kWh/m^3	**91.709,79**
Terreno agrícola.	407.331,90
Pastos.	141.261,05
Terreno forestal.	566,13
Terreno pesquero.	421.667,24
Territorio fijación de carbono.	3.580.673,01
Terreno construido.	275.098,80

Elaboración propia a partir de la NFA (2005).

Tabla 5.11: HE Producción (gha) con desalación eólica a 5 kWh/m^3.

	gha
Desalación eólica 5 kWh/m3	**152.849,65**
Terreno agrícola.	407.331,90
Pastos.	141.261,05
Terreno forestal.	566,13
Terreno pesquero.	421.667,24
Territorio fijación de carbono.	3.519.533,15
Terreno construido.	275.098,80

Elaboración propia a partir de la NFA (2005).

Gráfica 5.8: HE Producción (gha) con desalación eólica a 3 kWh/m³.

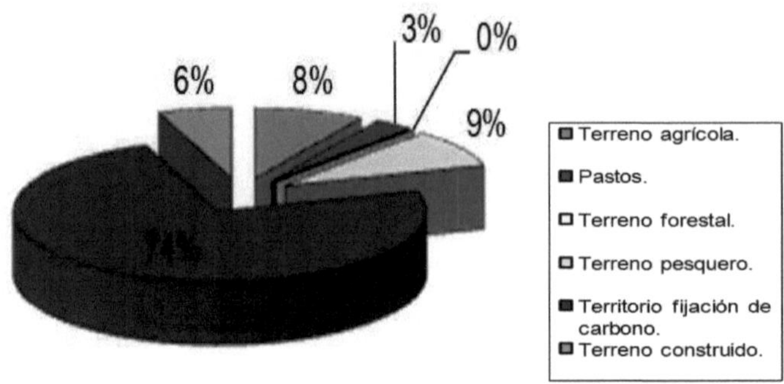

Elaboración propia a partir de la NFA (2005).

Gráfica 5.9: HE Producción (gha) con desalación eólica a 5 kWh/m³.

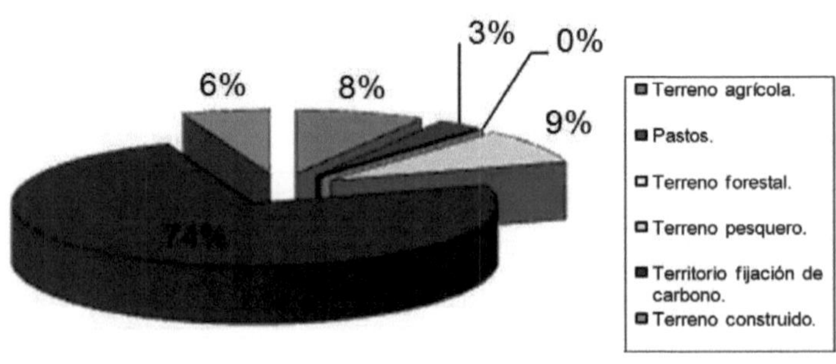

Elaboración propia a partir de la NFA (2005).

Estas estimaciones pueden parecer poco significativas en la cantidad total de emisiones, pero son la simiente de un cambio de modelo energético demandado en la actualidad. Si bien es verdad que el alcance del PECAN cubre las demandas eólicas de la desalación; no es menos cierto que el mejor escenario de futuro es producir agua desalada con energía eólica de forma autónoma; incluso la sinergia entre distintas fuentes renovables es viable y es objeto de investigación en el archipiélago (aspecto que escapa a los límites de este trabajo).

5.4 Los efectos de la desalación sobre la biocapacidad del territorio.

Si bien la pérdida de biocapacidad, en los fondos marinos de Canarias, no es objeto de este estudio, queda abierta una vía para analizar este deterioro constatado en la literatura revisada (Fritzmann *et al.*, 2007: 62; De la Cruz, 2006: 19). Sólo un análisis sistemático de la HE permitirá estimar la evolución de la biocapacidad a largo plazo en los distintos tipos de territorio.

Por ejemplo, el impacto ambiental durante la instalación de las tuberías para los sistemas de admisión y emisarios, si bien es temporal en apariencia, puede ser significativo para el medio marino. La importancia de esta intervención dependerá del nivel de perturbación de la operación, del carácter específico del hábitat marino y de las comunidades que lo habiten (Martínez de la Vallina, 2006: 11; Einav *et al.*, 2002: 145).

La descarga de salmuera sin duda tiene un gran impacto sobre el medio ambiente marino. La tendencia a instalar plantas de desalinización de gran envergadura conlleva asociada la descarga de más cantidad de salmuera, representando una amenaza para el medio ambiente si no hay un correcto dimensionado previo.

Además del elevado volumen de rechazo existen otros factores que determinan su impacto real en el medio acuático. Mejorar la dispersión del concentrado puede reducir su efecto ambiental; la tecnología empleada para su descarga y las características hidrológicas de la zona -olas, corrientes y profundidad del agua- influyen de forma determinante. Otros factores relevantes son (Fritzmann *et al.*, 2007: 60):

• La longitud de la tubería del emisario submarino[122].

• La distancia a la costa.

• La profundidad del fondo marino.

• La existencia de difusores.

Hay que recordar ante todo que la salmuera se compone de aguas que no contienen productos contaminantes en proporciones significativas, sino únicamente las mismas sales marinas a mayor concentración, un 80% superior a la del agua de mar (Estevan, 2008: 36; Martínez de la Vallina, 2006: 10).

Por lo tanto, la ósmosis es la principal causa de los efectos de la salmuera sobre los organismos marinos, cuya exposición a un agua de mar con una salinidad mayor, hace que sufran estrés osmótico: mayor concentración de iones disueltos en el agua de mar en comparación con los líquidos de su cuerpo. El impacto del estrés osmótico en los organismos depende de su sensibilidad individual (L. Loizides, 2004[123] citado por Fritzmann *et al.*, 2007: 60;); siendo,

---

[122] Además, al atravesar las praderas de *Posidonia* para instalar la conducción se abre una brecha a lo largo de toda la pradera, que puede llegar a 10 metros de anchura, en la que ya no se recupera la pradera hasta pasadas varias décadas o en ocasiones nunca, si debido a las condiciones del agua es reemplazada por otros organismos oportunistas, como el Alga *Caulerpa prolifera* u otras (Estevan, 2008: 36).

[123] L. Loizides, (2004): The cost of environmental and social sustainability of desalination, Internat. Conference on Desalination Costing, Limassol.

como ya hemos apuntado anteriormente, los organismos estenohalinos los más afectados por esta tensión salina.

La influencia de la descarga de salmuera en el medio ambiente se ha analizado en varios casos de estudio[124] (Martínez de la Vallina, 2006: 11-12; Sadhwani *et al.*, 2005). A pesar de que la dispersión de la salmuera es rápida cerca del punto de descarga, el aumento de salinidad está todavía presente a cierta distancia de la toma (Afonso, 2008: 16; Y. Fernández-Torquemada, 2005[125] y L. Loizides, 2004[123] citados por Fritzmann *et al.*, 2007: 60-61; Sadhwani *et al.*, 2005: 147). Los resultados experimentales mostraron que la dispersión fue menor de lo previsto; mientras que la dispersión cerca del punto de descarga fue bastante alta, se mantenía una capa de agua de alta salinidad extendiéndose a lo largo de varios kilómetros (Fritzmann *et al.*, 2007: 61).

El aumento de la salinidad tiene como resultado un impacto significativo sobre los organismos marinos. Después de tres años de funcionamiento en una planta de Chipre, L. Loizides, 2004[124] (citado por Fritzmann *et al.*, 2007: 62) observó que el aumento de la salinidad había dado como resultado una degradación significativa en algunas poblaciones de macroalgas, mientras que otras especies habían desaparecido por completo dentro de los 100 m de distancia desde el punto de descarga. Los cambios en el ecosistema marino observados se muestran en la Tabla 5.12.

---

[124] En http://www.acsegura.es se incluye un avance de la investigación que realizan conjuntamente varios organismos españoles sobre el efecto del vertido al mar de las aguas de rechazo procedente de las estaciones desaladoras (Ruiz de la Rosa, 2006: 16).

[125] Y. Fernández-Torquemada, J.L. Sánchez-Lizaso and J.M. González-Correa, (2005): Preliminary results of the monitoring of the brine discharge produced by the SWRO desalination plant of Alicante (SE Spain). Desalination, 182: 395–402.

Tabla 5.12: Comunidades bentónicas en la planta de Dhekelia.

	% Antes de la operación	**% tres años después de la operación**
Poliquetos	27	80
Equinodermos	27	_
Escafópodos	26	_
Gasterópodos	20	_
Crustáceos.	_	20

L. Loizides, The cost of environmental and social sustainability of desalination, Internat. Conference on Desalination Costing, Limassol, 2004., citado por Fritzmann *et al.*, (2007): 62.

Varios organismos son de especial importancia para el ecosistema marino debido a su interacción con otros eslabones de la cadena trófica, como por ejemplo la fanerógama marina *Posidonia oceanica.* Se ha comprobado que la *Posidonia oceanica* es muy sensible al aumento de la salinidad del agua marina circundante (Estevan, 2008: 36; Martínez de la Vallina, 2006: 9; Meerganz von Medeazza, 2005 citado por Fritzmann *et al.*, 2007: 62).

Debido a su gran influencia positiva sobre el hábitat marino la *Posidonia oceanica* está calificada como de alta prioridad por la Unión Europea (Sadhwani *et al.* (2005) citado por Fritzmann *et al.*, 2007: 62); ya que entre otras funciones: *i)* fijan los fondos contribuyendo a la protección de las costas, *ii)* son productoras de grandes cantidades de oxígeno, *iii)* suponen una fuente de nutrientes, *iv)* actúan de soporte de epibiontes[126] muy diversos, *v)* constituyen un refugio de larvas y alevines y *vi)* configura el lugar de desarrollo

[126] Los epibiontes son organismos que viven la mayor parte de su ciclo de vida adheridos a otro organismo, el hospedador. En su ciclo de vida presentan una fase de dispersión, de vida libre, y una fase de crecimiento y reproducción, adherida a un sustrato.

de distintas poblaciones de animales, muchas de ellas de interés comercial. Desde un punto de vista pesquero estas formaciones se consideran como áreas de desarrollo de larvas.

La alteración de los perfiles litorales y las obras costeras, el anclaje de embarcaciones y la pesca ilegal de arrastre son también causa de la degradación de esta comunidad biológica (Martínez de la Vallina, 2006: 10). En el caso particular de los fondos marinos canarios las praderas de *Cymodecea nodosa* (Agostini *et al.,* 2003) y *Caulerpa prolifera* o el alga roja (*Rissoella Verraculosa*) tienen elevada importancia biológica para el equilibrio biótico (Sadhwani *et al.*, 2005: 4,7).

A falta de estudios específicos para Canarias[127], es significativo mencionar que en un estudio ambiental para una planta de desalación en Alicante (España), se observó el efecto del aumento de la salinidad en el área de descarga de la salmuera. Existen grandes campos de la *Posidonia* en el fondo del mar cerca del punto de descarga. La salmuera dispersada favoreció un aumento de las tasas de mortalidad de las algas, un aumento de la caída de las hojas y una reducción de las tasas de crecimiento de la especie. Por encima de una salinidad de 40.000 ppm el aumento de la mortalidad llega a ser significativo. Con una salinidad cercana a 45.000 ppm, el 50% de las plantas murieron dentro de un intervalo de 15 días. La pérdida de la *Posidonia oceanica* genera una mayor turbidez, disminuye la calidad del agua y favorece la formación de lodos; por otro lado, influye en

[127]En la isla de Gran Canaria se han desarrollado recientemente estudios sobre los efectos del vertido de salmuera: E. Portillo, M. Ruiz de la Rosa, G. Louzara, J. Quesada, J.M. Ruiz, H. Mendoza (2012): "*Dispersion of desalination plant brine discharge under varied hydrodynamic conditions in the south of Gran Canaria and influence on nearby seagrass meadows*".Desalination and Water Treatment (aceptado septiembre 2012). y E. Portillo, M. Ruiz de la Rosa, G. Louzara, J. Quesada, M. Antequera, A. Lloret, A. Alvarez, J.C. Gonzalez, H. Mendoza, F. Roque, F. Roch, A. Arencibia: "*Caracterización de un vertido de salmuera procedente de una planta desaladora al sur de gran canaria. Evaluación de medidas correctoras*". Libro de Ponencias de las XI Jornadas de Costas y Puertos.

la reducción de la vida biológica que habita en estas praderas marinas (Martínez de la Vallina, 2006: 11; Meerganz von Medeazza (2005)[128] citado por Fritzmann *et al.*, 2007: 62).

La intensidad del impacto de la descarga depende de factores hidrogeológicos, como olas, corrientes o la profundidad de la columna de agua. La vulnerabilidad del medio marino depende de la zona de descarga y su hábitat marino, que puede ir desde los arrecifes de coral, playas rocosas o superficies arenosas. Por lo tanto, el punto de descarga debe ser elegido teniendo en cuenta los condicionantes expuestos para garantizar los mínimos efectos en el entorno natural (Sadhwani *et al.*, 2005).

Los difusores aumentan el volumen de agua de mar en contacto con la salmuera y por lo tanto mejoran su dispersión[129]. El éxito de los difusores depende de su número y el espaciado entre ellos. Para mejorar la dilución, los difusores pueden ser dirigidos a la superficie del mar en un ángulo de 30°-90° (Einav *et al.*, 2002; Mauguin y Corsin (2005)[130] citados por Fritzmann *et al.*, 2007: 63).

Particularmente en Canarias, hasta donde sabemos, no se ha realizado un estudio exhaustivo de los modelos de gestión de la salmuera; hay autores que aseguran la nula influencia en la flora y

---

[128] G.L. Meerganz von Medeazza, (2005): "Direct" and socially induced environmental impacts of desalination. Desalination, 185; pp.: 57–70.

[129] Recientemente en Gran Canaria se ha desarrollado un análisis de nuevos difusores para salmuera: E. Portillo, Louzara, Ruiz de la Rosa, Gonzalez, Quesada, Roque, Antequera, H. Mendoza (2012): "Venturi diffusers as enchancing devices for the dilution process in desalination plant brine discharges". Desalination and Water Treatment DOI:10.1080/19443994.2012.694218. y E. Portillo, G. Louzara, M. Ruiz de la Rosa, J.C. Gonzalez, J. Quesada, F. Roque, M. Antequera, H. Mendoza (2012): "Eficacia de los eductores venturi frente a difusores convencionales en vertidos mediante emisarios submarinos". Tecnología del Agua, 341: 48-56.

[130] G. Mauguin and P. Corsin, (2005): "Concentrate and other waste disposals from SWRO plants: characterization and reduction of their environmental impact", Desalination, 182; pp.:355–364.

fauna marina (De la Cruz, 2006: 19) pero no se conocen investigaciones específicas a largo plazo que verifiquen esta hipótesis.

- **Efectos de la extracción de agua.**

Los sistemas de admisión de las plantas de desalinización bombean grandes cantidades de agua, lo que provoca altas velocidades del agua cerca del punto de entrada. Para compensar estos efectos se instalan pantallas en el sistema de alimentación para proteger a los peces y otros organismos acuáticos. El tamaño de malla de estos filtros es generalmente del orden de 5 mm (Fritzmann *et al.*, 2007: 63). El sistema de extracción puede causar dos fuentes potenciales de impacto para el medio marino: choque de peces en la pantalla y arrastre de la biota en el sistema de agua de alimentación.

La colisión de los peces con la pantalla provoca daños físicos, desorientación y estrés, estas consecuencias se ven asociadas con las altas tasas de mortalidad de los peces por enfermedad y una mayor vulnerabilidad a la depredación. El arrastre plantea una amenaza importante para el fitoplancton y zooplancton del medio marino.

Una alternativa que compensa estas desventajas en el medio marino supone la captación del agua de mar a través de pozos perforados cerca de la costa, particularmente en la Mancomunidad del Sureste de Gran Canaria existen ejemplos de este modelo

- **La ocupación de territorio.**

Las plantas desaladoras de agua de mar están localizadas en la costa, alejadas de núcleos poblacionales y zonas turísticas. El área promedio requerida para la ubicación de una planta desaladora de OI es de 10.000 m^2 suponiendo una capacidad de producción de agua desalada de entre 5.000 y 10.000 m^3/d (Sadhwani *et al.*, 2005: 4).

Este impacto ambiental parece pasar desapercibido, pero como ya hemos mencionado anteriormente, en Canarias el territorio es un limitante importante dada la elevada protección ambiental de su superficie. No hay que olvidar que la infraestructura en sí misma requiere de elementos complementarios para su correcto funcionamiento: transporte eléctrico a la planta o fuente de electricidad autónoma, entramado de tuberías de agua de alimentación y de rechazo que también han de considerarse en el diseño de este tipo de instalaciones.

No hay datos suficientes para estimar la superficie implicada en la huella construida, pero la escasez de suelo en el archipiélago demanda una valoración del coste de oportunidad: ¿Son *necesarias* tantas desaladoras en las islas? ¿Puede mejorarse la eficiencia del ciclo del agua desalada? Estos interrogantes serán retomados nuevamente en el siguiente capítulo.

5.5. Conclusiones parciales.

Aunque la disminución de los costes marginales de la energía ha permitido un rápido crecimiento de la producción de agua desalada a nivel mundial, la fuente de energía desempeña un papel fundamental al determinar el nivel de sostenibilidad de la tecnología (Meerganz, 2008: 144). Concretamente el mix-eléctrico establecido en el ACV de un producto o proceso tiene un efecto significativo en el inventario de emisiones e impactos ambientales asociados; "aunque los electrones consumidos son iguales entre sí, su procedencia presenta diferentes costes y externalidades que han de ser valorados objetivamente" (Marriot *et al.* 2010).

La huella energética de la desalación permite estimar qué modelo de producción será menos lesivo para alcanzar los objetivos planteados con el fin de mitigar los efectos del cambio climático y recuperar o no degradar la biocapacidad en la región. Las emisiones de dióxido de carbono por metro cúbico de agua desalada pueden ser un indicador a tener en cuenta para optimizar la producción industrial de agua en un primer término, siendo extensible la metodología a todo el ciclo del agua: reutilización, depuración, recarga de acuíferos; las distintas opciones pueden valorarse con parámetros ambientales para evitar en lo posible devolver al mar el agua desalada[131].

Según apuntaba Jeremy Rifkin (2011), la Tercera Revolución Industrial será la descentralización y diversificación de la producción de energía renovable; este hecho se puede relacionar con la producción autónoma de agua desalada aislada de la red eléctrica convencional. Tanto la energía eólica como la solar fotovoltaica permiten hacer realidad esta incipiente visión del cambio de paradigma. La sinergia entre las distintas fuentes renovables puede redefinir la producción eléctrica en el archipiélago. Aunque el factor insular ya impone un mix-eléctrico aislado, las energías renovables, hoy por hoy, distan mucho de ser una alternativa real a la dependencia del petróleo.

En todo caso la desalación y el bombeo, aún en las mejores condiciones tecnológicas, no aportan más que una solución temporal a las *necesidades* hídricas del sistema; la gestión de la demanda de agua debe ser previa al desarrollo de nuevos suministros: *el ahorro es la mejor fuente de agua, desde un punto de vista ambiental y económico* (Meerganz, 2008: 137).

---

[131] Aunque este trabajo se limita a la desalación de agua de mar, conviene señalar que las aguas salobres tienen menor repercusión en los costes energéticos, sin embargo, la afección ambiental debida a la sobreexplotación del acuífero insular y la gestión del rechazo (salmuera) dentro del territorio, son problemas asociados al proceso.

6. Una propuesta de gestión resiliente del agua desalada en Canarias.

"Mientras evolucionamos hacia el Homo empathicus, nuestra deuda entrópica ensombrece la escarpada escalada a la cumbre de la consciencia global" (Jeremy Rifkin, 2009: 178).

6.1. Introducción.

El agua, la energía y el territorio son variables determinantes en el contexto insular; por suerte la comunicación global permite compartir experiencias y *metabolizar* soluciones integradas adaptadas a las condiciones socioeconómicas del entorno. Los factores de vulnerabilidad insular son oportunidades para superar la tradicional visión de economía de escala, ya que precisamente reduciendo el dimensionado se favorece la descentralización y la distribución del beneficio en la sociedad, aumentando la resiliencia socio-ecológica (aspecto tratado en el capítulo primero).

La desalación por sí misma es un eslabón más del proceso de gestión hídrica, que termina produciendo agua dulce, sujeto de este último capítulo. Una estrategia coherente de desarrollo sostenible, de este recurso natural, demanda ampliar la perspectiva y maximizar la eficiencia de todo el ciclo antrópico del agua: tratamiento previo (en el caso de las aguas marinas y salobres), captación, distribución, uso, depuración y reutilización. Aunque la desalación en el archipiélago canario se planteara en el mejor de los escenarios energéticos con, por ejemplo, energías renovables, la baja tasa de recuperación de agua residual en Canarias supone un sumidero injustificado. En cualquier caso, dadas las reticencias culturales existentes en la población para implementar el uso del agua regenerada (UNEP,

2011-a: 134), las políticas orientadas a controlar la demanda se muestran como una inversión más rentable,

Después de la creación de grandes infraestructuras sobredimensionadas e ineficientes, la tecnología reinventa el *maridaje* con los procesos biológicos de degradación: la biodigestión anaerobia y la depuración natural aportan soluciones sostenibles a la gestión de los residuos orgánicos y las aguas residuales. Menos consumo de energía y menor uso de recursos naturales permitirían reducir los costes ecológicos de la insularidad.

La componente orgánica del agua residual puede cerrar su ciclo de vida de manera que pueda ser de alguna utilidad al territorio; no hay razón para convertir este posible recurso en un residuo percolable –como lixiviado– en el vertedero. Por otro lado, el agua, una vez depurada, puede ser reutilizada o continuar su ciclo natural a través de la evapotranspiración o infiltrándose en el acuífero. Parecería absurdo deshacerse de un recurso cuya obtención implica un gran coste en términos de huella ecológica y biocapacidad, es decir de enorme mochila ecológica. Este cambio de paradigma obliga a reestructurar el modelo de la reutilización del agua (Nelson *et al.*, 2008: 4) y la política de gestión de residuos orgánicos. La demanda de territorio inherente a las técnicas propuestas queda compensada con la diversificación de su aprovechamiento (social, ambiental y económico), facilitando la compensación del déficit ecológico al favorecer el aumento de la biocapacidad relativa y la reducción del consumo de combustibles fósiles.

6.2. La Huella Ecológica del agua depurada.

Aunque el análisis de la depuración de aguas residuales no es objeto de estudio en este trabajo, sí pueden utilizarse las mismas herramientas propuestas en la producción industrial del recurso –la

Huella Ecológica combinada con la Huella del Agua y el Análisis de Ciclo de Vida– para proponer un cierre de ciclo del agua alternativo al actual: más eficiente, con menos consumo energético y más valor añadido. Como ya hemos expuesto anteriormente, el agua desalada cuenta con una Huella Ecológica propia de su obtención como bien de consumo; esto hace imprescindible una gestión que compense el dispendio de recursos naturales y energéticos implicados en dicha actividad. Los sistemas de depuración natural, concretamente los humedales artificiales, permiten cumplir con ese objetivo (sus fundamentos tecnológicos se han expuesto en el Apartado 2.4).

La emisión de dióxido de carbono en los tratamientos convencionales de aguas residuales procede de dos fuentes, por un lado, de la descomposición microbiana de los residuos orgánicos presentes en el efluente y por otro de la combustión del combustible fósil procedente de la central térmica que genera la electricidad con que opera la planta depuradora. La Gráfica 6.1 muestra una simplificación del esquema de funcionamiento de una Estación Depuradora de Aguas Residuales (EDAR), con sistemas aerobios intensivos.

La adopción de tecnologías de depuración natural puede reducir las emisiones considerablemente y a la vez contribuir a incrementar la cantidad de oxígeno en la atmósfera. Para cuantificar en grandes números estos parámetros, dióxido de carbono y oxígeno aportados a la atmósfera en el año 2005, partiremos de preceptos básicos de la biología y de la química que darán valor añadido a los resultados de la Huella Ecológica de la región.

Haciendo estimaciones generales a partir de los resultados de los capítulos anteriores; podemos tomar una población equivalente en Canarias de 2.245.000 habitantes para el año 2005 (dato de referencia estimado para los cálculos del capítulo cuarto) y un caudal de agua tratada diariamente en el archipiélago de 258.900.000 L/d (ISTAC, INE), ambos datos permiten aproximar un consumo promedio de 115,32 L/PE/d en el archipiélago. Este valor entra dentro del rango esperado para un ciudadano europeo (100-180 L/PE/d)[132] según la bibliografía de referencia (Hammer, 1990: *xiv*).

Gráfica 6.1. Esquema simplificado de la depuración biológica aerobia de aguas residuales.

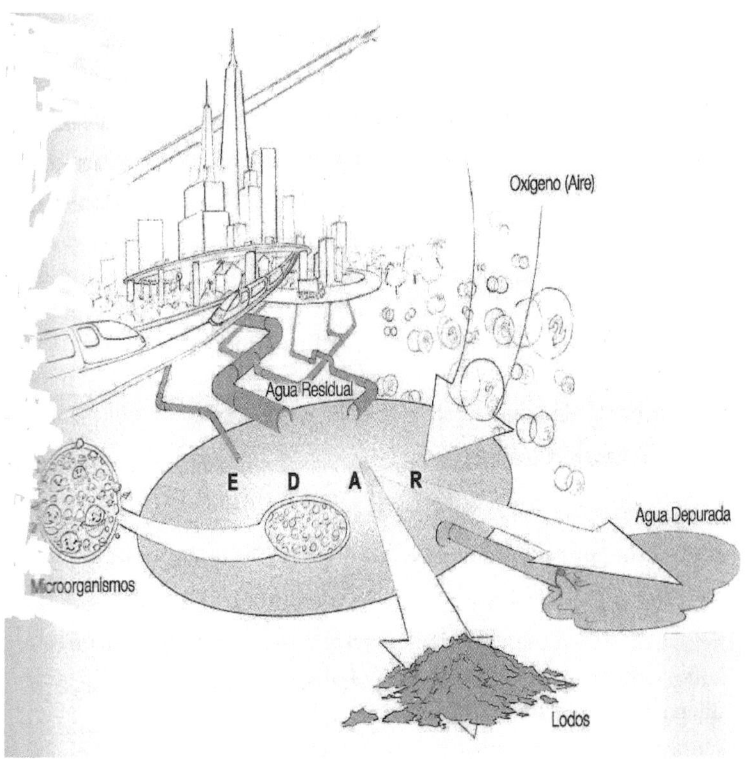

DEPURANAT, 2008: 7.

[132] En EEUU, el consumo por persona y día se estima en 380 L (Hammer (1990), xiv).

Suponiendo que el territorio necesario para construir la combinación de humedales híbridos fuera detraído de la superficie agrícola abandonada (910.171.100 m^2) y si tomamos las ratios más conservadoras de superficie/habitante equivalente para humedal de flujo subsuperficial: 3 m^2/PE para el FSV y 5 m^2/PE para el FSH (Brix, 2004: 3-4), se consumirían aproximadamente 6.735.000 m^2 en sistemas FSV y 11.225.000 m^2 en sistemas FSH. El consumo de territorio agrícola abandonado para crear humedales subsuperficiales híbridos sería de 17.960.000 m^2, lo que supone un 1,97% de este suelo que realmente está infrautilizado y devaluado con respecto a su categoría (sin productividad agrícola y en algunos casos ni ecológica, aspecto que trataremos en el siguiente apartado).

Los resultados de la Huella Ecológica regional nos permiten relativizar las demandas reales de territorio y soslayar el limitante básico de estos sistemas de depuración natural. Los beneficios ambientales que permiten reducir el déficit ecológico son difíciles de estimar en cifras concretas, pero los humedales artificiales pueden compensar la Huella Ecológica del agua desalada en Canarias: reducir la huella de carbono y aumentar la Biocapacidad.

6.3. La depuración convencional versus humedales artificiales.

Los consumos orgánicos de los seres humanos proceden directa o indirectamente de las plantas, incluida la carne si extendemos la cadena trófica hasta la alimentación de los herbívoros. Las plantas, como organismos autótrofos, toman CO_2 de la atmósfera y utilizan la energía solar para combinarla con agua y generar hidratos de carbono, creando su propio alimento. Este proceso denominado fotosíntesis puede representarse químicamente con la siguiente reacción global:

$$6\,CO_2 + 6\,H_2O \longleftrightarrow C_6H_{12}O_6 + 6\,O_2 \quad (1)$$

La estequiometria de esta formulación nos permite interpretar que seis unidades de dióxido de carbono sc combinarán con seis unidades de agua para formar una unidad de glucosa y seis unidades de oxígeno molecular, en la que la clorofila y la luz solar intervienen para activar esta reacción. Mientras se mantengan estas proporciones podemos utilizar magnitudes diversas, sean éstas gramos, kilogramos o toneladas.

Cuando las plantas crecen generando biomasa, el CO_2 es captado de la atmósfera y la ecuación se desplaza a la derecha. Cuando las plantas mueren o son consumidas, la materia orgánica se descompone produciendo CO_2, H_2O y energía, desplazándose la ecuación hacia la izquierda.

Tomando las masas atómicas de los diferentes elementos que intervienen en la reacción (hidrógeno, oxígeno y carbono), podemos expresar la ecuación anterior en función de las masas moleculares de reactivos y productos con sus respectivos coeficientes estequiométricos (número de moléculas que participan para ajustar la reacción) y cumplir la Ley de la Conservación de la Masa[133] de Lavoiseir (1743-1794). Una sencilla proporción nos permite aproximar la cantidad de dióxido de carbono liberada en la depuración convencional y natural.

---

[133] "En toda reacción química la masa se conserva, esto es, la masa total de los reactivos es igual a la masa total de los productos".

Fotosíntesis:

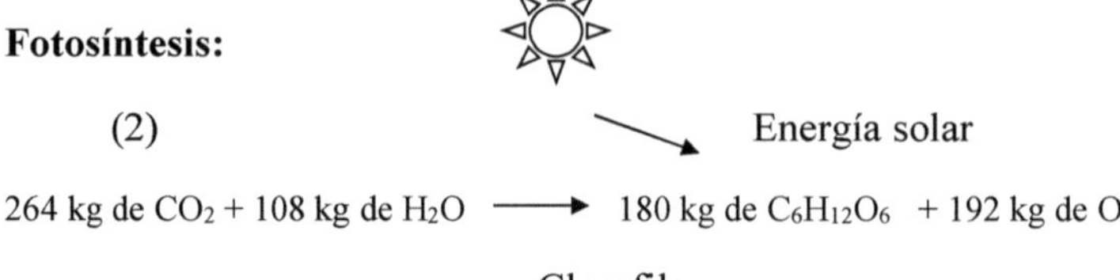

(2) Energía solar

264 kg de CO_2 + 108 kg de H_2O → 180 kg de $C_6H_{12}O_6$ + 192 kg de O_2

Clorofila

Respiración:

(3)

180 kg de $C_6H_{12}O_6$+192 kg de O_2 →264 kg de CO_2 + 108 kg de H_2O + Energía

La ecuación básica de la fotosíntesis puede ser utilizada para comparar cuánto dióxido de carbono es liberado en los sistemas de depuración natural con el liberado en los sistemas convencionales en los que suponemos que la energía eléctrica procede de combustible fósiles. Los datos de referencia proceden de la caracterización del agua residual de las islas para el año 2005 (INE: "Encuesta sobre el Suministro y Tratamiento del Agua"; ISTAC (2007), 211): la demanda bioquímica de oxígeno[134] (DBO_5) se estimó en 246,6 mg/L con un volumen de agua residual tratada de 258.900 m^3/día. Como:

246,6.10^{-6} kg/dm^3 x 1000 dm^3/m^3 x 259.900 m^3/d = 63.844,74 kg de DBO_5/día.

63.844,74 kg de DBO_5/día x 365 días/año = 23.303.330,1 kg de DBO_5/año.

[134] La demanda '*bioquímica*' de oxígeno (DBO), es un parámetro que mide la cantidad de materia susceptible de ser consumida u oxidada por medios biológicos que contiene una muestra líquida, disuelta o en suspensión. Se utiliza para medir el grado de contaminación, normalmente se mide transcurridos cinco días de reacción (DBO_5), y se expresa en miligramos de oxígeno molecular por litro (mg de O_2/L).

Estos parámetros definen un sistema con aproximadamente 63.844,74 kg de DBO_5/día ó 23.303.330,1 kg de DBO_5/año.

Cuando las bacterias descomponen la materia orgánica presente en el agua a depurar, la ecuación química (1) se desplaza a la izquierda. Los hidratos de carbono (polisacáridos constituidos por unidades estructurales de glucosa y otros azúcares) se degradan liberando dióxido de carbono a la atmósfera. La relación ponderal establecida en la ecuación química (3) indica que 180 kg de glucosa liberan 264 kg de dióxido de carbono en su combustión. Suponiendo que el montante anual de reactivo orgánico en nuestro sistema de tratamiento reaccionara completamente, los 23.303.330,1 kg de DBO_5 liberarían a la atmósfera 34.178.217,48 kg de CO_2. Estas emisiones se producen tanto en la depuración natural como en la convencional, en ambos casos se libera CO_2.

Un hipotético sistema de depuración natural con producción de biomasa vegetal podría fijar nuevamente ese dióxido de carbono liberado a la atmósfera según la ecuación (2), pero además habría que incluir la biomasa que se encuentra bajo el agua. Tampoco es desdeñable la producción anual de oxígeno que podemos estimar aplicando la estequiometria de la reacción; si 264 kg de CO_2 liberan 192 kg de O_2, unos 24.856.885,44 kg de oxígeno molecular pueden ser emitidos a la atmósfera a partir de la captación de carbono en la reacción fotosintética.

Los sistemas de depuración convencionales son emisores netos de dióxido de carbono, dado que utilizan preferentemente combustibles fósiles para obtener la energía eléctrica necesaria. Se estima que para cada kilogramo de DBO tratado se consume alrededor de 2,65 kWh de electricidad (Gloger y Lavigne, 2008: 3). También se consideró en el capitulo anterior, para una central térmica convencional, la emisión de 0,97 kg de CO_2 por cada kWh de electricidad producido; por lo tanto, estas emisiones vinculadas al consumo eléctrico se añaden a las contabilizadas en la degradación biológica propia de la depuración.

Los supuestos anteriores nos permiten aproximar la cantidad total de dióxido de carbono liberado a la atmósfera por los tratamientos convencionales en el año de referencia. El caudal de aguas residuales tratadas convencionalmente en Canarias, 258.900 m^3/día, genera aproximadamente 23.303.330,1 kg de DBO_5/año.

La descomposición de esa materia orgánica libera alrededor de 34.178.217,48 kg de CO_2, al igual que en los sistemas de depuración natural. Adicionalmente se emiten unos 58.666.133,53 kg de CO_2 vinculados a la producción eléctrica, necesaria para poner en funcionamiento las instalaciones de las plantas depuradoras.

Un análisis más exhaustivo de la contabilidad de emisiones incluiría el CO_2 liberado durante la extracción, el transporte y el refinado del combustible fósil utilizado para generar la electricidad necesaria. La Tabla 6.1 compara las dos alternativas analizadas y, a pesar de la globalidad de su estimación, permite una primera visualización del problema a la hora de tomar decisiones coherentes con los principios de sostenibilidad y resiliencia.

Aplicando la metodología de la Huella Ecológica a la depuración mecánica del agua residual en Canarias (92.844.351,01 kg/año de dióxido de carbono liberado), se computan 25.760 hectáreas globales en esta actividad industrial. Un diseño, basado en un planteamiento de depuración natural, podría evitar esta emisión, contribuyendo a la reducción de la Huella Ecológica de la producción energética global en la región estimada en 3.672.382,81 gha. Esto, no sólo representa la eliminación de un 0,7% de la Huella Ecológica de la producción energética, sino que su vez podría incrementar la biomasa por fijación fotosintética, aspecto que abordaremos en el siguiente apartado.

Tabla 6.1: Estimación del balance de dióxido de carbono y oxígeno según tipo de depuración en Canarias (2005).

Canarias (2005)	Depuración natural	Depuración mecánica
CO_2 liberado (kg/año)		
Eliminación de DBO_5	34.178.217,48 kg	34.178.217,48 kg
Uso de combustible fósil	0 kg	58.666.133,53 kg
Total de CO_2 liberado (kg/año)		
Emisión neta de CO_2 a la atmósfera.	34.178.217,48 kg	92.844.351,01 kg
O_2 producido (kg/año)		
Fotosíntesis	24.856.885,44 kg	0 kg
Pérdidas de O_2	0 kg	24.856.885,44 kg

Elaboración propia.

Si suponemos que la misma proporción de agua desalada (55,23%) en el agua de abasto, se mantuviera en las aguas residuales, las 14.227 gha que representa el 55,23% de toda el agua residual pueden ser asignadas a su gestión convencional. Para visualizar mejor su impacto en la huella energética de la producción del archipiélago, pondremos en relación este dato con la huella resultante de segregar la producción eléctrica y el transporte (276.797 gha); en estas condiciones la huella energética consignada a la depuración convencional supone un 5%.

Un enfoque resiliente nos permitiría compensar la Huella Ecológica de la desalación con la Huella Ecológica de los humedales artificiales, cerrando los ciclos naturales del agua y la materia orgánica sin quemar combustibles fósiles. Concretamente la Mancomunidad del Sureste de Gran Canaria está comprometida con este objetivo, y su ideario de desarrollo sostenible se fundamenta precisamente en este principio.

6.4. La enmienda del Déficit Ecológico como factor de resiliencia.

La biocapacidad canaria fue analizada en el capítulo cuarto del presente trabajo (Apartado 4.3.). Merece la pena contextualizar los resultados obtenidos en el cálculo de la Huella Ecológica del archipiélago para justificar los beneficios indirectos de la biomasa potencial generada en el uso de los humedales artificiales para la depuración de las aguas residuales insulares. Mientras que el promedio de la biocapacidad mundial por habitante se estimó para 2005 en 2,06 gha/hab (datos de la NFA), los resultados en las islas se limitan en 0,43 gha/hab. Por lo tanto, toda actividad que promueva el ciclo de carbono en su forma orgánica incrementa la biocapacidad de la región e indirectamente fija dióxido de carbono reduciendo la huella de carbono; podemos establecer una relación clara entre el dimensionado de huella energética (emisiones de dióxido de carbono) y la biocapacidad (que incluye la superficie con biomasa autótrofa productiva que fija carbono por fotosíntesis).

Conviene recordar que un 40,24% del territorio insular está catalogado con alguna calificación de Espacio Protegido y además la metodología de la HE sustrae del cálculo de la biocapacidad unas 322.021,27 ha que corresponden a terrenos sin vegetación (playas, dunas y arenales, acantilados, coladas de lava, suelo desnudo o zonas quemadas). Por otro lado, 55.930,13 ha se preservan para el desarrollo de los ecosistemas naturales (hemos estimado un 12% de la biocapacidad productiva de la región según el protocolo más común), quedando 410.154,26 ha de superficie repartidas entre los distintos tipos de territorio: agrícola, pastos, forestal, infraestructuras y pesca (ver la Tabla 4.31 "Biocapacidad canaria 2005" y la Tabla 4.32 "% de tipo de territorio según la superficie estimada a través de SIOSE").

Particularmente en el caso de la superficie dedicada a la depuración natural, estimada anteriormente en unas 1.796 ha (sin contar las lagunas de almacenaje), podría consignarse en la partida dedicada a las infraestructuras dado su carácter artificial. En este caso, hemos preferido asignar este consumo de territorio a la categoría de agrícola, donde existe un 60% de superficie catalogada como tal, sin productividad real. Este cambio aportaría beneficios a la economía agropecuaria, que muestra un claro declive visto el balance comercial de este sector para el año 2005.

La parte de la superficie de biocapacidad total computada como agua, 689,64 ha (0,09%), corresponde principalmente a aguas superficiales recogidas artificialmente en presas, estanques o albercas, ya que no exiten corrientes de agua superficial o lagunas naturales permanentes (excepto las escorrentías de los periodos lluviosos). Este valor cuenta con cierta incertidumbre debido al elevado número de contenedores de agua cuya pequeña superficie no es contabilizada por el SIOSE.

Si bien en el apartado anterior nos centramos en la acción depurativa de los humedales artificiales, ahora enfocaremos la atención hacia la biomasa vegetal o animal (refugio para aves o piscicultura potencial) que se desarrolla en ellos y en el volumen de agua incorporada al balance hidrológico global.

- **Aproximación a la reducción del Déficit Ecológico por incremento de la Biocapacidad resultante del uso de humedales artificiales.**

Como ya hemos mencionado en el capítulo segundo, la presencia de vegetación en los humedales subsuperficiales no mejora significativamente sus rendimientos. En nuestra propuesta consideramos la biomasa vegetal por su potencial valorización directa (cultivo de plantas ornamentales) o indirecta (producción de compost a partir de los restos vegetales que se podan periódicamente según las especies presentes en los humedales u obtención de biogás a través de un biodigestor anaerobio).

Los subproductos generados tras el compostaje podrían ayudar a evitar la degradación de los suelos abandonados por la actividad agrícola y, paliar, la pérdida de recursos edáficos. La erosión en sí misma supone un factor limitante para incrementar la biocapacidad de un territorio; por tanto, recuperar su salud general revierte positivamente en la oportunidad de aumentar la biomasa vegetal. Aunque la biodiversidad como tal no aparece formulada en la metodología de la Huella Ecológica (aspecto tratado en el capítulo primero), el deterioro de este capital genético pone en peligro los equilibrios de los ecosistemas naturales; la prevención de esta pérdida será más rentable que cualquier intervención paliativa (Drechsler *et al.,* 2011: 1; UNEP, 2011-a: 130).

Tanto la reforestación como la agricultura son fuentes de fijación de carbono atmosférico, sin olvidar los huertos y las zonas verdes que se integran en el paisaje de los núcleos urbanos. Queda fuera de los objetivos de este trabajo analizar qué procedimientos son más sostenibles a largo plazo, para validar una producción agrícola sin degradación de suelos o una reforestación biodiversa que imite fielmente los ecosistemas naturales (González-Moreno *et al.*, 2011; UNEP, 2011-b). En la revisión bibliográfica realizada, destacan las técnicas agroforestales donde se combinan ambos tipos de vegetación sin recurrir a suplementos exógenos sintéticos para fertilizar el territorio: el Nendo Dango[135] o la Biodinámica[136] forman parte de la

---

[135] Nendo Dango son bolas de arcilla que contienen combinaciones de semillas que se pretenden germinar. Su creador, Masanobu Fukuoka (1913 - 2008) fue un agricultor,

denominada Permacultura[137], una nueva filosofía que imita a la Naturaleza alejándose de la agricultura intensiva del monocultivo o de la reforestación centrada en una sola especie.

Centrándonos en la vegetación que puede acompañar a los humedales de flujo subsuperficial propuestos como alternativa a la depuración convencional; se hace necesaria una aproximación a partir de diversos trabajos realizados sobre la fijación de carbono, nitrógeno y fósforo de una variedad de especies emergentes. Tomaremos como referencia el carrizo (*Phragmites australis*), considerado como la especie vegetal de mayor distribución mundial entre las plantas superiores, aunque en algunas ocasiones se extiende con tanta rapidez que puede considerarse como especie invasora no deseable (Depuranat, 2008: 185). Los datos extraídos de la Tabla 6.2 nos facilitarán la estimación de la cantidad de carbono fijada anualmente por esta especie; Aprovechando la reacción química general de la fotosíntesis (I), aproximaremos la cantidad estequiométrica de carbono atmosférico fijado por esta biomasa (aplicando el mismo razonamiento que en el Apartado 6.3).

---

biólogo y filósofo japonés, autor de las obras "La Revolución de una Brizna de Paja" y "La Senda natural del Cultivo" en que presentan sus propuestas para una forma de agricultura que es llamada agricultura natural o el método Fukuoka.

[136] La biodinámica se basa en las teorías de Rudolf Steiner (1861-1925), fundador de la *antroposofía*. La agricultura biodinámica se diferencia de otros tipos de agricultura ecológica en el uso de preparados vegetales y minerales como aditivos del compost y aerosoles para el terreno, así como el uso de un calendario de siembra basado en la astrología.

[137] La palabra permacultura (en inglés *permaculture*) es una contracción de agricultura permanente, como así también de cultura permanente. A mediados de la década de los años 1970, Bill Mollison y David Holmgren, comenzaron a desarrollar una serie de ideas que tenían la esperanza de poder utilizar para la creación de sistemas agrícolas estables que integraran armónicamente la vivienda y el paisaje, ahorrando materiales y produciendo menos desechos, a la vez que se conservaran recursos naturales.

Tabla 6.2: Capacidad de extracción y acumulación de nutrientes para la especie *Phragmites australis*.

Mes	Biomasa (kg/m^2)	P (t/ha)	C (t/ha)	N (t/ha)
Septiembre	0,21 ± 0,01	0,05	0,85	0,08
Noviembre	1,39 ± 0,20	0,09	5,31	0,38
Febrero	1,49 ± 0,26	0,20	5,57	0,38
Marzo	1,07 ± 0,13	0,13	4,37	0,27
Julio	3,72 ± 0,31	0,25	14,53	0,54
Agosto	1,80 ± 0,24	0,12	7,13	0,26
Septiembre	0,21 ± 0,02	0,04	0,88	0,07

Ruíz-Martínez *et al.*, 2005[138] citado por Depuranat, 2008: 191.

La diversidad de microclimas en las islas añade incertidumbre a esta estimación; en todo caso se pueden establecer humedales híbridos pilotos (combinado flujo subsuperficial horizontal y vertical) con *Phragmites australis* para contextualizar mejor los promedios utilizados en esta ocasión. Se puede aprovechar el impulso que existe en la región por integrar los humedales artificiales como alternativa a la depuración convencional. El Instituto Tecnológico de Canarias ha evaluado la idoneidad de distintas técnicas de depuración natural para la gestión de aguas residuales en entornos rurales (Depuranat, 2008).

En el año 2005 podemos suponer una acumulación de 37,76 t de carbono por hectárea de superficie. Si dedicamos 1.796 ha del territorio agrícola abandonado para crear humedales híbridos que combinen flujo horizontal y vertical con recirculación (alternativa

[138] Ruíz-Martínez, M. M., Valesco, J., Alcántara R., Millán, A. (2005): "Nutrient bioaccumulation in Phragmites australis: Management tool for reduction of the Mar Menor contamination". International Meeting on Phytodepuration. Lorca, Murcia. Spain.

propuesta en el Apartado 6.2), la cantidad promedio fijada por el carrizo en esta combinación de humedales podría estimarse en 67.817 t de carbono. Como en la huella energética computamos toneladas de dióxido de carbono, habrá que usar la relación estequiométrica que nos permita transformar las toneladas de carbono fijado en dióxido de carbono (II).

La ecuación química (I) muestra que el número de átomos de carbono que intervienen en la fotosíntesis están ajustados.

$$6\,CO_2 + 6\,H_2O \longleftrightarrow C_6H_{12}O_6 + 6\,O_2 \qquad (I)$$

Para transformar la cantidad de carbono fijado en los tejidos del vegetal en dióxido de carbono acudimos nuevamente a la estequiometría básica (II):

$$C + O_2 \longrightarrow CO_2 \qquad (II)$$

Las 67.817 t de carbono se transforman en 248.662 t de dióxido de carbono (tomando como referencia las masas moleculares de reactivos y productos implicados). En la contabilidad de la Huella Ecológica de carbono computamos 0,248662 Mt de dióxido de carbono que se transforman en 68.992 gha compensadas. Por lo tanto, el uso de humedales artificiales de flujo subsuperficial evita emisiones de dióxido de carbono por el uso de combustibles fósiles en la depuración convencional del archipiélago; según calculamos en el apartado anterior, 92.844.351 kg/año de dióxido de carbono se computaron para Canarias en esta actividad, suponiendo 25.760 hectáreas globales implicadas en la depuración convencional.

La sinergia entre el aumento de la biocapacidad por la integración de comunidades de carrizos a los humedales de flujo subsuperficial propuestos (68.992 gha) y la reducción de la HE de carbono por evitar el consumo de energía fósil en la depuración convencional (25.760 gha) facilitan cierta reducción del déficit ecológico regional. Por supuesto que estos números están cargados de elevada incertidumbre, pero dan un bosquejo de los beneficios complementarios de la huella ecológica al análisis de la depuración propuesta para las aguas residuales de Canarias.

Enfocando la atención en la producción de agua desalada, y suponiendo que se mantiene el 55,23% en el volumen de agua depurada, podemos considerar unas 3.753 gha evitadas en la depuración natural y 38.104,3 gha compensadas por la fijación de carbono en la biomasa introducida en los humedales. Ambos datos puestos en relación con la huella de la producción energética del archipiélago (sustrayendo la producción eléctrica y el transporte) permiten compensar 41.857 gha de las 276.797 gha segregadas. Por lo tanto, un 15% de la huella de la producción energética puede reducirse asumiendo esta propuesta.

- **Potencial reducción de la Huella del Agua por implementación de humedales artificiales.**

La integración de los humedales artificiales permitiría incrementar la cantidad de agua presente en el balance hídrico insular, reduciendo significativamente la Huella del Agua de cada cuenca hidrográfica. Si bien es verdad que no tenemos datos para este parámetro (habría que calcular la Huella del Agua en cada isla por separado); no es menos cierto que existen indicares suficientes para alertar de la pérdida de agua subterránea (intrusión salina generalizada en pozos costeros o reducción notable del número de mantiales naturales). Por falta de datos no podemos estimar la capacidad de recarga de los acuíferos insulares en el año 2005, pero los 40.415.000 m^3 de agua extraída (según datos del ISTAC); difícilmente han podido compensarse, ni de forma natural (infiltrada por precipitaciones), ni intencionada (acción reservada a los Consejos Insulares de Aguas).

Un volumen de 209.590 m^3 de agua fue vertido diariamente al mar (ISTAC, 2006) en el año de referencia. Una parte sustancial de esa cantidad posee una elevada mochila ecológica por provenir de la desalación (aspecto tratado en el capítulo quinto). La implementación de los humedales artificiales prolongaría el ciclo de vida útil del agua depurada, tanto para el desarrollo y mantenimiento de los ecosistemas naturales (reforestación) como para los diversos usos posibles del agua regenerada con beneficios económicos directos o indirectos: agricultura, ganadería, turismo rural, manufactura tradicional o venta de plantas ornamentales, entre otros.

El volumen de agua reutilizada diariamente supuso 81.013 m^3 en todo el archipiélago (ISTAC, 2006). Existen análisis comparativos de los costes vinculados a la regeneración y a la desalación (Ruiz de la Rosa, 2006: 17-18) e incluso estimaciones aproximadas de la inversión de capital para cada alternativa (Mujeriego, 2005: 22-24): 4 €/m^3-año para la desalación y 0,5 €/m^3-año para la regeneración; presentando cada procedencia sus impedimentos de uso (*Ibíd.*: 24). La reflexión sobre las externalidades negativas que acompañan a cada proceso (Ruiz de la Rosa, 2006: 13-15) podría cuantificarse aprovechando la Huella Ecológica y así facilitar su comprensión tanto a los gestores como a los consumidores. En cualquier caso, la regeneración y reutilización del agua empieza antes de la planta de tratamiento (Estevan, 2005: 24); independientemente del diseño que se establezca, la segregación de las aguas residuales facilita su caracterización y tratamiento.

Todos los sectores económicos tienen una relación vinculante con el agua: la agricultura, la energía, la industria, el transporte y la comunicación; al igual que los ámbitos educativos, sanitarios y ambientales. El agua es un derecho básico, un derecho humano que debe ser garantizado por los poderes públicos, pero sin menoscabo del resto de habitantes de nuestra biosfera.

La dimensión del agua virtual implicada en la economía regional escapa del análisis en la Huella Ecológica, pero complementa un análisis más profundo de sus flujos comerciales (Hoekstra, 2011: 25; Hoekstra *et al.,* 2011: 119,129; Hoekstra *et al.,* 2009: 67-74; Gerbens-Leenes *et al.,* 2008: 19; Chapagain y Hoekstra, 2008: 29; Hoekstra y Chapagain, 2007: 35, 41-43; Chapagain *et al*., 2006: 455; Hoekstra y Hung, 2005: 49-50).

6.5. Conclusiones parciales.

La Nueva Cultura del Agua puede beneficiarse del efecto pedagógico del cálculo de la Huella Ecológica, incluyendo el factor energético y territorial del agua dentro de ésta. La implicación del consumidor en la restitución del recurso permite contraponer distintas alternativas de tratamiento y prever los efectos de modificaciones reglamentarias en las normativas de calidad del agua según cada actividad económica (el objetivo primordial es garantizar el estatus ecológico y químico del agua). Como ya tratamos en el capítulo tercero, en Canarias la Nueva Economía del Agua tiene sus particularidades insulares (Aguilera, 2009).

La economía de escala se redimensiona hacia una economía social y respetuosa con el medio ambiente. La Tercera Revolución Industrial (Rifkin, 2011), enfocada en la producción distribuida de energía renovable, complementa oportunamente el diseño de una estrategia similar para la depuración de aguas residuales: reducción de la huella de carbono, aumento de la biocapacidad del territorio e incremento de agua en el balance hídrico insular; desechando las externalidades negativas de la depuración convencional (enfocada principalmente en los costes económico y energético) y favoreciendo la desalación con energías renovables (aspecto desarrollado en el capítulo quinto).

Aunque el agua no se degrade químicamente, la mochila ecológica de su obtención, transporte, distribución y depuración tiene una dimensión significativa (aspecto desarrollado en el capítulo tercero). Algunas islas del territorio canario se abastecen casi exclusivamente del agua desalada; la Huella Ecológica del proceso industrial puede compensarse con una depuración menos demandante de recursos naturales, reduciendo el déficit ecológico del territorio, máxime si se asume un mix-eléctrico favorable a las energías renovables (en el capítulo quinto se plantearon diversos escenarios energéticos para las islas).

La Huella Ecológica del agua desalada en las islas queda incompleta sin una visión de gran angular que permita valorar la gestión antrópica del ciclo del agua en toda su extensión: producción (o captación en el caso de aguas superficiales y subterráneas), transporte, distribución y depuración. Por otro lado, el agua residual en sí misma es un recurso con elevada carga orgánica que puede ser valorizada adecuadamente sin convertirse en una externalidad negativa para el sistema socioambiental insular; de hecho, existen alternativas que aporta resiliencia a éste: nichos de empleo, diversificación económica o aumento de la biocapacidad remanente.

Si bien existe una demanda de territorio para materializar la descentralización de la gestión del agua residual, no es menos cierto que supone la activación indirecta de la agricultura, ganadería o artesanía local (a través del aprovechamiento de la biomasa cosechada como compostaje, forraje o manufactura diversa). Además, incentiva nuevas posibilidades de creación de empleo alrededor de la depuración natural: el turismo rural, la explotación comercial de productos de calidad como el fitoplacton, las plantas acuáticas ornamentales o el aprovechamiento de la biomasa residual a través de la biodigestión anaerobia dan valor añadido a la propuesta. Son numerosas las experiencias que avalan la integración paisajística de estos sistemas, facilitando la recreación de zonas húmedas con alta biodiversidad, valor estético y paisajístico; todo ello sin menoscabo del beneficio socioeconómico local a través de actividades divulgativas y formativas en las comunidades implicadas.

En cualquier caso, las combinaciones de humedales artificiales permiten mejorar los rendimientos individuales de cada uno de ellos por separado y aportan más oportunidades de reutilización con garantías de calidad del efluente final. Con todos los limitantes estudiados por el ITC en el proyecto DEPURANAT, hay 91.017,11 hm^2 de terreno agrícola sin cultivar en Canarias (según los resultados obtenidos en el capítulo cuarto). La demanda de territorio que suponen los sistemas híbridos de humedales de flujo subsuperficial puede compensarse con la diversidad de beneficios ambientales, económicos y sociales. La descentralización de la depuración de agua y su valorización económica distribuyen la riqueza a nivel local favoreciendo la equidad social.

Los 258.900 m^3/d de aguas residuales tratadas en Canarias (ISTAC, 2006) pueden integrarse en el balance hídrico de las cuencas hidrográficas insulares. La regeneración de este recurso a través de los humedales de flujo sub-superficial aporta condiciones favorables: menos consumo energético asociado, producción de biomasa vegetal valorizable y oportunidades para mejorar la distribución de riqueza a través de la diversificación de nichos de empleo dentro de la Economía Verde (UNEP, 2011-a) y vinculados a la multifuncionalidad de aquéllos (recreativo, educacional o turístico entre otros).

Incluso la desalacion con energías renovables entra en un análisis más amplio sobre el marco de sostenibilidad o resiliencia del proceso dentro del ciclo completo del agua producida/consumida en la región: ¿Es necesario desalar tanta agua en Canarias? ¿Es sostenible depurar agua para verterla al mar? La Huella Ecológica puede aportar claridad a los consumos de recursos que supone cada escenario propuesto. Por otro lado, la Huella del Agua sería el complemento ideal para enriquecer la visión real de los consumos de agua en las islas: el agua virtual que se importa o exporta en la transacciones comerciales o el agua virtual contenida en los procesos industriales desarrollados localmente (Hoekstra *et al.*, 2011: 124).

Los humedales subsuperficiales, aunque ocupan territorio, aportan multifuncionalidad a éste; la depuración biológica natural es una externalidad positiva para gran parte del suelo agrícola abandonado. La "emprendeduría social" –empresarial y cooperativa– es una receta híbrida para reordenar la vida económica, social y política (Rifkin, 2011: 831); su implementación tiene máxima relevancia en este contexto. La descentralización y la distribución de la depuración biológica estimulan la equidad social, devolviendo al agua su valor como recurso natural renovable público y no como producto de consumo desechable.

Conclusiones Finales y Futuras Líneas de Investigación.

Las conclusiones de este trabajo se pueden concretar en los siguientes puntos:

1. La Huella Ecológica se muestra como un indicador apropiado; tanto para explorar las necesidades básicas de la sostenibilidad fuerte como para identificar las áreas fundamentales de la sostenibilidad débil. ¿Cuánto territorio necesita la economía humana para proveerse de bienes y servicios ecológicos? ¿Cuánta superficie útil nos proporciona el planeta para hacerlo? Si la superficie requerida supera la capacidad disponible, el uso excesivo del capital natural quebrantaría el principio de sostenibilidad fuerte. Al mismo tiempo, la sobreexplotación ecológica identifica la liquidación de aquel capital natural que requiere de un sustituto para preservar el criterio de sostenibilidad débil. La HE *per cápita* en Canarias se estima en 4,2 gha/hab, asumiendo una población equivalente que incluye a grandes rasgos la incidencia del turismo, si además se pone en relación con la biocapacidad *per cápita*, 0,4 gha/hab, el déficit ecológico es patente; por otro lado, el 71% de la HE regional está vinculada a las emisiones de dióxido de carbono, convirtiendo el incentivo de las energías renovables en una alternativa prioritaria en la política energética regional. Si extrapolamos el patrón de consumo de Canarias a la población mundial, serían necesarios 2,3 planetas para satisfacerlo: la insostenibilidad del modelo se pone claramente de manifiesto.

2. El uso de la Huella Ecológica evita mezclar las demandas humanas de recursos naturales con otros aspectos que afectan a los sistemas ecológicos como la contaminación química o las

medidas del bienestar y sostenibilidad social. Existen muchos indicadores validados para apoyar la construcción de un mundo sostenible, cada uno con sus fortalezas y debilidades. La óptima compensación entre factores económicos, sociales y ambientales supone un equilibrio dinámico; privilegiar uno a expensas de los otros es intrínsecamente insostenible. Las políticas demandan mecanismos de validación previos para los distintos escenarios posibles y la comunicación significativa al ciudadano favorece su compromiso proactivo con aquéllas; el binomio información-formación queda reforzado con esta herramienta. En el caso del agua producida industrialmente en Canarias, el uso de combustible fósil en el ciclo producción-depuración supone un 30% de la HE energética de la producción en la región, mientras que la obtención de agua desalada con energía eólica y la depuración de ésta con humedales artificiales no solo reducen en un 45% la HE energética, sino además compensan aproximadadamente un 14% más por fijación de carbono a través de la biomasa desarrollada en los sistemas de depuración propuestos.

3. Partiendo de la premisa del agua como un derecho humano que ha de ser garantizado por los poderes públicos, la disponibilidad de recursos hídricos en condiciones adecuadas de cantidad y calidad comienza con la protección de éstos frente a su contaminación: si el ciclo del agua de consumo se planifica globalmente desde su inicio con vistas a facilitar su reutilización al término de éste, será posible controlar su deterioro, limitando las pérdidas del recurso y los costes de su reutilización. Hacer infraestructuras de suministro de agua debería considerarse una opción cuando se hayan agotado otras medidas preventivas, respetando la jerarquización de éstas en el marco de una gestión integrada: ahorro de agua, políticas de tarificación u otras medidas de intervención establecidas por las autoridades competentes. Cualquier acción demanda

previamente una valoración objetiva de sus beneficios, limitaciones y requisitos, de modo que sea posible alcanzar respuestas justificadas y coherentes: Estudio del efecto de la transparencia en la gestión hidrológica (ambiental, hídrica, social y económica) y la eficiencia de las políticas propuestas.

4. Para calcular la huella ecológica de Canarias se ha partido de la huella ecológica nacional. Se ha tenido en cuenta la incertidumbre debida a las particularidades de la región frente al territorio peninsular; no se computa la distancia geográfica la cual supone un incremento sustancial de la huella energética vinculada al transporte (marítimo y aéreo). Se ha de mencionar también la dificultad de acceso a datos específicos de ciertas huellas de producción, bien por razones metodológicas o por falta de información. Aún en estas circunstancias, los resultados son reveladores y congruentes con la realidad territorial, constatándose una acusada inseguridad alimentaria y energética. La reactivación del sector agrícola vinculado al consumo local dinamizaría este sector económico, gran parte del terreno roturado está abandonado (aproximadamente un 60%). Algo más comprometida es la sustitución progresiva de combustibles fósiles por energías renovables viables en el archipiélago, cambiando el paradigma de economía de escala por una descentralización incentivada por la liberalización de la producción eléctrica.

5. La huella de carbono por metro cúbico de agua desalada puede ser un indicador a tener en cuenta para optimizar la producción industrial de agua; siendo extensible la metodología propuesta a todo el ciclo del agua: la reutilización, la depuración o incluso la recarga de acuíferos. Todas las soluciones que prolonguen el ciclo de vida del agua en el territorio insular necesitan ser ponderadas para evitar en lo posible devolver al

mar agua desalada. La estimación regional oculta grandes diferencias insulares; pero descontando este hecho, el valor relativo de la información obtenida es suficiente para validar una desalación combinada con fuentes renovables (nos hemos centrado en la energía eólica dado que las emisiones vinculadas al análisis de ciclo de vida de un aerogenerador promedio se compensan en poco tiempo, menos de cinco meses con el mix-eléctrico nacional). Mientras el ciclo del agua industrial convencional supone un 30% de la HE energética de la producción en la región, la alternativa *resiliente* reduce en un 60% ésta.

6. Una dificultad añadida ha sido la falta de estadísticas fiables, o su opacidad, sobre los consumos energéticos de las desaladoras en funcionamiento en las islas, que ha sido en parte salvada a partir de estimaciones proporcionadas por profesionales del sector. Dado que este cálculo se refiere al año 2005, los efectos de la salmuera sobre los ecosistemas marinos canarios se han fundamentado en estudios científicos desarrollados en otros lugares. Es significativo el desfase entre la abundante investigación en las islas, en orden a mejorar la eficiencia energética de las desaladoras, y la poca investigación de modelos de valorización de la salmuera y/o su correcta dilución con difusores. La administración carece de un inventario adecuado de los modelos de gestión de la salmuera en las desaladoras de las islas.

7. La búsqueda de resiliencia en el sistema de gestión del agua desalada -ya utilizada- enfoca la respuesta en alternativas integradas en el medio natural insular: optimizando recursos financieros, materiales y energéticos; desarrollando un modelo de gestión descentralizado que permita reutilizar los efluentes con garantías de calidad y promoviendo la multifuncionalidad de los territorios ocupados por los humedales subsuperficiales

propuestos. Cerrar el ciclo de vida del recurso biodegradable, imitando en lo posible a la Naturaleza, aporta externalidades positivas a la economía regional: reduce el factor entrópico al mitigar las emisiones de metano o dióxido de carbono, aumenta la biocapacidad compensando el déficit ecológico, enmienda suelos degradados con compost y, en definitiva, diversifica un nicho de empleo *verde* que fomenta la equidad social y la gestión cooperativa, desplazando a las grandes infraestructuras en ocasiones infrautilizadas o sobredimensionadas. La carga contaminante de los lodos de depuradora convencional deja de ser un problema para convertirse en un recurso valorizable en la depuración natural; bien a través de la biodigestión anaerobia o del compostaje de residuos vegetales. Los tiempos de retención en los humedales subsuperficiales son una variable determinante para permitir la degradación de compuestos sintéticos de elevada estabilidad química.

8. Los resultados cuantitativos obtenidos permiten confrontar dos escenarios antagónicos en el archipiélago para el ciclo del agua desalada, incluyendo su depuración: un modelo centrado en la energía fósil como fuente de abastecimiento para la producción industrial de agua y su posterior depuración convencional y otro enfocado en la desalación con energía eólica y depuración a través de humedales subsuperficiales con producción de biomasa complementaria. Mientras el primer supuesto es responsable de 76.767 gha de la huella de la producción energética del archipiélago, el segundo evita consignar 174.611 gha en esta contabilidad ambiental. Ambos datos son más reveladores en relación con la huella de la producción energética que segrega el transporte y la producción eléctrica de la región; por un lado, el 30% de esta parte de la huella sería fruto del binomio desalación-depuración con energía fósil y

por otro se evitaría un 60% de ésta adoptando la alternativa propuesta.

9. La Nueva Cultura del Agua puede beneficiarse del efecto pedagógico del cálculo de la huella ecológica, incluyendo el factor energético y territorial del agua en ésta. La implicación del consumidor en la restitución del recurso permite ponderar diversas alternativas de tratamiento. La planificación urbana es una herramienta hacia la mejora de la eficiencia y suficiencia hídrica: actualizar las redes de distribución para evitar pérdidas, tarifas que incentiven el ahorro y proyectos de educación ambiental son ejemplos concretos que estimulan este objetivo. Por otro lado, la demanda de espacios verdes en las ciudades puede encontrar sinergias con los humedales subsuperficiales, convirtiendo la regeneración de aguas residuales en un atractivo del paisaje municipal y/o turístico.

10. Los huertos en la ciudad pueden aprovechar azoteas o espacios ofertados por las instituciones locales, con ello el ciudadano se acerca a los ciclos de la Naturaleza y tiene la posibilidad de interactuar en comunidad desarrollando la empatía y la colaboración entre iguales. Este modelo de integración es extrapolable a los centros educativos, donde los alumnos fortalecen su proactividad como ciudadanos comprometidos, aprovechando la dimensión amplificadora de las redes sociales en Internet. La valorización de recursos intangibles como la cultura y la cooperación demandan una atención desde la edad escolar como vacuna que amortigüe los efectos del consumismo alentado por los medios de comunicación.

A partir de este trabajo se perfilan futuras líneas de investigación:

1. El sector turístico puede beneficiarse del uso de la huella ecológica regional estimada. Cada vez son más los turistas que valoran el patrimonio natural de los destinos que visitan; incluso se comprometen con experiencias que compensen su huella en el territorio: actividades de reforestación, visitas recreativas a humedales artificiales convertidos en nichos ecológicos generadores de biocapacidad o participación en talleres de concienciación ambiental para tomar responsabilidad de sus hábitos de consumo. El visitante deja de ser un "depredador de recursos" para convertirse en un actor más del cambio de enfoque, más coherente con los principios de sostenibilidad. La huella ecológica del turismo tiene una dimensión estratégica en una región tan dependiente de éste: qué perfil de turista usaría esta herramienta para conocer el impacto de su estancia y qué actividades se pueden proponer para compensar sus consumos; incluso los propios establecimientos turísticos son susceptibles de validar sus certificaciones ambientales con el uso de esta herramienta.

2. La huella ecológica de la región presenta incertidumbres que un estudio más profundo puede compensar. Un análisis usando las dos metodologías, compuesta y por componentes, aportaría información más concreta a nivel sectorial e incluso insular o municipal. La huella ecológica de cada isla daría una estimación más práctica a nivel administrativo, y las particularidades de cada cuenca hidrográfica aportarían un enfoque segregado más operativo para validar qué nivel de descentralización es más resiliente en cada territorio.

3. La huella ecológica de la desalobración en las islas supone un reto para estimar los efectos de la extracción de aguas salobres de los acuíferos insulares. La salmuera producida en estas condiciones demanda una gestión controlada que evite daños difícilmente reversibles en las propiedades edáficas del suelo. No existe información completa sobre el inventario de estas plantas en el archipiélago, apartir de éste se puede estimar su contribución a la HE energética y, a largo plazo, los efectos sobre la biocapacidad en los terrenos donde se vierte descontroladamente el rechazo producido.

4. La HA es una herramienta de valor significativo en el contexto de la gestión hídrica en Canarias. El agua virtual contenida en los bienes y servicios consumidos aportan una valiosa información sobre los flujos de este recurso en el territorio. El cálculo de la HA en cada isla implica un compromiso con los Consejos Insulares para recabar toda la información requerida en esta metodología: Qué cantidad de agua gris tratada en humedales artificiales es susceptible de ser incorporada a los acuíferos como agua azul por recarga o qué información aporta el agua virtual de los flujos comerciales en Canarias.

5. Se ha de ampliar la escala temporal de este estudio para atender a la evolución en el tiempo de los resultados de las diferentes huellas. El estudio realizado puede dar información relevante si se repite en el tiempo durante varios años, facilitando la observación de tendencias en las distintas huellas según los cambios propuestos: el incentivo de la producción y el consumo local, la dinamización de la separación en origen de la fracción orgánica para compostar o producir electricidad por biodigestión, son políticas cuya trazabilidad se puede visualizar con la HE.

6. El agua para consumo humano presenta unas particularidades sensibles en las islas. El agua embotellada, generalmente en plásticos, es de uso generalizado en la región; este hecho se agrava con una deficiente gestión de estos residuos de envase. La HE y la HA pueden dar luz a modelos más sostenibles (y resilientes) para el agua como producto de consumo humano: Cuánta HE está vinculada al consumo de agua embotellada y cuánta HA se invierte para producirla. El contribuyente abona una tarificación del agua de abasto que teóricamente incluiría esta partida: Cuánta HE se puede evitar mejorando la calidad del agua que llega a los domicilios. No puede soslayarse el negocio que hay detrás del comercio del agua envasada y la huella ecológica asignada al agua importada en la región: Cuál es el ACV del agua embotellada en Canarias (reseñando los costes ambientales del desplazamiento del producto y del residuo) y las diferentes alternativas para recuperar los residuos de envase (recogida incentivada bien por cobro al retornalo a un punto de recogida o ahorro en tasas municipales).

7. La introducción de la producción de biocombustibles en las islas, particularmente la *jatrofa* (*Jatropha curcas*) en Fuerteventura, puede evaluarse en función de su HE y HA: Qué HE y HA tiene esta alternativa al combustible fósil. En un territorio donde casi el 100% del agua procede de la desalación (es el caso particular de Fuerteventura), proponer este cultivo supone, al menos, la estimación previa de todas las externalidades que afectan a su ACV. Estas herramientas propuestas eliminan opacidad a proyectos que se publicitan para el beneficio de la comunidad isleña sin dar datos cuantitativos y además añaden información al contribuyente que puede fundamentar sus opiniones con datos transparentes y contrastables por la Administración: ¿Es más sostenible

producir jatrofa que producir alimento en Fuerteventura? Estudio comparativo de las ventajas e inconvenientes de este cultivo energético o el aprovechamiento de los residuos orgánicos en biodigestores anaerobios descentralizados combinados con la distribución de elcctricidad mediante microrredes.

8. El modelo integrado de la gestión de residuos orgánicos y aguas residuales evita externalidades negativas en los vertederos y en la gestión de los lodos generados en las depuradoras convencionales. La segregación de la fracción orgánica en origen puede validarse a través de su HE: Qué HE y/o HA implica acumular los residuos orgánicos en los vertederos; e incluso la gestión de los lodos de depuradoras. La producción de biocapacidad alternativa reduce el factor entrópico de la degradación improductiva de este recurso: Cuántas emisiones de dióxido de carbono se evitan al fijar el ciclo de carbono al sustrato edáfico o cuántos lixiviados son eliminados rediseñando la gestión de los residuos orgánicos y las aguas residuales.

9. Las aguas regeneradas en los humedales artificiales pueden cuantificarse a través de la metodología de la huella del agua (cada cuenca hidrográfica es independiente y demanda su balance hidrológico particular). El agua gris contaminada se transforma en agua azul, beneficiando al balance hidrológico global de cada isla (los valores de evapotranspiración promedio son particulares): Cuánta agua dejamos de desalar por el uso del agua regenerada, cuánta HE se evita al reutilizar el agua reciclada por depuración.

10. Finalmente, la biocapacidad regenerada a través de la gestión cooperativa de los recursos orgánicos presentes en las aguas a

depurar es un factor económico que añade resiliencia socioeconómica. Un estudio posterior podría analizar este aspecto y dimensionarlo tanto en términos de HE como de HA. También es un campo interesante vincular el desarrollo de recursos intangibles (cultura, educación, tradiciones o lazos socioafectivos) para mejorar la gestión de los recursos tangibles, particualrmente en nuestro caso los naturales: Las redes sociales ya se han convertido en un medio *resonante* para organizaciones comprometidas con el medioambiente y pueden catalizar la incorporación de nuevas ideas de Economía Verde, haciendo de la debilidad virtud: Cómo afectan los bancos de tiempo o los trueques a la HE de la región, qué efectos tiene sobre la sociedad el apadrinamiento de terrenos para recuperar su cobertura vegetal o implementar técnicas de agricultura biodinámica como alternativa a la agricultura estándar.

Bibliografía consultada:

AAE (1999): "Environmental indicators: typology and overview". Agencia Ambiental Europea. Informe técnico nº 25. Copenhagen.

Aall C. and I. Thorsen Norland (2005): "The Use of the Ecological Footprint in Local Politics and Administration: Results and Implications from Norway". Local Environment. Vol.10, nº2, pp. 159-172.

Adger, Neil W. (2003): "Building resilience to promote sustainability". Newsletter of the International Human Dimensions Programme on Global Environment Change (IHDP) 02/2003. ISSN: 1727-155 X.

Agostini S., G. Pergent and B. Marchand (2003): "Growth and primary production of Cymodocea nodosa in a coastal lagoon". Elsevier Science-Aquatic Botany nº76, pp. 185-193.

Aguilera Klink, F. (2002): "Los mercados del agua en Tenerife". Ed. Bakeaz. Colección Nueva Cultura del Agua.

Aguilera Klink, F. (2008): "La Nueva Economía del Agua". Colección Economía Crítica y Ecologismo Social. Editorial Los Libros de la Catarata. ISBN: 978-84-8319-362-4.

Aguilera Klink, F. (2009): "La economía como sistema abierto: de la disociación a la integración". Conferencia impartida en Carmona, Sevilla, en el Curso de Verano sobre Economía Ecológica de la Universidad Pablo de Olavide.

Alfonso C. (2008): "El gran legado de la Expo: Tribuna del Agua". Ambienta. Septiembre 2008, pp. 6-17.

Allan Johnson P. (2003): "Exploring the Ecological Footprint of tourism in Ontario". University of Waterloo. Ontario. Canada (Thesis).

Amed Thora, Bree Barbeau, Susan Burns, Stefanie Eiβing, Andrea Fleischhauer, Barbara Kus and Pati Poblete (2010): "A Big Foot on a Small Planet?" (Chapter 10 in serie "Sustainability Has Many Faces", United Nations Decade of Education for Sustainable Development"). Deutsche Gesellschaft für Technische Zusammenarbeit (GTZ) GmbH, Eschborn.

Arrow K., Bolin B., Costanza R., Dasgupta P., Folke C. and Holling C.S. (1995): "Economic growth, carrying capacity and the environment". Ecological Economics nº15, pp. 91-95.

Arsenis, Kriston (2010): "Increasing ecosistema resilience in islands, mountains and sparsely populated regions". Report from the Secretariat of the Intergroup "Climate Change, Biodiversity and Sustainable Development". European Parlament, Brussels, 6th

May 2010.

Arto Olaiza I. (2005): "Huella Ecológica de la Comunidad Autónoma del País Vasco". Serie Programa Marco Ambiental nº43.

Asit K. Biswas (2004): "Integrated Water Resources Management: A Reassessment". Heinrich Böll Stiftung.

Ayres, R. and A.V. Kneese (1969): "Production, consumption and externalities". The American Economic Review 59(3), pp. 282-297.

Bagliani M., F. Ferlaino and F. Martini (2005): "Ecological Footprint Environmental Account: Study cases of Piedmont, Switzerland and Rhône-Alpes". Instituto di Richerche Economico Sociali del Piemonte.

Baker, M.E., D.E. Weller and T.E. Jordan (2004): "Explicit measures of riparian configuration as watershed indicators and landscape metrics". America's Clean Water Fundation World. Edgewater.

Barbier B.E., Mike Acreman and Duncan Knowler (1997): "Economic Valuation of Wetlands". Ramsar Convention Bureau. Department of Environment Economics and Environmental Management, University of York. Institute of Hidrology IUCN-The World Conservation Union.

Barrett J. and C. Simmons (2003): "An Ecological Footprint of U.K.: Providing a Toot to Measure the Sustainability of Local Authorities". Stockholm Environment Institute.

Barrett J., H. Vallack, A. Jones and G. Haq (2002): "A Material Flow Analysis and Ecological Footprint of York: Technical Report". Stockholm Environment Institute.

Becken, S. and Simmons, D.G. (2002): "Understanding energy consumption patterns of tourist attractions and activities in New Zealand". Tourism Management, nº23, pp. 343-354.

Becker, G. (1976): "Altruism, Egoism and Genetic Fitness: Economics and Sociobiology". Journal of Economic Literature, XIV, pp. 817-826.

Best A., D. Blobel, S. Cavallieri; S. Giljum, M. Hammer, S. Lutter; C. Simmons and K. Lewis (2008a): "Potential of the Ecological Footprint for monitoring environmental impacts from natural resource use". Report to the European Commission D.G. Environment Executive Summary.

Best A., D. Blobel, S. Cavallieri; S. Giljum, M. Hammer, S. Lutter; C. Simmons and K. Lewis (2008b): "Potential of the Ecological Footprint for monitoring environmental impacts from natural resource use". Report to the European Commission D.G. Environment. Final Report.

Best Foot Forward (2000): "An ecological footprint analysis of the isle of Wight". Imperial College of Science, Technology and Medicine. Island State;

www.bestfootforward.com

Bieker, S., Cornel, P., & Wagner, M. (2010): "Semicentralised supply and treatment systems: Integrated infrastructure solutions for fast growing urban areas". Water Science and Technology, 61(11), pp 2905-2913.

Bond S. (2002): "Ecological Footprints: A guide for local authorities". WWF-UK.

Borrás Calvo G. (2007): "La gestión del agua en Cataluña (2006-2030)". I.T. nº 80, pp. 82-27.

Botero García E.A. (2000): "Valoración Exergética de recursos naturales, minerales, agua y combustibles fósiles". Memoria presentada en la Universidad de Zaragoza para la obtención del grado de Doctor en el programa de Ingeniería Térmica Avanzada y Optimización Energética del Departamento de Ingeniería Mecánica.

Boulding, K. (1966): "The economics of the coming spaceship earth". Comunicación presentada al Sexto Forum de Resources for the Future, celebrado en Washington en marzo de 1966.

Briguglio Lino, Gordon Cordina, Stephanie Bugeja and Nadia Farrugia (2005): "Conceptualizing and measuring Economic Resilience". Economics Department. University of Malta.

Briguglio Lino, Gordon Cordina, Nadia Farrugia and Stephanie Vella (2008): "Economic Vulnerability and Resilience – Concepts and Measurement". Research Paper nº 2008/55. United Nations University. World Institute for Development Economic Research (UNU-WIDER). ISBN: 978-92-9230-103-3. ISSN: 1810-2611.

Brix, Hans (1994): "Use of constructed wetlands in water pollution control: Historical development, present status and future perspectives". Wat. Sci. Tech. Vol.30 nº8, pp. 209-223.

Brix Hans and Niels Henrik Johansen (1999): "Treatment of Domestic sewage in a two-stage constructed wetland - design principles". Nutrient Cycling and Retention in Natural and Constructed Wetlands, pp. 155-163; edited by J. Vymaal. Backhuys Publishers, Leiden, The Netherlands.

Brix Hans (2004): "Danish guidelines for small-scale constructed wetland systems for onsite treatment of domestic sewage". Proceedings of the 9th International Conference on Wetland Systems for Water Pollution Control, Avignon, France, 26th-30th September 2004, pp. 1-8.

Brown, Lester R. (2011): "World on the Edge. How to prevent Environmental and Economic Collapse". Earth Policy Institute. ISBN: 978-0-393-08029-2.

Brundtland Report (1987): "Our Common Future" ONU.

Calero R., J.A. Carta y J.M. Padrón (2007): Energía. Tomo I: "Aspectos Energéticos

Generales". Tomo II: "Tecnologías Energéticas Específicas". Tomo III: "La Energía en Canarias". UNELCO-ENDESA. Ayto. de Las Palmas de G.C. Gobierno de Canarias: Consejería de Industria, Comercio y Nuevas Tecnologías.

Calero Pérez Roque, José Antonio Carta González, Pablo Medina Sánchez, José Martín Hernández (2010): "Las energías renovables y la desalación de agua de mar, pilares del desarrollo sostenible en Canarias". Artículo para Anuario de Estudios Atlánticos (corregido 17-10-10).

Calvo M. y F. Sancho (2002): "Estimación de la Huella Ecológica de Andalucía y su aplicación a la Aglomeración urbana de Sevilla". Universidad de Sevilla.

Carpintero O. (2005): "El metabolismo de la economía española: recursos naturales y huella ecológica (1955-2000)". Fundación César Manrique.

Carta J.A., J. González and V. Subiela (2003): "Operational análisis of an innovative wind powered reverse osmosis system installed in the Canary Islands". Elsevier-Solar Energy nº75, pp. 153-168.

Caujapé-Castells Juli, A. Tye, D.J. Crawford, A. Santos-Guerra, A. Sakai, K. Beaver, W. Lobin, F.B. Vicent Florens, M. Moura, R. Jardim, I. Gómes and C. Kueffer (2010): "Conservation of Oceanic Island Floras: Present and future global challenges". Elsevier-Perspectives in Plant Ecology, Evolution and Systematics nº12, pp. 107-129.

Chambers N., C. Simmons and M. Wackernagel (2000): "Sharing Nature's Interes: Ecological Footprints as an indicator of sustainability". Earthscan.

Chapagain A.K. and A.Y. Hoekstra (2004): "Water Footprint of Nations Volume 1: Main Report". Value of Water Research Report Series nº 16. Institute for water Education. UNESCO-IHE.

Chapagain A.K. and A.Y. Hoekstra (2004): "Water Footprint of Nations Volume 2: Appendices". Value of Water Research Report Series nº 16. Institute for water Education. UNESCO-IHE.

Chapagain A.K. and A.Y. Hoekstra (2008): "The global component of freshwater demand and supply: an assessment of virtual water flows between nations as a result of trade in agricultural and industrial products". International Water Resources Association. Water International vol. 33 nº 1, pp. 19-32. ISSN: 0250-8060.

Chapagain A.K., A.Y. Hoekstra and H.H.G. Savenije (2006): "Water saving through international trade of agricultural products". Hydrology and Earth System Sciences nº10, pp. 455-468.

Chará J., Gloria Pedraza and Natalia Conde (1999): "The productive water decontamination system: A tool for protecting water resources in the tropics". Livestock Research for Rural Development. Vol.11 nº1.

Chi G. and B. Stone (2005): "Sustainable Transport Planning: Estimating the Ecological Footprint of Vehicle Travel in Future Years". Journal of Urban Planning and Development, ASCE, pp. 170-180.

Cole, V. and A. J. Sinclair (2002): "Measuring the Ecological Footprint of a Himalayan Tourist Center". Mountain Research and Development: Vol. 22, nº. 2, pp. 132–141.

Collins A. and A. Flynn (2005): "A New Perspective on the Environmental Impacts of Planning: a case Study of Cardiff''s International Sports Village". Journal of Environmental Policy and Planning, vol. 7, nº4, pp. 277-302.

Collins A. and R. Fairchild (2007): "Sustainable Food Consumption at sub-national level: An Ecological Footprint, Nutritional and Economic Analysis". Journal of Environmental Policy and Planning 9:1, pp. 5-30.

Costanza, R., Daly, H. and Bartholmew, J. (1991): "Goals, Agenda and Policy Recommendations for Ecological Economics"; in: "The Science and Management of Sustainability". Ecological Economics, Columbia University Press, New York.

Côté Isabelle M. and Emily S. Darling (2010): "Rethinking Ecosystem Resilience in the Face of Climate Change". PLos Biol 8 (7): e1000438. doi: 10.1371/journal. pbio.1000438.

Crummey E. and Victor P. (2008): "Statistics Canada's Ecological Footprint Workshop". Final Report.

Dallas Stewart (2006): "Constructed Wetlands of Wastewater Treatment in Western Australia". Presentation for PWF. Murdoch University. Environmental Technology Centre.

Daly, H. (1979): "Entropy, growth and the political economy of scarcity". En Smith, V. (ed.): "Scarcity and growth reconsidered". The John Hopkins University Press, Baltimore.

Daly, H. (1996): "Beyond growth: The economics of sustainable development". Beacon Press, Boston, 1996.

De la Cruz, Carlos (2006): "La desalación de agua de mar mediante el empleo de energías renovables". Documento de trabajo 88/2006. Fundación Alternativas. ISBN: 84-96653-01-03.

Del Pino Manuel P. and Bruce Durham (1999): "Wastewater reuse through dual-membrane processes opportunities for sustainable water resources". Elsevier-Desalination, nº124 pp. 271-277.

Directiva 98/83/CE: La nueva normativa española sobre aguas de consumo humano de 2003.

DMA, 2000/60/EC: Directiva Marco del Agua.

Documento de Trabajo del Plan Hidrológico de Canarias (2000): http://www.agua.ulpgc.es/documentos_pdf/td1465_0000.pdf

ECOTEC-UK (2001): "Ecological Footprinting". General Research. STOA Programme. European Parlament Directorate.

Einav Rachel, Kobi Harussi and Dan Perry (2002): "The footprints of the desalination processes on the environment". Elsevier-Desalination nº152, pp. 141-154.

EPA (United States Environmental Protection Agency) Manual (2000): "Constructed Wetlands Treatment of Municipal Wastewater". EPA/625/R-99/010. http://www.epa.gov/ORD/NRMRL.

Estadística Pesquera de Canarias (2005). Servicio de Desarrollo Pesquero de la Viceconsejería de Pesca del Gobierno de Canarias.

Estadísticas de la Dirección General de Aguas del Gobierno de Canarias (2006).

Estadísticas del Comercio Exterior Español. Datacomex. Secretaría de Estado de Comercio. Ministerio de Industria, Turismo y Comercio. Gobierno de España. http://datacomex.comercio.es

Estadísticas Energéticas de Canarias (2005), D.G. de Industria y Energía Consejería de Industria, Comercio y Nuevas Tecnologías.

Estevan A. (2008): "Desalación, energía y medio ambiente. Fundación Nueva Cultura del Agua. Panel científico-técnico de seguimiento de las políticas de agua". Convenio Universidad de Sevilla. MMA.

Estevan A. y J.M. Naredo (2004): "Ideas y propuestas para una nueva política del agua en España". Ed. Bakeaz. Colección Nueva Cultura del Agua.

Estevan A. y V. Viñuales (2000): "La eficiencia del agua en las ciudades". Ed. Bakeaz. Colección Nueva Cultura del Agua.

Estevan Estevan A. (2005): "La reutilización en el ciclo global del agua: Una aproximación al concepto de ciclo de vida de producto aplicado al agua". Jornadas Técnicas: La integración del agua regenerada en la gestión de los recursos. Lloret de Mar. Costa Brava. Girona. Octubre 2005.

Ewing B., A. Reed, A. Galli, M. Wackernagel and J. Kitzes (2008-a): "Calculation methodology for the National Footprint Accounts". Global Footprint Network.

Ewing B., S. Goldfinger, M. Wackernagel, M. Stechbart, S. Rizk, A. Reed and J. Kitzes (2008-b): "The Ecological Footprint Atlas 2008. Version 1.0". Global Footprint Network. Research and Standards Department.

Exceltur (2012): "Impactur 2011. Estudio del impacto económico del turismo sobre la economía y el empleo de las Islas Canarias". Gobierno de Canarias.

FAO and International Institute for Applied Systems Analysis Global Agro-Ecological Zones-IIASA (2000): http://www.fao.org/ag/agl/agll/gaez/index.htm (acceso octubre de 2008).

Farooqi I.H., Farrukh Basheer and Rabat Jahan Chaudhari (2007): "Constructed Wetland System (CWS) for Wastewater Treatment". Proceedings of Taal2007: The 12th World Lake Conference, pp. 1004-1009.

Ferreyra, C. and Beard, P. (2007): "Participatory evaluation of collaborative and integrated water management: insight from the field". Journal of Environmental Planning and Management, 50(2), pp. 271-296.

Fischer-Kowalski M. y H. Haberl (2007): "El desarrollo sostenible: el metabolismo socioeconómico y la colonización de la naturaleza". Departamento de Ecología Social. Interdisciplinary, Institute of Research and Continuing Education. Vienna.

Fritzmann C., J. Löwenberg, T. Wintgens and T. Melin (2007): "State-of-the-art of reverse osmosis desalination". Elsevier-Desalination nº 216, pp. 1-76.

Fukuoka Masanobu (1978): "The one-straw Revolution". Rodale Press. ISBN: 978-1-59017-313-8.

García R., M. Díaz, E. Mesa, G. Martel, B. Peñate, G. Piernavieja y S. Suárez (2008): "Guía de ahorro y eficiencia energética en Canarias". Instituto Tecnológico de Canarias S.A.

Georgescu-Roegen, N. (1966): "Analytical economics. Issues and problems". Cambridge, Harvard University Press.

Georgescu-Roegen, N (1971): "The entropy law and the economic process". Cambridge, Harvard University Press. Traducido al español en 1996 por la Editorial Fundación Argentina.

Georgescu-Roegen (1986): "The Entropy Law and the Economic Process in Retrospect". Eastern Economic Journal Volume XII nº1.

Gerbens-Leenes P.W., A.Y. Hoekstra and Th. H. van der Meer (2008): "Water footprint of bio-energy and other primary energy carriers". Value of Water: Research Report Series nº29. UNESCO-IHE: Institute for Water Education.

Gerbens-Leenes W., A.Y. Hoekstra and Th. H. van der Meer (2009): "The water footprints of bioenergy". PNAS vol. 106 nº 25, pp. 10219-10223.

Gil Díaz J.L. (2008): "El factor energético en la gestión de los recursos hídricos: aproximación al uso del Análisis del ciclo de vida". I.T. nº 82, 86-93.

Giljum S., M. Hammer, A. Stocken, M. Lackner, A. Best, D. Blobel, W. Ingwerse, S. Nauman, A. Neubauer, C. Simmons, K. Lewis and S. Shmelev (2007): "Scientific assessment and evaluation of indicator, *Ecological Footprint*". Environmental Research of the Federal Ministry of the environment, nature conservation and nuclear safety (R.R.36301135) UBA-FB001089/E.

Global Footprint Network Standards Committees (2006): "Ecological Footprint Standards". Global Footprint Network.

Gobierno de Canarias (2007): "Contribución de Canarias al Libro Verde de Política Marítima".

Gobierno de Canarias (2010): Contribución de Canarias al Libro Verde de Política Marítima: http://www.gobiernodecanarias.org/citv/dgt/ponencias/rups.pdf

González Hernández Matías M., Fátima Fleitas Navarro, Alonso Mendoza Requena y Gabriela Mejías Vivanco (2011a): "Los Incentivos Económicos en el Diseño de Políticas de Gestión Integral de Residuos en Islas con Especialización en Turismo". Conferencia Internacional sobre Gestión Integral de Residuos Sólidos en Zonas de Influencia de Áreas Protegidas y Territorios Insulares. Puerto Ayora, Santa Cruz, Galápagos, 27-29 de abril de 2011.

González Hernández, M., León González, C., Araña Padilla, J. y Rodríguez Zufiaurre, A. (2011b): "Los efectos del cambio climático en el turismo en Canarias". En Armas Cruz, Y., El Turismo en Canarias, Fundación FYDE, Santa Cruz de Tenerife.

González Moreno P., Quero J.L. and Poorter L. *et al.* (2011): "Is spatial structure the key to promote plant Diversity in Mediterranean forest plantations?" Basic and Applied Ecology Doi: 10.1016/j.baae.2011.02.012.

Gössling S., Borgstrom Hansson C., Horstmeier O. and Saggel S. (2002): "Ecological footprint analysis as a tool to assess tourism sustainability". Ecological Economics nº43, pp. 199–211.

GRAFCAN: http://www.grafcan.es/

Gross A., O. Shmueli, Z. Ronen and E. Raveh (2007): "Recycled vertical flow constructed wetland (RVFCW) - a novel method of recycling greywater for irrigation in small communities and households". Elsevier-Chemosphere nº66, pp. 919-923.

Grossman and Krueger (1991): "Economic growth and the environment". Quarterly Journal of Economics nº 110, pp. 353-377.

Haberl Helmut, K. Heinz Erb, Fridolin Krausmann, Veronika Gaube, Alberte Bondeau, Christoph Plutzar, Simone Gingrich, Wolfgang Lucht and Marina Fischer-Kowalski (2007): "Quantifying and zapping the human appropriation of net primary production in earth's terrestrial ecosystems". PNAS vol.104, nº31, pp. 12942-12947.

Hall, C. Michael (2010): "An Island Biogeographical Approach to Island Tourism and Biodiversity: An Exploration Study to the Caribbean and Pacific Islands". Asia Pacific

Journal of Tourism Research, nº15:3, pp. 383-399.

Hammer, Donal A. (1990): "Constructed Wetlands for Wastewater Treatment". Lewis Publishers.

Hartwick, J. (1977): "Intergenerational equity and the investing of rents from exhaustible resources". American Economic Review nº 67 (5), pp. 972-974.

Hartwick, J. (1978): "Substitution among exhaustible resources and intergenerational equity". Review of Economic Studies nº 45, pp. 347-374.

Hartwick, J. (1992): "Endogenous growth with public education". Economics Letters nº 39, pp. 493-97.

Hernández Suárez M. (2000): "Desalación en las Islas Canarias. Una visión actualizada". I Congreso Nacional AED y R. Murcia, 28-29. Noviembre, 2000.

Hernández Suárez, M. (2002): "Datos Estadísticos sobre el agua en Canarias. Centro Canario del Agua". Documento de Trabajo del Plan Hidrológico de Canarias pendiente de confirmación oficial por parte de los Consejos Insulares de Aguas.

Hernández Suárez, Manuel; Centro Canario del Agua (2002): www.fcca.es/static.../file.../Estadisticas_sobre_el_agua_en_Canarias_1.xls

Hoekstra A.Y. (2007): "Human appropriation of natural capital: A comparison of ecological footprint and water footprint analysis" Water Footprint Network.

Hoekstra, Arjen Y. (2011): "The Global Dimension of Water Governance: why the river basin approach is no longer sufficient and why cooperative action at global level is needed". Open Access- Water nº3, pp. 21-46. ISSN: 2073-4441.

Hoeckstra A.Y. and A.K. Chapagain (2007): "Water footprints of nations: Water use by people as a function of their consumption pattern". Water Resource Manage nº21, pp. 35-49.

Hoekstra A. Y. and P. Q. Hung (2005): "Globalization of water resources: international virtual water flows in relation to crop trade". Elsevier-Global Environmental change nº15, pp. 45-56.

Hoekstra A.Y., A.K. Chapagain, M.M. Aldaya and M.M. Mekonnen (2009): "Water Footprint Manual. State of the Art". Water Footprint Network.

Hoekstra A.Y., A.K. Chapagain, M.M. Aldaya and M.M. Mekonnen (2011): "The water footprint assessment manual: setting the global standard". Water Footprint Network. Earthscan. ISBN: 978-1-84971-279-8.

Holling, C. S. (1973): "Resilience and stability of ecological systems", in Annual Review of Ecology and Systematics. Vol 4, pp. 1-23.

Holling, C. S. (1987): "Simplifying the complex: the paradigms of ecological function and structure". European Journal of Operational Research. 30, pp. 139-146.

Holling, C. S. (2001): "Understanding the complexity of economic, ecological, and social systems". Ecosystems 4(5), pp. 390-405.

Holling, C. S. with G. K. Meffe (1996): "Command and control and the pathology of natural resource management", in Conservation Biology. Vol 10 (2), pp. 328-337.

Hotelling, H. (1931): "The economics of the exhaustible resources". Journal of Political Economy nº 39 (2), pp. 137-175.

Hubacek K. and S. Giljum (2003): "Applying physical input-output analysis to estimate land appropriation (ecological footprints) of international activities". Ecological Economics nº 44, pp. 137-151.

Hunter C. (2002): "Sustainable tourism and the tourist ecological footprint". Environment, Development and Sustainability nº4, pp. 7–20.

Hunter C. and Shaw J. (2007): "The ecological footprint as a key indicator of sustainable tourism". Tourism Management nº28, pp. 46–57.

I.S.T.A.C. (2007): "Anuario Estadístico de Canarias 2007". Estadísticas de síntesis. Instituto Canario de Estadística. Consejería de Economía, Hacienda y Comercio. Gobierno de Canarias.

Instituto Tecnológico de Canarias – ITC (2004): Proyecto AQUAMAC. MAC 2.3/C58. Paquete de tareas P1.PT1. "Propuestas de acción para optimizar la autosuficiencia energética de los ciclos del agua".

I.T.C. (2005): "Técnicas y métodos para la gestión sostenible del agua en la Macaronesia". Aquamac: Interreg III-B. Instituto Tecnológico de Canarias.

ITC (2010): "Sistemas de Depuración Natural (SDN) de aguas residuales en Canarias". Informe divulgativo para responsables de saneamiento y depuración sobre experiencia y resultados en la aplicación de SDN.

Incodemia 21 S.L. (2005): "Inventario de emisiones de gases de efecto invernadero de Canarias". Agencia Canaria de Desarrollo Sostenible y Cambio Climático. Gobierno de Canarias.

Instituto Canario de Estadística-ISTAC (2006): "Canarias en cifras 2005". Gobierno de Canarias

Ives-Halperin John and Patrick C. Kangas (2000): "Design Analysis of a Recirculating Living Machine for Domestic Wastewater Treatment". 7th International Conference on Wetland Systems for Water Pollution Control. International Water Association, Orlando, FL. pp. 547-555.

Jackson Tim (2011): "Prosperity without Growth. Economics for a Finite Planet".

Earthscan. ISBN: 978-1-84971-323-8.

Janes Enessa, Christopher Burton, Dorothy Andreas, Ivan Ramírez, Diana Laguna, Noris Martínez and Rhona Díaz (2010): "Climate Change and Hazards: Building Local Resilience". White Paper. PASI Institute on Climate Change and Hazards.

Jiménez Herrero L. (2008): "Agua y sostenibilidad". Ambienta. Septiembre 2008, pp. 24-32.

Jokerst A.W., L.A. Roesner and S.E. Sharvelle (2009): "An Evaluation of Graywater Reuse Utilizing a Constructed Wetland Treatment System". American Society of Civil Engineers-Institute Congress, Kansas City (Conference presentation) and American Geophysical Union Hydrology Days, Fort Collins (Conference presentation).

Juárez Sánchez-Rubio C. (2008): "Indicadores hídricos de sostenibilidad y desarrollo turístico y residencial en la Costa Blanca (Alicante)". Boletín de la A.G.E. nº 47, pp. 213-243.

Kadlec R.H. (2009): "Comparison of free water and horizontal subsurface treatment wetlands". Ecological Engineering nº35, pp.159-174.

Kalogirou Soteris A. (2005): "Seawater desalination using energy sources". Elsevier-Progress in Energy and Combustion Science nº31, pp. 242-281.

Kitzes J., A. Galli and M. Bagliani (2007): "A Research Agenda for Improving National Ecological Footprint Accounts". National Footprint Research Agenda (M0001-65).

Kitzes J., A. Pellers, S. Goldfinger and M. Wackernagel (2007): "Current Methods for Calculating National Ecological Footprint Accounts". Science for Environment and Sustainable Society, Vol. 4, nº1. Research Centre for Sustainability and Environment.

Kitzes J., A. Galli, S. Rizk, A. Reed and M. Wackernagel (2008): "Guidebook to the National Footprint Accounts". Global Footprint Network.

Lara Borrero y Jaime Andrés (1999): "Depuración de Aguas Residuales Municipales con Humedales Artificiales". Trabajo final de Máster en Ingeniería y Gestión Ambiental 1997/1998. Universidad Politécnica de Cataluña.

Latorre M. (2004): "Costes Económicos y medioambientales de la desalación de agua de mar". IV Congreso Ibérico de Gestión y Planificación del Agua.

Lazarova, V., Choo, K. and Cornel, P. (2012): "Water-energy interaction of water reuse". IWA Publishing, London.

Lenzen M. and S. A. Murray (2001): "A modified ecological footprint method and its application to Australia". Ecological Economics nº 37, pp. 229-255.

Lenzen M. and S. A. Murray (2003): "The Ecological Footprint: Issues and Trends". Integrated Sustainability Analysis. The University of Sydney Research Paper 01-03.

Lenzen M., S. Lundie, G. Bransgrove, L. Charet and F. Sack (2003): "Assessing the Ecological Footprint of a Large Metropolitan Water Supplier: Lessons for Water Management and Planning towards Sustainability". Journal of Environmental Planning and Management n°46:1, pp. 113-141.

Lenzen Manfred (2003): "Environmentally important paths, linkages and key sectors in the Australian economy". Structural Change and Economic Dynamics n°14, pp. 1-34.

Lewan L. and C. Simmons (2001): "The use of Ecological Footprint and Biocapacity Analyses as Sustainability Indicators for Subnational Geographical Areas: A Recommended Way Forward". European Common Indicators Project. EUROCITIES/ Ambiente Italia Final Report 27th August 2001.

Llagas Chafloque, Wilmer Alberto y Enrique Guadalupe Gómez (2006): "Diseño de humedales artificiales para el tratamiento de aguas residuales en la UNMSM". Revista del Instituto de Investigaciones FIGMMG Vol.15, n°17, pp. 85-96.

Llamas Madurga M.R. (2006): "La contribución de los avances científicos a la solución de los conflictos hídricos". Lección magistral en el acto de clausura de los cursos 2005-2006 de la Universidad de Alicante.

López de Asiain Alberich M., A. Ehrenfried y P. Pérez del Real (2007): "El ciclo urbano del agua". Ide@sostenible. Espacio de reflexión y comunicación en Desarrollo Sostenible. Año 4 n° 16 Noviembre 2007, pp. 1-8.

López Martín, Germán (2003): "Biodigestión Anaerobia de Residuos Sólidos Urbanos. Alternativa energética y fuente de trabajo". Tecnura n°13 – II semestres. pp. 31-43.

López-Gunn E. and M. Ramón Llamas (2008): "Re-thinking water scarcity: Can science and technology solve the global water crisis?" Natural Resources Forum, n°32, pp. 228-238.

Maj Petterson T. (2005): "The Ecological Economics of Sustainable Tourism: Local versus Global Ecological Footprints in Val di Merse, Italy". University of Maryland.

Margalef, R. (1975): "Diversity, stability and maturity in natural ecosystems". In Unifying concepts in ecology, pp. 151-160.

Marriot J., H. Scott Matthews and Chris T. Hendrickson (2010): "Impact of Power Generation Mix on Life Cycle Assessment and Carbon Footprint" Greenhouse Gas Results. Journal of Industrial Ecology Vol. 14 n°6, 919-928. Yale University.

Marti E., Carlos A. Arias, Hans Brix and Niels-Henrik Johansen (2003): "Recycling of treated effluents enhances reduction of total nitrogen in vertical flow constructed wetlands". Publicationes Instituti Geographici Universitatis Tartuensis 94, pp. 150-155.

Martín López de las Huertas A. y F. Jerez Halcón. (2004): "La Innovación en la gestión de los recursos hídricos en los abastecimientos de agua". Revista de Obras Públicas n°

3.449, pp. 123-126.

Martínez Cámara, Eduardo (2009): "Vida de un aerogenerador, de la cuna a la tumba". Energías renovables. Septiembre, pp. 56-59.

Martínez de la Vallina J.J. (2006): "Impacto Ambiental de la desalación". AcuaMed.

Martínez E., F. Sanz, S. Pellegrini, E. Jiménez and J. Blanco (2009): "Life cycle assessment of a multi-megawatt wind turbine". Elsevier-Renewable Energy nº 34, pp. 667-673.

Martínez Gil, F.J. (1997): "La nueva cultura del agua en España". Editado por Bakeaz, Bilbao.

Mathiouslakis E., V. Belessiotis and E. Delyannis (2007): "Desalination by using alternative energy: review and state-of-the-art". Elsevier-Desalination nº 203, pp. 346-365.

May, R. M. (1973): "Stability and Complexity in Model Ecosystems". Princenton Univ. Press, Princenton, N.J.

Mayor X., V. Quintana y R. Belmonte (2003): "Aproximación a la Huella Ecológica de Cataluña". Consejo Asesor para el Desarrollo Sostenible. Generalitat de Catalunya.

Mc Manus P. and G. Haughton (2006): "Planning with Ecological Footprints: a sympathetic critique of theory and practice". International Institute for Environment and Development (IED) Vol. 18(1): pp. 113-127.

McDonough William y Michael Braungart (2005): "Cradle to Cradle (De la cuna a la cuna): Rediseñando la forma en que hacemos las cosas". Traducción de Mc. Graw Hill/ Interamericana de España, S.A.U. ISBN: 0-86547-587-3.

McDonough William y Michael Braungart (2010): "Upcycling". Lambert M. Surhone, Miriam T. Tennoe, Susan F. Henssonow (Ed.) Betascript Publishing. ISBN: 978-613-1-04950-7.

Meda A. and Cornel P. (2010): "Energy and Water: Relationships and Recovery Potential". IWA Water and Energy Conf., Amsterdam.10-12 November 2010.

Meerganz von Medeazza G. (2006): "Flujos de agua, flujos de poder. La aportación de Erik Swyngedouw al debate sobre los recursos hídricos en Latinoamérica y en el Estado español". Universitat Autónoma de Barcelona. Institut de Ciéncia i Tecnologia Ambientals. Anales Geografía nº 47, pp. 129-139.

Meerganz von Medeazza (2008): "Escasez de agua dulce y desalinización". Ed. Bakeaz. Colección Nueva Cultura del Agua.

Mekonnen M. M. and A. Y. Hoekstra, (2011): National Footprint Accounts: "The Green, Blue and Grey Water Footprint of Production and Consumption", Value of Water

Research Report Series No. 50, Delft, Netherlands: UNESCO-IHE.

Meneses G., A. Meuvielle, J. Mª Median y Luis O. Puga (2008): "La cultura del agua en Gran Canaria". Consejería de Obras Públicas y Transporte del Gobierno de Canarias.

Merkel Jim (2003): "Radical Simplicity: Small footprints on a finite Earth". New Society Publisher, Canadá. ISBN: 0-86571-473-8.

Ministerio de Medio Ambiente-MMA (2007): "Medidas Urgentes de la Estrategia Española de Cambio climático y Energía Limpia"- EECCEL. Gobierno de España.

MINUARTIA, Estudis Ambientales, D. Pon, M. Fernández, V. Planas; Estudio MC, M. Calvo, S. Martínez e I. Arto (2007): "La Huella Ecológica de España". MMA.

Monfreda C., M. Wackernagel.and D. Deumling (2004): "Establishing national natural account based on detailed Ecological Footprint and biological capacity assessments". Land Use Policy nº21, pp. 231-246.

Mugisha P., F. Kansiime, P. Mucunguzi and E. Kateyo (2007): "Wetland vegetation and nutrient retention in Nakivubo and Kirinya wetlands in the Lake Victoria basin of Uganda". Physics and Chemistry of Earth nº32, pp. 1359-1365.

Mujeriego R. (2005): "La reutilización, la regulación y la desalación del agua". I.T. nº 72, pp. 16-25.

Mukherjee Goutam (1990): "Wetland management in the context of regional planning, East Calcutta – a case study. Hydrological Processes and Water Management in Urban Areas" (Proceedings of the Duisberg Symposium, April 1988) IAHS Publ. nº 198.

Muñoz I. and Rodríguez Fernández-Alba A. (2008): "Reducing the environmental impacts of reverse osmosis desalination by using brackish groundwater resources". ELSEVIER. Water Research nº 42. (2008), pp. 801-811.

Murray Mas, I. (2000): "The ecological footprint of Balears. The impacts of mass tourism". Department of Environmental Change and Sustainability. Edinburough, University of Edinborough.

Naredo J.M. (2004): "La Nueva Cultura del Agua: Nuevos Agentes, Nuevas prioridades". Ponencia en el IV Congreso Ibérico de Gestión y Planificación del Agua de la Fundación Nueva Cultura del Agua.

Nelson M., F. Cattin, M. Rajendran and L. Hafouda (2008): "Value-adding through creation of high diversity gardens and ecoscapes in subsurface flow constructed wetlands: Case studies in Algeria and Australia of Wastewater Gardens® systems". 11th International Conference on Wetlands Systems for Water Pollution Control. Indore, India, International Water Association (IWA), Vikram University, IEMPS, ICWST, November 2008.

National Footprint Accounts-NFA (2005): Hoja de Cálculo Excel para España. National

Footprint Accounts. Global Footprint Network.

Nijkamp P., E. Rossi and G. Vindigni (2004): "Ecological Footprints in Plural: A Meta-analytic Comparison of Empirical Results". Regional Studies 38: 7, pp. 747-765.

Novak, O., Keil, S. and Fimml, C. (2011): "Examples of energy self-sufficient municipal nutrient removal plants". Water Science and Technology 64(1), pp. 1-6.

Nowak, J.J. and Sahli, M. (2007): "Coastal tourism and "Ducht diseases" in a small island economy". Tourism Economics, 13(1), pp.49-65.

OCDE (1994): "Environmetal Indicators". OECD, Paris.

OCDE (2002): "Indicators to measure decoupling of environmental pressure from economic growth". Secretariado General.

Ortiz M., R.G. Raluy, L. Serra and J. Uche (2006): "Life cycle assessment of water treatment Technologies: wastewater and water-reuse in a small town". Science Direct. ELSEVIER. Desalination 204(2007), pp. 121-131.

Papapetrou Michael, C. Epp, S. Teksoy, S. Sözen, V. Subiela, U. Seibert and G. Vogt (2005): "Market análisis for Autonomous Desalination Systems powered by renewable energy in southern Mediterranean countries. Case study on Turkey". Elsevier-Desalination nº183, pp. 29-40.

Patel, M. (2010): "The Groundwater Replenishment System: The Largest Indirect Potable Reuse Plant in the United States". Proceedings of the Water Environment Federation, pp. 5316-5326.

Patterson T., Niccolucci V., Bagliani M. and Tiezzi E. (2004): "The difference between local and global environmental impacts of "locally sustainable tourism": A case study from Siena, Italy, Proceedings of the 8th Biennial Scientific Conference of the International Society for Ecological Economics, Montreal, 11-14/7/2004.

Patterson T. M., Niccolucci V. and Marchettini N. (2007-a): "Adaptive environmental management of tourism in the Province of Siena, Italy using the ecological footprint". Journal of Environmental Management.

Patterson T. M, Niccolucci V, and Bastianoni S. (2007-b): "Beyond *more is better*: Ecological footprint accounting for tourism and consumption in Val di Merse, Italy". Ecological Economics 62, pp. 747–756.

Pearce D.W. & R. K. Turner (1995): "Economía de los Recursos Naturales y del Medio Ambiente". Colegio de Economistas de Madrid-Celeste Ediciones. Madrid. ISBN: 84-87553-56-7.

Pearce, D. and E. Barbier (2000): "Blueprint for a Sustainable Economy". Earthscan Publications.

PECAN (2006): "Plan Energético de Canarias". Consejería de Industria, Comercio y

Nuevas Tecnologías. Gobierno de Canarias.

Peeters P. and Schouten F. (2006): "Reducing the ecological footprint of inbound tourism and transport to Amsterdam". Journal of Sustainable Tourism. 14, pp. 157–171.

Peñate B., G. Martel, L. Mª Vera, M.A. Márquez, y K. F. Gutiérrez. (2008): "Guía del Agua en la Macaronesia europea". Instituto Tecnológico de Canarias.

Pigou, A.C. (1920): "The Economics of Welfare". Macmillan, London.

Pon D., M. Calvo, I. Arto, M. Fernández, S. Martínez y V. Planas (2007): "Análisis Preliminar de la Huella Ecológica en España. Informe de Síntesis". Secretaría General para el Territorio y la Biodiversidad. Ministerio de Medio Ambiente.

Prigogine I. (1961): "Introduction to Thermodynamics of Irreversible Processes" (Second edition). New York: Interscience.

PRODES: Promotion of Renewable Energy for Water production through Desalination, (2010): "E-learning course on renewable energy driven desalination". Intelligent Energy-Europe. ITC. Gobierno de Canarias. www.prodes-proyect.org.

Proyecto Depuranat (2008): "Gestión Sostenible del Agua Residual en Entornos Rurales". Netbiblo S.L. ISBN: 978-84-9745-383-7.

Raluy G., L. Serra and J. Uche (2004): "Life Cycle Assessment of MSF, MED and RO Desalination Technologies". Fundación CIRCE-Department of Mechanical Engineering University of Zaragoza. Zaragoza. Spain.

Raluy R. G., L. Serra, J. Uche and A. Valero (2004): "Life-cycle assessment of desalination technologies integrated with energy production systems". Elsevier-Desalination nº167, pp. 445-458.

Raluy R. G., L. Serra and J. Uche (2005-a): "Life Cycle Assessment of Water Production Technologies". Ecomed Publishers. Int. J. LCA nº 10 (4): pp. 285-293. Water Production Technologies. Part 1.

Raluy R. G., L. Serra and J. Uche (2005-b): "Life Cycle Assessment of Water Production Technologies. Part 1: Life Cycle Assessment of Different Commercial Desalination Technologies. (MSF, MED, RO)". Int J LCA 10 (4), pp. 285-293.

Raluy R. G., L. Serra and J. Uche (2005-c): "Life cycle assessment of desalination Technologies integrated with renewable energies". Elsevier-Desalination nº183, pp. 81-93.

Raluy R. G., L. Serra, J. Uche and A. Valero (2005-d): "Life Cycle Assessment of Water Production Technologies. Part 2: Reverse Osmosis Desalination versus the Ebro River Water Transfer". Int J LCA 10 (5), pp. 346-354.

Raluy G., L. Serra and J. Uche (2006): "Life cycle assessment of MSF, MED and RO desalination Technologies". Elsevier-Energy nº31, pp. 2361-2372.

Rees W. E. (2006): "Ecological Footprints and Biocapacity: Essential Elements in Sustainability Assessment". Renewable-Based Technology: Sustainability Assessment.

Resolución de 24 de marzo de 2010 de la Secretaría del Mar, por la que se establece y publica el listado de denominaciones comerciales de las especies pesqueras y de acuicultura admitidas en el Estado español (BOE nº82, de 5 de abril de 2010), pp. 31242-31265.

Rifkin Jeremy (2009): "The Empathic Civilization: The race to global consciousness in a world in crisis". Published by the Penguin Group. ISBN: 978-1-58542-765-9.

Rifkin Jeremy (2011): "La Tercera Revolución Industrial: Cómo el poder lateral está transformando la energía y cambiando el mundo". Primera edición en libro electrónico (epub): octubre de 2011. ISBN: 978-84-493-2651-6 (epub). ESPASA LIBROS, S.L.U.

Rodríguez, Martín y Cabrera (2007): "Hidrogeología y recursos hídricos en Gran Canaria". ATHICROTECNIA.

Rousseau D.P.L., E. Lesage, A. Story, P.A. Vanrolleghem and N. De Pauw (2008): "Constructed Wetlands for water reclamation". Desalination nº218, pp.181-189.

Ruiz de la Rosa C.I. (2006): "Desalación versus reutilización de agua en los archipiélagos de la Macaronesia: Análisis de costes". Departamento de Economía Financiera y Contabilidad. Universidad de La Laguna.

Ryan B. (2004): "Ecological Footprint Analysis: An Irish rural study". Irish Geography vol. 37(2), pp. 223-235.

Sadhwani J. J. and J. M. Veza (2008): "Desalination and Energy consumption in Canary Islands". Elsevier-Desalination nº221, pp. 143-150.

Sadhwani J. J., J. M. Veza and C. Santana (2005): "Case Studies on environmental impact of seawater desalination". Elsevier-Desalination nº 185, pp. 1-8.

Sanz Fernández I. (2004): "El agua es vida". Anales de mecánica y electricidad. Septiembre-Octubre, pp. 45-56.

Sardá R., J. Mora y C. Ávila (2004): "La Gestión Integrada de zonas costeras como instrumento dinamizador de la industria turística en la Costa Brava". Centre d'Estudis Avançats de Blanes (CSIC).

Sato Hironobu, Soshiro Sakamoto, Norio Hayashi, Isao Suzuki, Keuji Inoue and Masahiro Murakami (2002): "Eco-engineering applications in reclamation of treated wastewater and constructed wetland". Proceedings of International Symposium on Environmental Pollution Control and Waste Management 7th-10th January 2002, Tunis

(EPCOWM'2002), pp. 823-830.

Shakif and Bandyopadhay (1992): "Economic growth and the environmental quality: time series and cross-country evidence". Estudio base del Informe del Banco Mundial sobre Crecimiento económico y medio ambiente.

Sherrington C. and D. Moran (2007): "Treading lightly or trampled underfoot? The limitations of the Ecological Footprint approach in planning for sustainability: a case study of onshore wind power in Scotland". Natural Environment Research Council (as part of Towards a Sustainable Energy Economy), Grant Reference: C 516387/1.

SIGPAC: http://sigpac.gobiernodecanarias.org/sigpac/visor/

Simmons C., K. Lewis and J. Barret (2000): "Two feet-two approaches: a component-based model of ecological footprinting". Ecological Economics nº32, pp. 375-380.

Smakhtin V., C. Revenga and P. Döll (2004): "A Pilot Global Assessment of Environmental Water Requirements and Scarcity". International Water Resources Association. (Water International Vol. 29, nº 3, pp. 307-317.

Solow, R. (1974): "The economics of resources or the resources of economics". American Economic Review nº 64 (2), pp. 1-14.

Solow, R. (1986): "On the intergenerational allocation of natural resources". Scandinavian Journal of Economics nº 88, pp. 141-49.

Stechbart Meredith, David Moore, Marc Lipoff and Leneve Org (2011): "Calgary Personal Footprint Calculator Methodology". Global Footprint Network.

Subiela Vicente J., J. A. Carta y J. González (2004): "The SDAWES Project: Lessons Learnt from an innovative Project". Elsevier-Desalination nº 16, pp. 1-9.

Svardal K. and Kroiss H. (2011): "Energy requirements for waste water treatment". Water Science & Technology, 64(6), pp. 1355-1361.

Taniguchi M., T. Ujihara, H. Furumai and Y. Ono. (2007): "Development of a Water Supply Footprint Index to Assess the Water Balance for Local Land-Use Planning". Environmental Systems Research (ISSN: 1345-9597) Vol.34; pp.507-513.

Tempkins Emma L. and W. Neil Adger (2003): "Building resilience to climate change through adaptive management of natural resources". Tyndall Centre for Climate Change Research. Working Paper nº27.

Thomas Mike (2005): "Sustainable Water Resources Management by Georgia Utilities: Clayton County Water Authority". Proceedings of the 2005 Georgia Water Resources Conference, held April 25th-27th, 2005, at the University of Georgia. Kathryn J. Hatcher, editor, Institute of Ecology, the University of Georgia, Athens, Georgia.

Tiezzi E, Marchettini N, Bastianoni S, Pulselli FM, Niccolucci V, Bagliani M, Battaglia S and Coscia I. (2004): Studio di sostenibilità della Provincia di Venezia: Relazione di Sintesi, Provincia di Venezia.

Turner K., M. Lenzen, T. Wiedmann and J. Barret (2007): "Examining the global environmental consumption activities-Part 1: A technical note on combining input-output and ecological footprint analysis". Ecological Economics nº 62, pp. 37-44.

Uche J., G. Raluy, L. Serra y A. Valero (2003): "Aplicación de la metodología de análisis de ciclo de vida para la evaluación ambiental de desaladoras". Fundación CIRCE. Universidad de Zaragoza. IV Congreso Nacional AEDyR. Desalación y Reutilización, mirando al futuro. Las Palmas, 19-21 Noviembre 2003.

United Nations Environment Program (2011-a): "Water, Investing in natural capital". Towards a green economy.

UNEP (2011-b): UN-Water. Water Quality Policy Brief.

UNESCO-IHE (2011): Online Course on Constructed Wetlands for Wastewater Treatment, 01 Sep-31 Dec 2011.

Vackar D. (2007): "The Ecological Footprint and Biodiversity". Environment Centre. Charles University (Prague) Czech Republic.

Van den Bergh, J. and H. Verbruggen (1999): "Spatial sustainability, trade and indicators: an evaluation of the ecological footprint". Ecological Economics nº 29 (1), pp. 61-72.

Van Kooten, G. and E. Bulte (2000): "The ecological footprint: useful science or politics?" Ecological Economics nº32 (3), pp. 385-389.

Van Vuueren D.P., E.M.W. Smeets and H.A.M. de Kruiff (1999): "The Ecological Footprint of Benin, Bhutan, Costa Rica and the Netherlands". R.I.V.M. report 8007004004. National Institute of Public Health and the Environment. "Development of multidisciplinary indicators for sustainable development".

Venetoulis J., D. Chazan and C. Gaudet (2004): "Ecological Footprint of Nations". Redefining Progress.

Vergara J. Mª, H. Barracó, M. Colldeforns, F. Relea y P. Rodríguez (2004): "Introducción al medio ambiente y a la sostenibilidad". Ed. Vicens Vives. S.A.

Veza Jose M. (2001): "Desalination in the Canary Islands: an update". Elsevier-Desalination nº 133, pp. 259-270.

Victor A. Peter (2008): "Managing without Growth. Slower by Design, Not Disaster". Advances in Ecological Economics. Edward Elgar Publishing Limited. ISBN: 978-1-84844-205-4.

Vymazal Jan (2005): "Horizontal sub-surface with hybrid constructed wetlands systems for wastewater treatment". Ecological Engineering nº25, pp. 478-490.

Vymazal Jan (2007): "Removal of nutrients in various types of constructed wetlands". Science of the Total Environment n°380, pp.48-65.

Wackernagel, M. (1994): The ecological footprint and appropriated carrying capacity: A tool for planning toward sustainability. School of Community and Regional Planning. Vancouver, University of British Columbia.

Wackernagel M. and W. Rees (1996): "Our Ecological Footprint: Reducing Human Impact on the Earth". New Society Publishers: The New Catalyst's Bioregional Series.

Wackernagel M., C. Monfreda, D. Moay, P. Wermer, S. Goldfinger, D. Deumbling and M. Murray (2005): "National Footprint and Biocapacity Accounts 2005: the underlying calculation method". Global Footprint Network.

Wackernagel M., J. Kitzes, D. Moran, S. Goldfinger and M. Thomas (2006): "The Ecological Footprint of cities and regions: comparing resources availability with resources demand". Environment and Urbanization International Institute for Environment and Development (IIED). Vol. 18 (1): pp. 103-112.

Wiedmann T., J. Minx, J. Barret and M. Wackernagel (2006): "Allocating ecological footprints to final consumption categories with input-output analysis". Ecological Economics n° 56, pp. 28-48.

Wilson Peter H. (2009): "The Thirsty Years: War Europe´s Tragedy". The Belknap Press of Harvard University Press Cambridge, Massachusetts.

World Tourism and Trade Council (2004): "Indicators of Sustainable Development for Tourism Destinations: A Guidebook". Organización Mundial de Turismo, Madrid.

World Water Council (2000): Water Vision 2000 by Earthscan Publications Ltd.

ISBN: 1 85383 730 X.

WWF (2003): Managing Rivers Wisely: Lessons from WWF Work for Integrated River Basin Management, T. Jones, B. Phillips, C. Williams and J. Pittock (eds), Gland, Switzerland; WWF International.

WWF/ZSL/GFN/TWENTE (2000). "Living Planet Report 2000". WWF.

WWF/ZSL/GFN/TWENTE (2006). "Living Planet Report 2006". WWF.

WWF/ZSL/GFN/TWENTE (2008). "Living Planet Report 2008". WWF.

Zupančič Justin M., T. G. Bulc, D. Vrhovšek, P. Bukovec, M. Zupančič, A. Zrimec and M. Berden Zrimec (2005): "Slovenian Experience: MSW Landfill leachate treatment in constructed wetland and leachate recycling on landfill cover vegetated with trees". Proceedings Sardinia 2005, Tenth International Waste Management and Landfill Symposium. S. Margherita di Pula, Cagliari, Italy, 3-7 October, 2005. CISA, Environmental Sanitary Engineering Centre, Italy.

MIX
Papier aus verantwortungsvollen Quellen
Paper from responsible sources
FSC® C105338

Printed by Books on Demand GmbH, Norderstedt / Germany